第一次全国自然灾害综合风险普查

宁波市气象灾害风险特征

胡　波　姚日升　黄鹤楼
顾思南　杨　栋　岑炬辉　编著
廉　亮　鲍晗澍　任美洁

气象出版社
China Meteorological Press

内容简介

本书围绕宁波市主要气象灾害开展普查调查，系统总结了台风、暴雨、干旱、高温、低温、冷空气大风、雨雪冰冻、风雹、雷电 9 种气象灾害的发生规律、分布特征，评估了各灾种致灾危险性等级和孕灾环境敏感性分布，还结合承灾体暴露度及脆弱性开展了针对人口和 GDP 的灾害风险区划。

本书可为地方政府有效开展气象灾害防御、切实保障社会经济可持续发展提供权威的灾害风险信息和科学决策依据，为气象部门开展气象灾害风险分析提供有益的借鉴，也可为应急减灾部门和大专院校等领域相关人员了解气象灾害评估工作提供参考。

图书在版编目（CIP）数据

宁波市气象灾害风险特征 / 胡波等编著. -- 北京 : 气象出版社, 2023.11
ISBN 978-7-5029-8110-5

Ⅰ. ①宁… Ⅱ. ①胡… Ⅲ. ①气象灾害－风险管理－宁波 Ⅳ. ①P429

中国国家版本馆CIP数据核字(2023)第228630号

宁波市气象灾害风险特征
Ningbo Shi Qixiang Zaihai Fengxian Tezheng

出版发行：气象出版社
地　　址：北京市海淀区中关村南大街 46 号　　**邮政编码**：100081
电　　话：010-68407112(总编室)　010-68408042(发行部)
网　　址：http://www.qxcbs.com　　**E-mail**：qxcbs@cma.gov.cn
责任编辑：刘瑞婷　　**终　　审**：张　斌
责任校对：张硕杰　　**责任技编**：赵相宁
封面设计：地大彩印设计中心
印　　刷：北京建宏印刷有限公司
开　　本：787 mm×1092 mm　1/16　　**印　　张**：11.75
字　　数：300 千字
版　　次：2023 年 11 月第 1 版　　**印　　次**：2023 年 11 月第 1 次印刷
定　　价：108.00 元

序

宁波地处我国东部沿海，东临太平洋，西倚四明山区，地势垂直变化大，河网交叉如织，北有潮大流急的杭州湾，中有岸线曲折的象山港，南有地形复杂的三门湾，加之地处30°N附近，气候类型复杂多样，气象灾害种类多、范围广、发生频率高、灾情重、连锁反应显著，是自然灾害中对宁波人民生命财产造成损失最大的灾种，也是影响经济发展和社会安定的重要因素。受全球气候变化影响，气象灾害的突发性、反常性、不可预见性日益凸显，并可能多灾并发、重灾频发、时空异常、旱涝急转，从社会发展变化和防灾抗灾能力分析，农村防灾减灾能力弱、老少人口多，特别是山洪灾害防御能力偏低，防灾自救能力不强，应对严重和特大干旱的能力明显不足；城市人口稠密，产业集聚，人员流动性大，致灾危险性和综合风险等级较高，防灾组织难度大，离韧性城市的要求尚有一定距离。

宁波市气象部门的科技工作者以第一次全国自然灾害综合风险普查为契机，以历史灾情信息为基础，结合各种气象要素资料，系统分析了9种气象灾害的成因和危险性空间分布，其综合风险区划成果有助于我们认清宁波气象灾害的风险特征及其变化趋势，也为市县各级人民政府提高防灾、减灾、抗灾、救灾和应对气候变化能力提供了科技支撑。

谨向为该书付出辛勤劳动的全体人员表示衷心感谢和热烈祝贺！

谢慷*

2023年10月

* 谢慷，宁波市气象局党组书记，局长。

前　言

宁波倚山靠海，特定的地理位置和特殊的地形特征形成了天气复杂多变、气候类型多样、灾害性天气种类多且发生频繁的气候特点，沿海及岛屿具有冬暖夏凉的海洋性气候特色，气候湿润、光照条件较好、风力资源丰富，但易受台风影响；西部山区立体气候特征明显，温度、降水、光照等随高度变化显著，水资源相对丰富，但也极易发生山洪等次生灾害；平原地区受大陆气团和海洋环流的共同影响，易出现洪涝和高温干旱等。

科学认识气象灾害的发生规律、分布特征，系统评估各灾种的致灾危险性并进行风险区划，是加快气象防灾减灾体系建设、提高气象灾害防御能力的具体举措，也是促进经济社会可持续发展、生态环境进一步改善的重要手段。近年来，随着人们对气象灾害评估重要性认识的不断加深，灾害评估理论、技术也得到了日益深入的总结和提高，也为本书提供了大量可借鉴的方法和手段。《宁波市气象灾害风险特征》以历史灾情信息和气象资料为依托，普查调查、确定了台风、暴雨、干旱、高温、低温、冷空气大风、雨雪冰冻、风雹、雷电等 9 种气象灾害的影响事件，采用通俗易懂的图表等方式，用 9 个章节分别介绍了各灾种所采用的气象数据、灾情资料、相关术语及定义、致灾因子指标、基本气象特征、不同历时重现期等，在结合基础地理信息、社会经济数据、易燃易爆场所等资料的基础上，评估了各灾种致灾危险性等级和孕灾环境敏感性分布，结合承灾体暴露度及脆弱性开展了针对人口和 GDP 的灾害风险区划，并列举了各灾种历史主要灾害事件及影响情况。

在本书的编写过程中，得到了浙江省气象局及宁波市有关部门的关心帮助，谢慷局长亲自为本书作序，在此谨向所有关心支持本书编写工作的领导和专家表示衷心的感谢！

由于作者经验和水平有限，编写过程中存在的疏漏和不足之处在所难免，敬请读者批评指正。

作者

2023 年 10 月

目 录

第 1 章　综　述

1.1　自然环境概况

1.1.1　地理位置

宁波市地处浙江省东北部、大陆海岸线中段、北濒杭州湾，位于 120°55′—122°16′E、28°51′—30°33′N，是浙江省辖地级市、副省级市、计划单列市，下辖 6 个区、2 个县，代管 2 个县级市，陆域总面积 9816 km^2，其中市区面积 3730 km^2。

宁波东有舟山群岛为天然屏障，西接绍兴市，南邻台州市，是中国大运河南端出海口，"中国制造 2025"首个试点示范城市，"海上丝绸之路"东方始发港，属典型的江南水乡兼海港城市。

1.1.2　地形地貌

宁波境内多丘陵山区，地势整体呈西南高东北低走势(海拔高度分布见附图 1.1)，高程差约 1000 m，市区海拔 4.0～5.8 m，郊区海拔 3.6～4.0 m。地貌分为山脉、丘陵、盆地和平原等，其中山脉面积占 24.9%，丘陵占 25.2%，台地占 1.5%，谷(盆)地占 8.1%，平原占 40.3%。境内主要有四明山和天台山两支山脉；四明山是天台山脉的支脉，位于宁波西部，横跨余姚市、鄞州区和奉化区，并与绍兴市的嵊州市、新昌县以及台州市的天台县连接，称为西部山区，四明山脉山峦起伏，蜿蜒连绵，危崖壁立，森林茂密；天台山，主干山脉在天台县，宁波境内为其余脉，有四大分支分别从宁海县西北、西南入境，经象山港延至镇海区、鄞州区东部诸山，称为西南山区。境内最高山峰位于余姚市四明山镇青虎湾岗，海拔 979 m；其次是奉化区溪口镇黄泥浆岗，海拔 978 m；第三高峰位于宁海县深甽镇望海岗，海拔 931 m。

宁波拥有漫长的海岸线(图 1.1)，港湾曲折，岛屿星罗棋布，海域总面积 9758 km^2，有大小岛屿 531 个，面积 524 km^2，岸线总长 1562 km，其中大陆岸线 788 km，岛屿岸线 774 km，占浙江省海岸线的三分之一；境内有两湾一港，即杭州湾、三门湾、象山港。

1.1.3　行政区划

宁波市下辖 6 个区、2 个县，代管 2 个县级市，分别为海曙区、江北区、北仑区、镇海区、鄞州区、奉化区，象山县、宁海县，余姚市、慈溪市，有 73 个镇、10 个乡、73 个街道办事处、754 个居民委员会和 2169 个村民委员会。市政府驻鄞州区宁穿路 2001 号。

1.1.4　河流水系

甬江，古称大浃江，是独流入海河流，浙江省八大水系之一。甬江上游源头有姚江、奉化江

图 1.1　宁波市全要素地图

两支，以姚江为正源，发源于四明山夏家岭东北眠岗山西坡；以奉化江为正源，发源于四明山东麓的秀尖山。甬江从姚江源至镇海入海口全长 133 km；从奉化江源至入海口长 118.7 km，流域面积 4518 km²；甬江主体即姚江、奉化江汇合于宁波市区三江口后至镇海大小游山出口段，全长 26 km，流域面积 361 km^2。

1.1.5 气候

宁波纬度适中，属亚热带季风气候，温和湿润，四季分明（《宁波气象志》编纂委员会，2001，2018）。常年平均气温 17.5 ℃，7 月份最高为 28.9 ℃，1 月份最低为 5.7 ℃，无霜期一般为 230～240 d。平均年降水量 1539 mm，主要雨季有 3—6 月的春雨连梅雨和 8—9 月的台风雨和秋雨，主汛期 5—9 月降水量占全年的 60%左右。年均日照时数 1716 h。

若以候平均气温＞22 ℃为夏季、＜10 ℃为冬季、10～22 ℃为春秋季作为划分四季的指标，则宁波常年平均 3 月第 2 候入春，5 月第 4 候入夏，10 月第 1 候入秋，12 月第 1 候入冬，冬夏季长 4 个月，春秋季仅约 2 个月。

1.2 经济社会发展概况

1.2.1 历史

宁波简称“甬”，是国家历史文化名城，古称为“鄞”，春秋时为越国境地，秦时属会稽郡的鄞、鄮、句章三县，唐时称“明州”。唐长庆元年（821 年），明州州治迁到三江口并筑内城，标志着宁波建城之始。明洪武十四年（1381 年），取“海定则波宁”之义改称宁波并沿用至今。1987 年经国务院审核成为计划单列市，1994 年被确定为副省级市。

1.2.2 人口

截至 2020 年末，宁波拥有户籍人口 613.7 万人，其中市区 306.3 万人。2020 年《宁波市第七次全国人口普查公报》发布的宁波市常住人口为 940.4 万人，其中男性占 52.17%，女性占 47.83%；0～14 岁占 12.26%，15～59 岁占 69.63%，60 岁及以上占 18.10%；居住在城镇的人口占 78.00%，居住在乡村的人口占 22.00%。

1.2.3 经济

宁波是长江三角洲南翼经济中心和化工基地。宁波舟山港是集内河港、河口港和海港于一体的多功能、综合性的现代化深水大港。2009 年完成货物吞吐量 5.77 亿 t，首次排名全球第一。至 2022 年，宁波舟山港年货物吞吐量已连续 14 年居全球第一。

2020 年宁波市实现地区生产总值（GDP）12408.7 亿元，第一产业实现增加值 338.4 亿元，增长 2.1%；第二产业实现增加值 5693.9 亿元，增长 3.0%；第三产业实现增加值 6376.4 亿元，增长 3.6%。三产业之比为 2.7∶45.9∶51.4，一、二、三产业对 GDP 增长的贡献率分别为 1.7%、44.5%和 53.8%。

1.2.4 社会事业

2022 年末，宁波市共有各级各类学校 1802 所，其中高校 16 所、普通高中 85 所、中职学校 32 所、初中 243 所、小学 388 所、幼儿园 1028 所，在校学生总数 148.1 万人。医疗卫生机构 4916 家，医院 204 家，实有病床 4.7 万张。其中三级甲等医院 8 家，二级乙等医院 11 家，社区卫生服务中心和乡镇卫生院 157 家。全市共有全国重点文物保护单位 33 处，国有博物馆 17 家，国家级非物质文化遗产代表性项目名录 28 项，省、市级非物质文化遗产代表性项目 478 项。

1.3 气象灾害概况

由于特定的地理位置和复杂的地貌条件，宁波市天气复杂多变，气象灾害频繁，主要灾害性天气有低温连阴雨、干旱、台风、暴雨洪涝、冰雹、雷雨大风、霜冻、寒潮等。随着全球气候变暖和城市化的快速发展，还呈现出气温升高、相对湿度下降、日照时数减少、能见度降低的显著趋势，高温酷热增多、干旱趋于频繁、强降水不断出现、台风影响加剧（黄鹤楼 等，2013）。

1.4 气象站点概况

截至 2020 年，宁波市共有 419 个常规观测站，其中 9 个为国家气象站，鄞州国家基本气象站建站最早，自 1953 年观测至今；410 个区域自动气象站，于 2005 年之后陆续布设。

因海曙区、江北区目前还没有国家气象站，各区选定 1 个区域自动气象站为代表站。本书采用的宁波市各区（县、市）代表气象站信息见表 1.1，站点分布如图 1.2 所示，区域自动气象站有关信息略。

表 1.1 宁波市各区（县、市）代表气象站信息

区（县、市）	类型	建站年	最大风始测年	极大风始测年	站名	所在乡（镇）街道	站址
海曙区	区域站	2014	2014	2014	薛家	古林镇	海曙区古林镇薛家村古林中学
江北区	区域站	2006	2006	2006	慈城	慈城镇	江北区慈城镇乍浦社区
北仑区	国家站	1971	1974	1993	北仑	大碶街道	北仑区大碶街道杜家村太河南路 999 号（丘陵）
镇海区	国家站	2009	2009	2009	镇海	骆驼街道	宁波市镇海区骆驼街道贵驷社区贵驷植物园（郊外）
鄞州区	国家站	1953	1967	1992	鄞州	姜山镇	宁波市鄞州区姜山镇周韩村北侧奉化江边
奉化区	国家站	1971	1979	1995	奉化	萧王庙街道	宁波市奉化区萧王庙街道傅家岙村（郊外）
余姚市	国家站	1961	1979	1996	余姚	兰江街道	余姚市兰江街道谭家岭村后黄山（山顶）
慈溪市	国家站	1954	1968	1962	慈溪	白沙路街道	慈溪市白沙路街道市现代农业示范园区内
象山县	国家站	1980	1980	1999	象山	东陈乡	象山县东陈乡经济开发区（滨海工业园）金海大道东侧
象山县	国家站	1956	1973	1959	石浦	石浦镇	象山县石浦镇东门岛炮台山（海岛；山顶）
宁海县	国家站	1957	1979	1993	宁海	桃源街道	宁海县桃源街道新兴村门前山（山顶）

图 1.2 宁波市各区(县、市)代表气象站分布图

1.5 采用的气象资料站点、时间及说明

受气象观测记录所限,各灾种使用的气象数据开始年份存在较大差异,一般情况下根据相应灾种的分析需要尽可能利用已有气象资料,个别情况则选用适当的技术方法延长资料可使用年限(如日极大风速)。书中各灾种分析所采用的气象资料站点、时间及有关说明如表 1.2 所示,全市气象要素值一般取当年有气象记录的所有国家站资料的平均值。各灾种所采用资料的详情在相应章节有具体阐述。

表 1.2 各灾种选站、时间及有关说明

灾种	序列图		空间图		有关说明
	站点	起止年份	选站情况	起止年份	
台风	宁波市 9 个国家气象站,台风暴雨分析不含石浦站	1953—2020	宁波市及宁波周边地区所有国家站、区域站,经筛选质控	2006—2020	中心经过本区域台风统计年限为 1949—2020 年。我国自 1949 年就有台风记录,详见第 2 章

续表

灾种	序列图		空间图		有关说明
	站点	起止年份	选站情况	起止年份	
暴雨	除石浦站外的8个国家气象站	1953—2020	宁波市及宁波周边地区所有国家站、区域站，经筛选质控	以CLDAS格点(1998—2020)数据为背景，以站点建站—2020年极值做修正	常年平均时间段为1991—2020年，详见第3章
干旱	除镇海站和石浦站外的7个国家气象站	1953—2020	国家站	2006—2020	常年平均时间段为1991—2020年，详见第4章
高温	除石浦站外的8个国家气象站	1953—2020	宁波市及宁波周边地区所有国家站、区域站，经筛选质控	以1km高温格点(2009—2020)数据为背景，以建站—2020年极值做修正	常年平均时间段为1991—2020年，详见第5章
低温	除石浦站外的8个国家气象站	1953—2020	宁波市及宁波周边地区所有国家站、区域站，经筛选质控	2006—2020	详见第6章
冷空气大风	除镇海站和象山站外的7个国家气象站	1971—2020	宁波市及宁波周边地区所有乡镇代表站	建站至2020	宁波市一般20世纪70年代才有最大风观测，90年代才有极大风观测，极大风观测资料不足部分通过与最大风拟合关系反演得到，详见第7章
雨雪冰冻	除石浦站外的8个国家气象站	1953—2020	宁波市及宁波周边地区所有国家站、区域站，经筛选质控	2006—2020	详见第8章
风雹	除石浦站外的8个国家气象站	冰雹：1953—2020 雷暴大风：1971—2020	宁波市及宁波周边地区所有乡镇代表站	建站—2020	详见第9章
雷电	除石浦站外的8个国家气象站	1953—2013	ADTD定位网	2007—2020	2014年起停止雷暴日人工观测；1998年开始有雷电灾害资料记录，故其时间段为1998—2020年；2007年起才有ADTD闪电监测。详见第10章

第2章 台 风

我国是受台风影响最严重的国家之一，有近50%的西北太平洋台风影响我国。台风灾害主要是在台风登陆前和登陆之后引起的。台风引起的灾害通常有狂风、暴雨、风暴潮等直接灾害及由暴雨引起的山体滑坡、泥石流等次生灾害。

本书依据第一次全国自然灾害风险普查有关技术规范，确定了影响宁波市台风事件，分析了影响台风的气象特征及其造成的大风、暴雨特征，评估了台风暴雨危险性、台风大风危险性及致灾因子危险性，结合承灾体暴露度、脆弱性，并针对人口和GDP进行了台风灾害风险评估与分区。

2.1 调查方法及调查资料

2.1.1 调查方法

利用气象部门的台风定位信息、气象观测资料，结合天气学原理以及气象志记载、地方志记载、实地调研等手段开展宁波市台风事件调查。具体方法如下：

2.1.1.1 影响台风事件确定方法

分析整理以往浙江省台风灾害研究成果，并根据天气系统原理判断影响浙江省台风。根据《浙江省级台风灾害风险评估技术细则》，满足下列条件之一，挑选为本区域影响台风：a)代表站或10%以上站点过程雨量大于等于50 mm或过程极大风力8级及以上；b)有灾情或影响记载。对于本区域影响台风，区域内开始出现降水或开始出现大风日，确定为台风开始影响日期，降水或大风结束日确定为影响结束日期(陈海燕 等，2011；周福 等，2012)。缺少气象站资料的区域，根据周边观测站的观测资料及新技术、新方法开展数据挖掘研究，进而确定本区域影响台风及影响起止日期。根据上述，判断影响宁波市台风事件，并结合调查分析，最终确定1953年以来的影响宁波市台风及影响起止时间。

2.1.1.2 中心经过宁波市台风事件确定方法

将中国气象局上海台风所台风最佳路径资料(6 h一次定位信息)进行插值处理，结合GIS(地理信息系统)技术确定中心经过宁波市的台风事件。

2.1.1.3 开展GIS和RS(遥感)技术在台风孕灾环境和承灾体调查中的应用

台风孕灾环境主要考虑台风暴雨的孕灾环境，因子主要有地形、河网水系、地质灾害易发条件等，根据浙江省地方标准《暴雨过程危险性等级评估技术规范》(DB33/T 2025—2017)中的计算方法，利用GIS技术提取孕灾环境系数。

基于随机森林模型，利用GIS和RS技术提取宁波市格点人口和GDP(国内生产总值)资料。

2.1.2 调查资料

共调查并收集1953—2020年影响宁波市台风个例276个，信息包括台风名称、国际编号、中央台编号、影响开始时间、影响结束时间及影响宁波市台风的生命史路径、强度等。另外，统计得出1949年以来中心经过宁波市的台风共25个。

调查整理所有影响台风的气象致灾因子，信息包括台风过程雨量、过程最大日雨量、过程最大1 h雨量、过程最大3 h雨量、过程最大6 h雨量、过程最大12 h雨量、过程暴雨日数、过程最大风速、过程极大风速、过程大风日数，资料的时间序列为1953—2020年。

提取了宁波市格点100 m的孕灾环境系数，信息包括地形因子影响系数、水系因子影响系数等。提取了宁波市格点1 km的2010年GDP值（含第一、二、三产业），并根据2020年的乡镇数据，采用数据修正方法，计算并分析了2020年的格点GDP数据。提取了宁波市格点1 km的2020年人口数据。

2.2 致灾危险性调查与评估

2.2.1 影响台风基本气象特征分析

2.2.1.1 影响台风个数年月际变化特征

进行影响台风个数时间序列分析时，以宁波市全部国家气象站（表1.1）为代表站点，首先按上节中说明的影响台风标准，确定1953—2020年所有影响宁波市台风，然后按年、月统计影响台风个数。

1953—2020年，影响宁波市的台风共276个，年均4.1个。影响台风个数年际变化较大（图2.1），最多年11个（1990年），其次是8个（1959年、1960年、2004年、2018年），有3年未出现影响台风（1953、1955、1993年）。5—12月都可能有台风影响宁波（图2.2），但主要在7—9月，占影响台风总数的80.3%（220个）。影响时间最早的是0601号台风“珍珠”，影响时间为5月17—18日；影响时间最迟的是0428号台风“南玛都”，影响时间为12月2—4日。

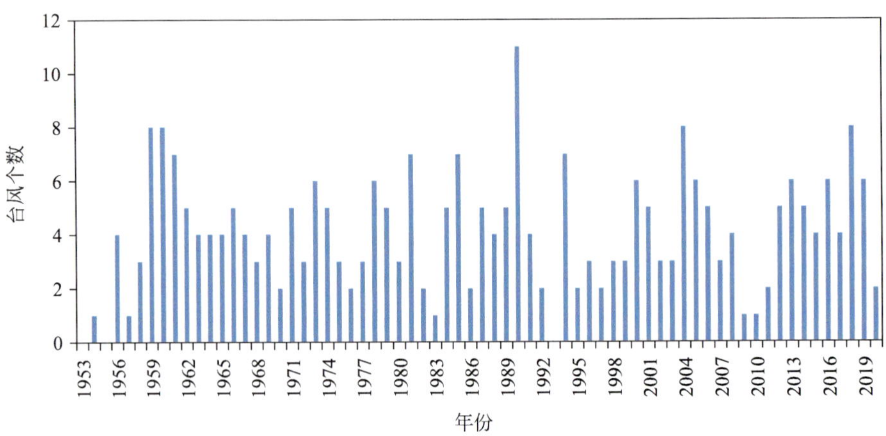

图2.1 影响宁波市台风个数年际变化特征

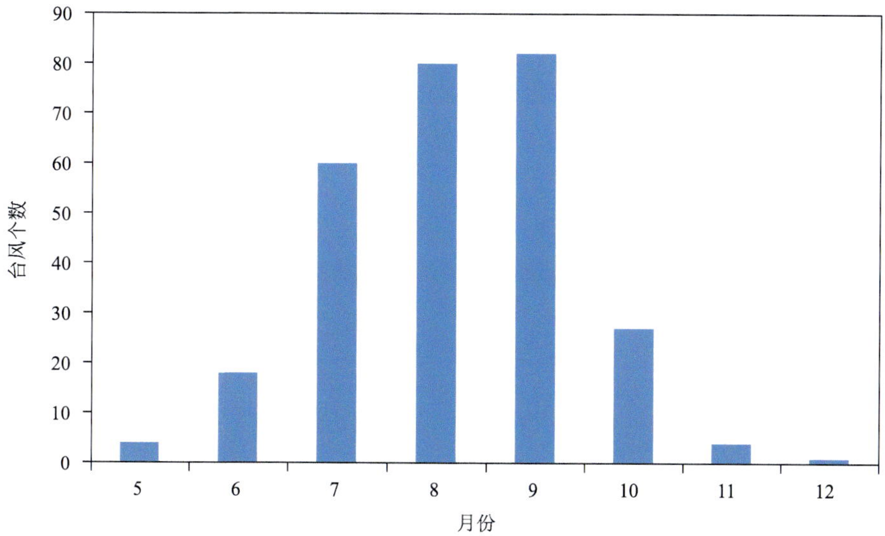

图 2.2　影响宁波市台风个数月际变化特征

2.2.1.2　中心经过本区域台风情况

1949 年以来中心经过本区域台风共 25 个(图 2.3)。滞留期间台风中心气压的平均值 982 hPa,中心风速的平均值 27.9 m/s,平均滞留时间 4.5 h,其中 2014 号第 16 号台风“凤凰”滞留 11 h,1955 年第 18 号台风、1998 年第 6 号台风“Todd”、2012 年第 11 号台风“海葵”均滞留 8 h。

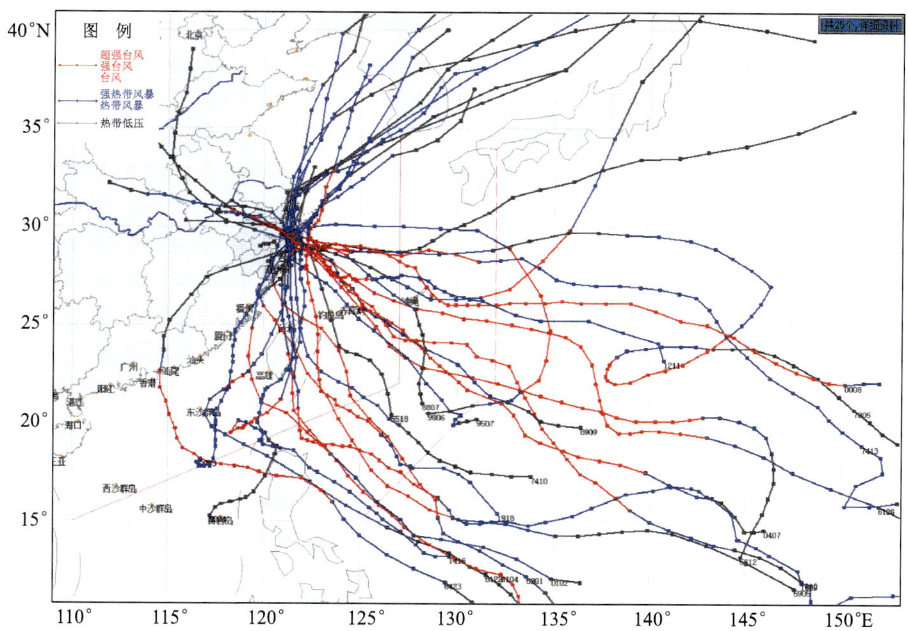

图 2.3　1949 年以来中心经过宁波市台风路径图

登陆宁波的台风共 8 个,其中登陆象山县 7 个,登陆宁海县 1 个。

登陆象山县 7 个:①5518 号台风于 1955 年 8 月 17 日 14 时前后登陆象山县,登陆时中心风速 12 m/s(6 级);②5612 号台风“Wanda”于 1956 年 8 月 1 日 24 时前后登陆象山县,登陆时中心风速超过 60 m/s(17 级);③8807 号台风"Bill"于 1988 年 8 月 7 日 23 时前后登陆象山县,登陆时中心风速 35 m/s(12 级);④8909 号台风"Hope"于 1989 年 7 月 21 日 2 时前后登陆象山县,登陆时中心风速 40 m/s(13 级);⑤0008 号台风"杰拉华"于 2000 年 8 月 10 日 19 时前后登陆象山县,登陆时中心风速 35 m/s(12 级);⑥1211 号台风"海葵"于 2012 年 8 月 8 日 3 时前后登陆象山县,登陆时中心风速 42 m/s(14 级);⑦1416 号台风"凤凰"于 2014 年 9 月 22 日 19 时前后登陆象山县,登陆时中心风速 28 m/s(10 级)。

登陆宁海县 1 个:7805 号台风"Trix"于 1978 年 7 月 23 日 8 时前后在宁海县登陆,登陆时中心风速 35 m/s(12 级)。

2.2.1.3 台风暴雨基本特征分析

进行台风暴雨灾害时间序列分析时,以宁波市除石浦站以外的国家气象站(表 1.1)为代表站点,对台风雨量、台风暴雨日数、台风暴雨日占当年的比重,按当年参与站点取平均值,分析年份为 1953—2020 年。

宁波市年均台风过程雨量 213.5 mm,占常年雨量的 13.6%。台风过程雨量最大为 1962 年,达 620.8 mm,占当年雨量的 38.8%。台风暴雨日年均 1.9 d,占当年暴雨日的 37.4%(图 2.4～2.6)。

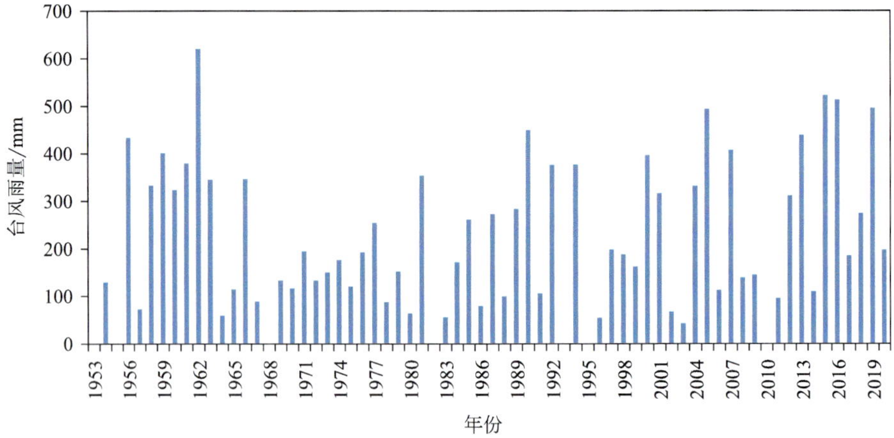

图 2.4 宁波市台风雨量年际分布

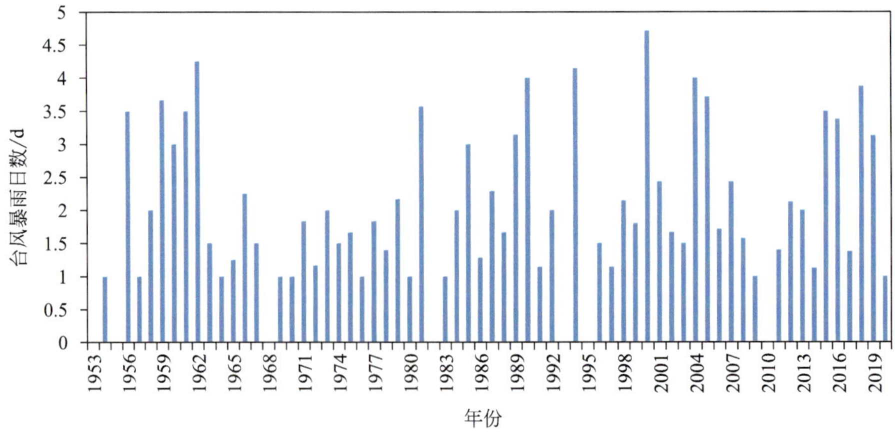

图 2.5 宁波市台风暴雨日数年际分布

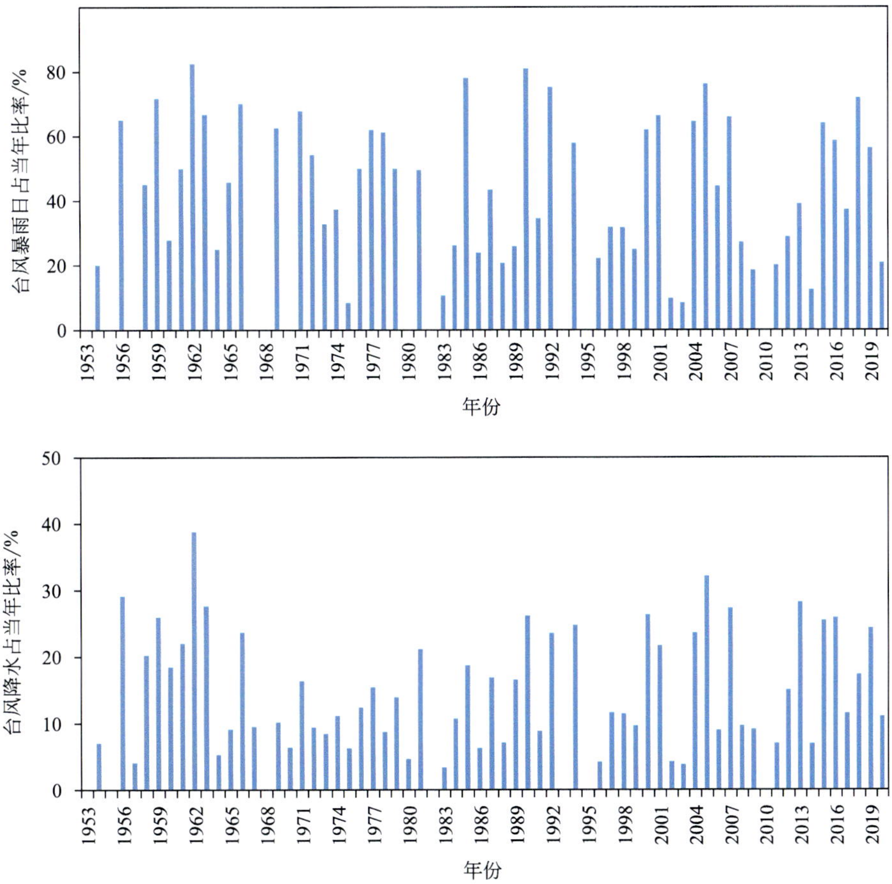

图 2.6　宁波市台风降水(上)和暴雨日(下)占当年比重

1953 年以来,宁波市全部国家气象站记录的单个台风过程雨量最大值为 566.7 mm(6214 号台风“Amy”所致,余姚站),其次为 544.8 mm(1323 号台风“菲特”所致,余姚站)。从空间分布(图 2.7)来看,宁波市台风过程降雨量呈现西部及宁海茶山地区多,其他地区少的形态,余姚市大部、海曙区、奉化区、宁海县西部、宁海县与象山县交界的茶山一带过程雨量极值在 400 mm 以上,沿海地区在 200 mm 以下,其他地区介于两者之间。

从宁波市鄞州国家气象站来看,台风 3 h、6 h、12 h 最大降水量均为 2013 年第 23 号台风“菲特”带来,分别达到了 119.3 mm、135.0 mm、211.0 mm。

统计 2006 年以来的台风降雨情况,1、3、6 h 降雨量均呈散点分布,没有明显的降水中心。1 h 降雨量普遍在 30 mm 以上,局部大于 75 mm(图 2.8);3 h 降雨量普遍在 50 mm 以上,局部大于 150 mm(图 2.9);6 h 降雨量普遍在 100 mm 以上,局部大于 200 mm(图 2.10)。12 h 降雨和日雨量表现出明显的降雨中心(图 2.11、图 2.12),分别为四明山区和茶山一带,具体为余姚市南部和海曙区中西部、宁海东部与象山县西北部交界处,另外,位于宁海西部的局部。12 h 降雨中心达 250 mm 以上,日雨量达 350 mm 以上。12 h 与日极值、过程雨量极值分布相近,反映了台风降水的集中性。

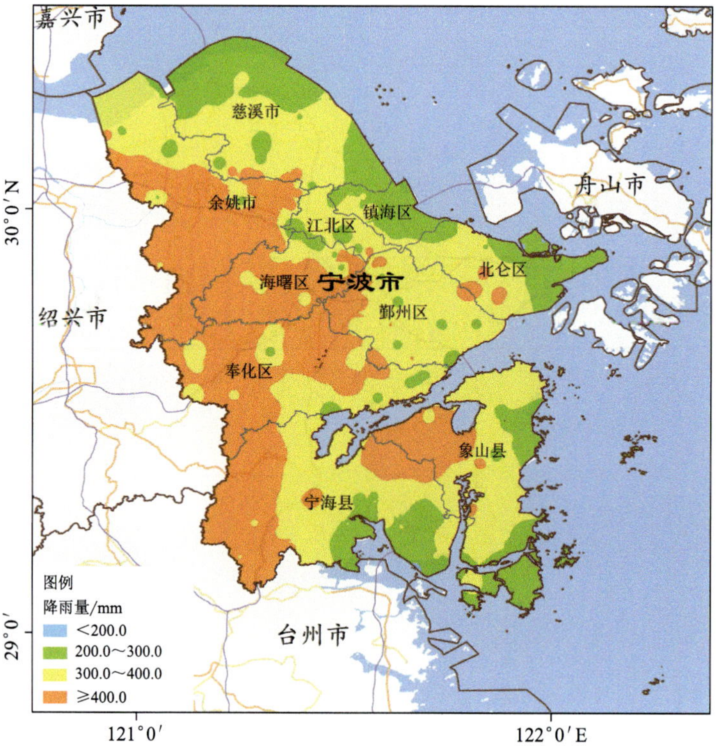

图 2.7　宁波市台风过程雨量极值分布图(2006—2020 年)

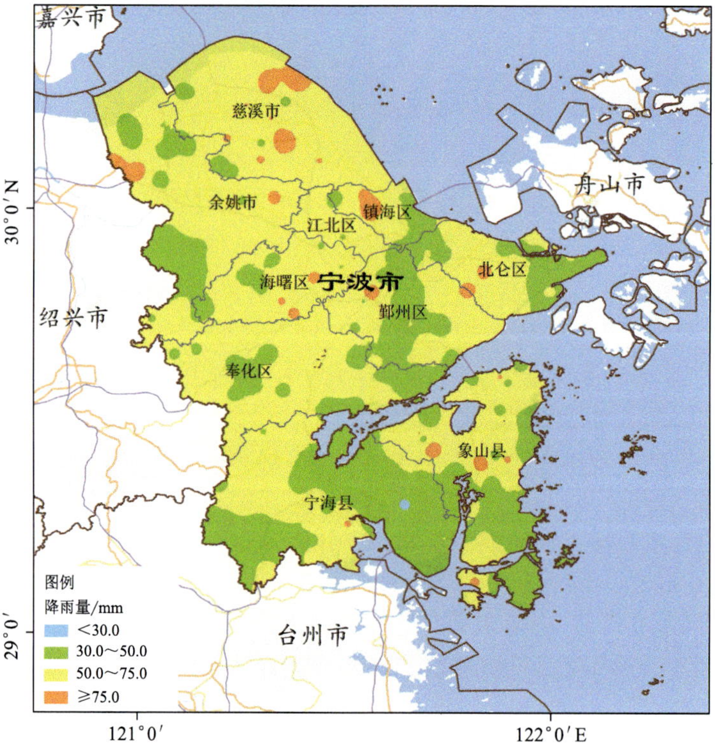

图 2.8　宁波市台风 1 h 最大雨量分布图(2006—2020 年)

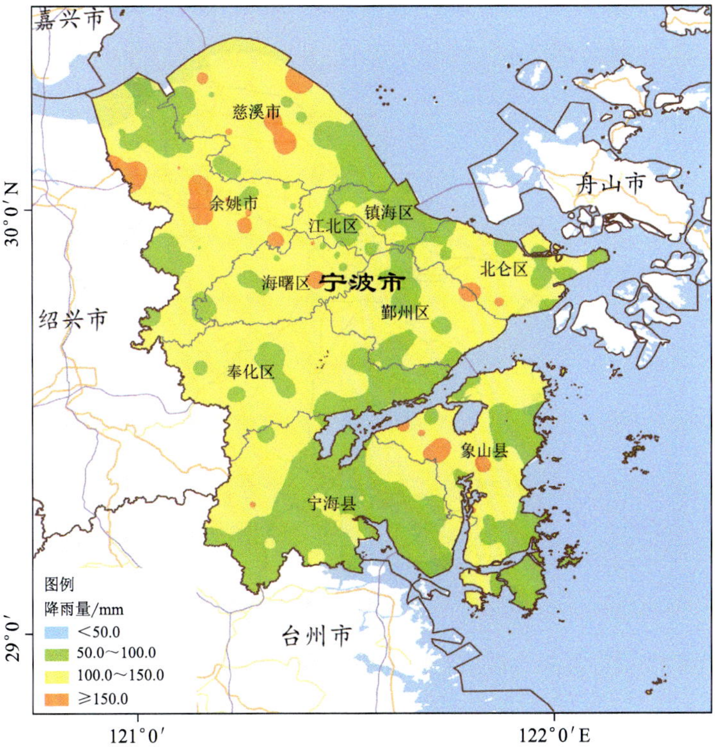

图 2.9　宁波市台风 3 h 最大雨量分布图(2006—2020 年)

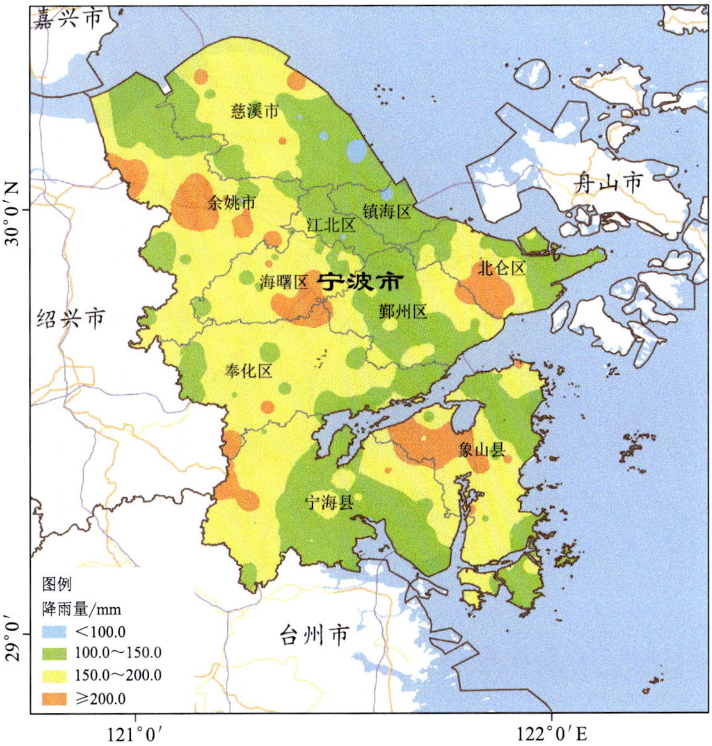

图 2.10　宁波市台风 6 h 最大雨量分布图(2006—2020 年)

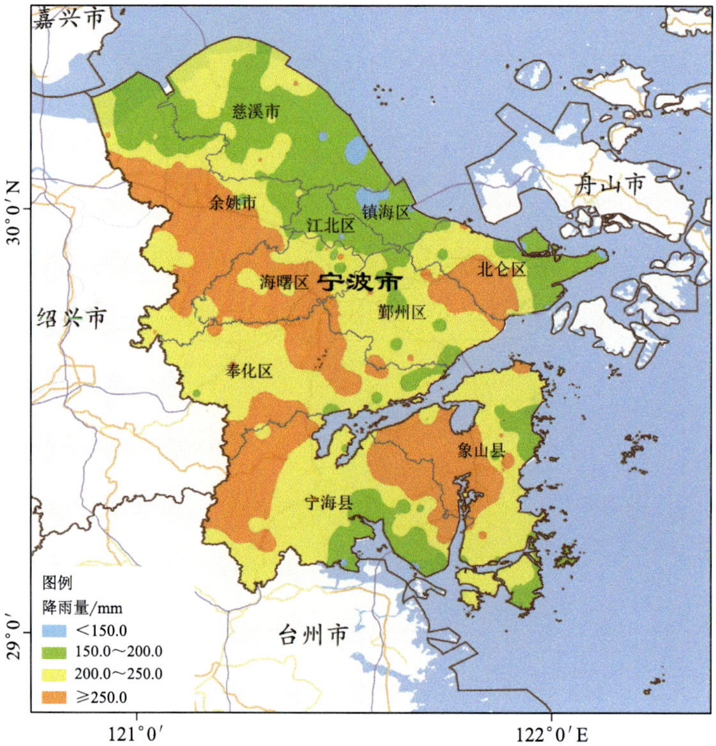

图 2.11　宁波市台风 12 h 最大雨量分布图(2006—2020 年)

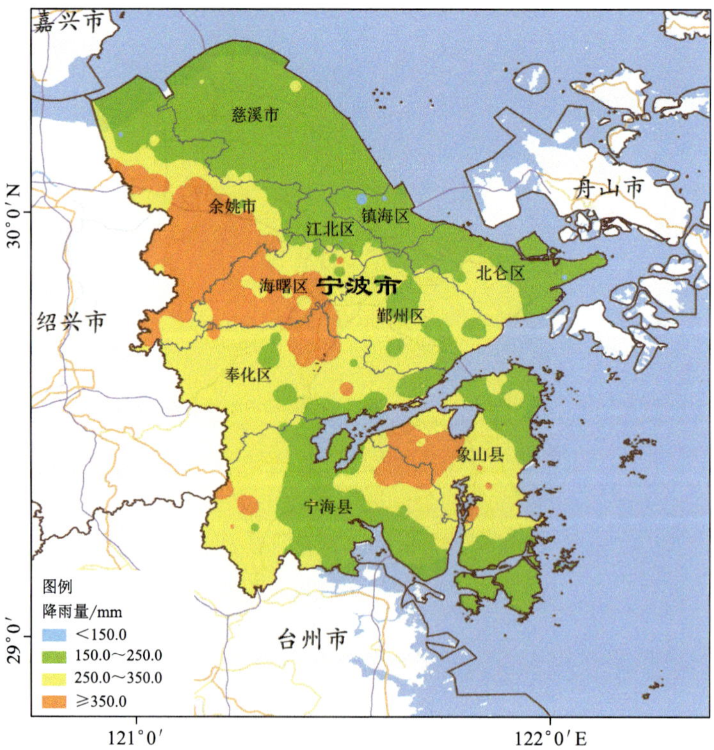

图 2.12　宁波市台风日雨量极值分布图(2006—2020 年)

2.2.1.4　台风大风基本特征分析

宁波最早开始有极大风观测的是石浦国家气象站，因此，本小节资料分析包含石浦站，时间段为 1959—2020 年。从宁波市国家气象观测站记录来看，台风过程极大风的最大值为 1989 年第 9 号台风“Hope”记录的 57.9 m/s(17 级，石浦站)。5612 号台风“Wanda”风速应该超过 60.0 m/s，但因仪器损坏，无观测记录。

1959—2020 年年均台风大风日数 5.0 d(图 2.13)，占当年总大风日数的 22.4%(图 2.14)。台风大风日数最多年是 1960 年，为 25 d；其次是 1959 年，为 23 d；考虑到 1959—1961 年只有石浦 1 个站资料，因此，这 3 年台风大风日数多但并不具有代表性；1962—2020 年中，台风大风日数最多年是 1990 年的 15 d，其次是 1981 年的 12 d；无台风大风日的年份共有 4 年，占统计年份的 6.5%。宁波市台风大风日数占当年大风日比重年际变化总体为上升趋势(图 2.14)，而图 2.13 显示出台风大风日数总体在下降，这说明非台风(主要是冷空气)大风日数出现了明显的减少趋势。

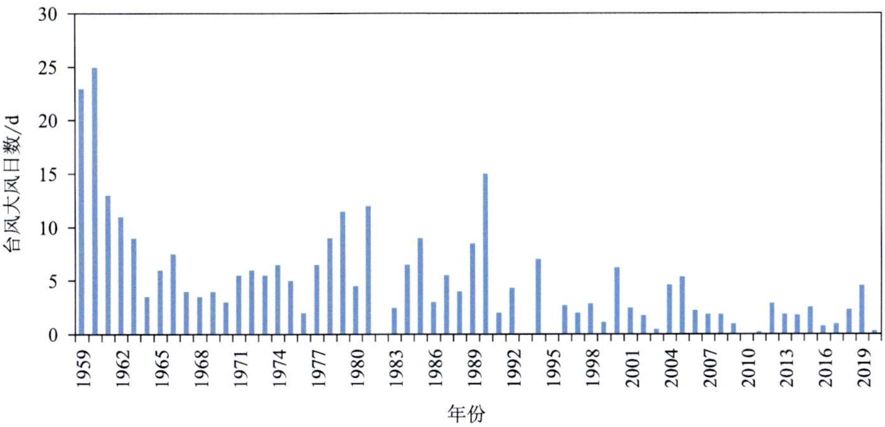

图 2.13　宁波市台风大风日数年际变化

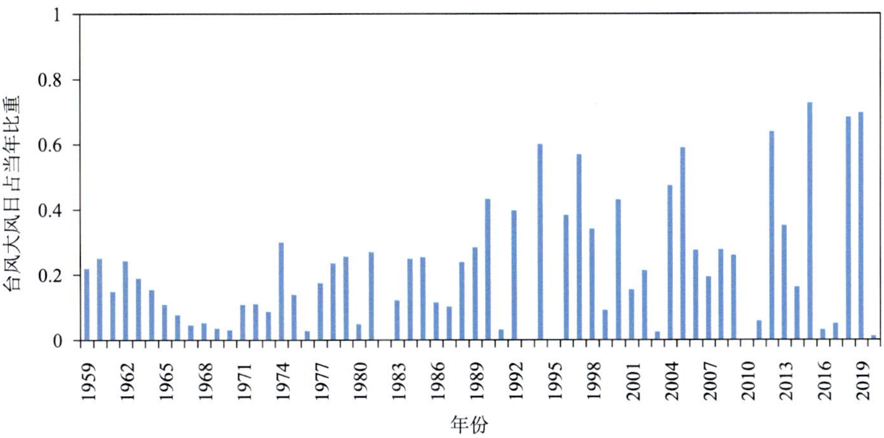

图 2.14　宁波市台风大风日数占当年比重年际变化

全市台风大风极值分布存在一定特征，总体由西北部向东南部沿海逐渐增大，西北部大部分地区风速小于 24.5 m/s，即过程极大风力在 9 级以下，象山县南部最大，达 12 级（32.6 m/s）以上。沿海及高海拔地区，风速散点状分布有 32.6 m/s 以上的局部地区，其余地区介于两者之间（图 2.15）。风速最大为石浦站 57.9 m/s（1989 年第 9 号台风“Hope”带来）。

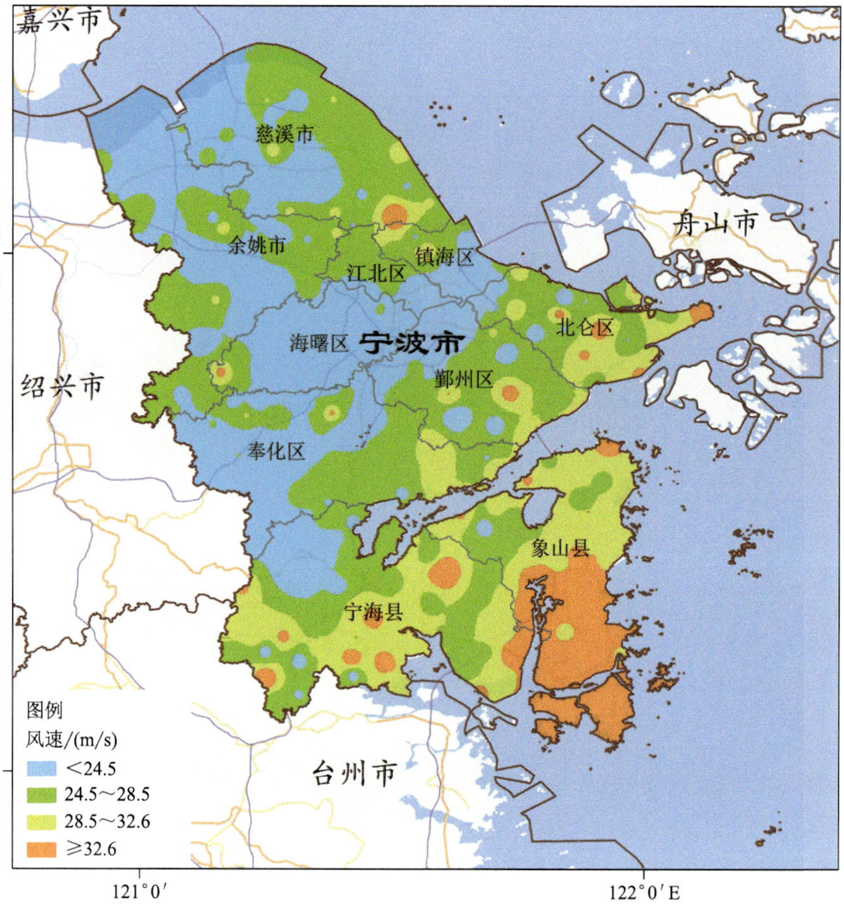

图 2.15 宁波市台风过程极大风极值分布图（2006—2020 年）

2.2.2 致灾危险性评估与区划

2.2.2.1 方法概述

台风暴雨危险性考虑因子为台风过程雨量、过程 1 h 最大雨量、过程 3 h 最大雨量、过程 6 h 最大雨量以及过程暴雨日数；台风大风危险性主要考虑台风过程极大风速及地域等；台风致灾因子危险性综合考虑台风暴雨危险性及孕灾环境、台风大风危险性。

（1）台风暴雨危险性评估及分区方法

① 计算每个台风的暴雨强度指数。

$$I_r = a \times \frac{R_{all}}{100} + b \times \max\left(\frac{R_3}{20}, \frac{R_{12}}{30}, \frac{R_{24}}{50}\right) + c \times R_d \tag{2.1}$$

式中，I_r 为台风暴雨强度指数；R_{all} 为台风过程降雨量，单位为毫米（mm）；max() 为取最大值函数（表征降雨强度），R_3、R_{12}、R_{24} 分别为 3 h、12 h、24 h 最大雨量，单位为毫米（mm）；R_d 为台风影响过程的暴雨日数，单位为天(d)；a、b、c 为常数，按照规范要求需要根据降水影响为主的台风个例与灾情建立数学关系获取，由于目前灾情资料欠缺，浙江全省采用通用系数，a、b、c 分别取 0.38、0.30、0.32。

② 确定暴雨强度等级指标。分析历史以雨为主的台风个例暴雨强度指数与相对应灾情(数据缺乏，用省级研究成果加以经验修正)，将暴雨强度指数划分为 5 个等级，具体指标见表 2.1。

表 2.1　台风暴雨强度评估指标

暴雨强度	5 级	4 级	3 级	2 级	1 级
指标	[0.3,0.8)	[0.8,1.3)	[1.3,1.9)	[1.9,2.9)	≥2.9

根据影响分析，暴雨强度指数在 0.3 以下几乎没有致灾风险，5 级为轻度影响，4 级为中度影响，3 级为较重影响，2 级为严重影响，1 级为特重影响。

③ 台风暴雨危险性分区。危险性分区考虑台风暴雨及孕灾环境，计算数据为 2006 年以来每个乡镇的台风暴雨资料。

暴雨强度修正系数公式如下：

$$I'_r=(1+I'_e)I_r \tag{2.2}$$

式中，I'_r 为台风暴雨强度修正指数；I'_e 为暴雨孕灾环境影响系数；I_r 为台风暴雨强度指数。

根据上述公式计算出的每个乡镇每个台风暴雨强度修正系数按照表 2.1 的指标划分等级，然后使用加权平均法计算每个乡镇的暴雨危险性分区指数。

台风暴雨危险性分区指数公式如下：

$$I_{(r)z}=\sum w_k m_k (k=1,2,3,4,5) \tag{2.3}$$

式中，$I_{(r)z}$ 表示某地台风暴雨危险性分区指数；w_k 为 k (1,2,3,4,5)级台风暴雨等级的权重系数；m_k 为某地 k (1,2,3,4,5)级台风暴雨出现频率。

权重系数具体见表 2.2。

表 2.2　等级权重系数(暴雨强度、大风强度、风雨综合强度均适用)

强度等级	1 级	2 级	3 级	4 级	5 级
权重	0.50	0.24	0.14	0.08	0.04

台风暴雨危险性分区采用阈值法，分为“高危险区、较高危险区、较低危险区、低危险区”，为相对概念。

(2)台风大风危险性评估及分区方法

根据《浙江省级台风灾害风险评估技术细则》附录 A.9，台风大风强度指数计算方法如下式所示：

$$\begin{cases} I_f=0 & f<13.6 \\ I_f=\left(\dfrac{f-13.6}{3.8}\right)^c & f\geqslant 13.6 \end{cases} \tag{2.4}$$

式中，I_f 为台风大风强度指数；f 为台风过程极大风速；c 为常数，取 0.6～0.8，宁波市取 0.6。

分析历史以风为主的台风个例大风强度指数与灾情(数据缺乏,根据经验确定),将大风影响强度等级划分为 5 个等级(表 2.3)。台风大风危险性分区采用阈值法。

表 2.3 大风强度等级评估指标

强度等级	5 级	4 级	3 级	2 级	1 级
指标	[0.0,0.9)	[0.9,1.5)	[1.5,1.9)	[1.9,2.5)	≥2.5

(3)台风致灾因子(风雨)综合危险性分区方法

台风致灾因子危险性综合考虑台风暴雨、台风大风及孕灾环境因子。

① 计算每个台风的风雨综合指数。方法如下:

$$I = aI_r + bI_f \tag{2.5}$$

式中,I 为台风风雨综合指数;I_r 为台风暴雨强度指数;I_f 为台风大风强度指数;a 和 b 是常数,需要通过灾情分析建立数学方法获得,目前采用省级研究成果,a 和 b 分别取 0.49 和 0.51。

② 确定风雨综合强度等级指标。由于缺少灾情资料,故用经验确定等级区间,5 个等级的评估指标见表 2.4。

表 2.4 台风风雨综合强度评估指标

风雨综合强度	5 级	4 级	3 级	2 级	1 级
指标	[0.3,0.7)	[0.7,1.1)	[1.1,1.4)	[1.4,1.7)	≥1.7

③ 致灾危险性分区。台风致灾危险性考虑风雨综合指数和孕灾环境系数,首先计算风雨分区指数,计算方法及各等级权重同台风暴雨,具体见式(2.3)和表 2.2。然后,计算风雨危险性分区指数,计算方法如下:

$$I'_{(r)z} = (1 + I'_e) I_{(r)z} \tag{2.6}$$

式中,$I'_{(r)z}$ 为致灾危险性分区指数;$I_{(r)z}$ 为风雨分区指数;I'_e 为暴雨孕灾环境影响系数。

采用阈值法对台风风雨致灾因子危险性进行分区。

2.2.2.2 台风暴雨危险性评估与区划

从图 2.16 可知,宁波市台风暴雨危险性,总体来说,西南部山区高、北部平原和东部沿海地区低;从区(县、市)来看,宁海县最高,全县大部为高等级,其次是象山县西部和奉化区,为高等级或较高等级,余姚市北部和慈溪市最低,为低等级,其余地区为较低等级。

2.2.2.3 台风大风危险性评估与区划

鄞州国家气象站资料从 1953 年开始,其他国家气象站资料略晚,参与分析个例为 193 个台风。分区指数计算方法及各等级权重同台风暴雨,具体见式(2.3)和表 2.2。

宁波市台风大风危险性分区如图 2.17 所示,总体来看,东部沿海地区大风危险性更高,其中北仑区东部、象山县鹤浦镇和新桥镇一带危险性最高,为高等级,北仑区西部、象山县其余地区和宁海县的三门湾沿岸地区为较高等级,其相邻地区为较低等级,其余大部分地区为低等级。

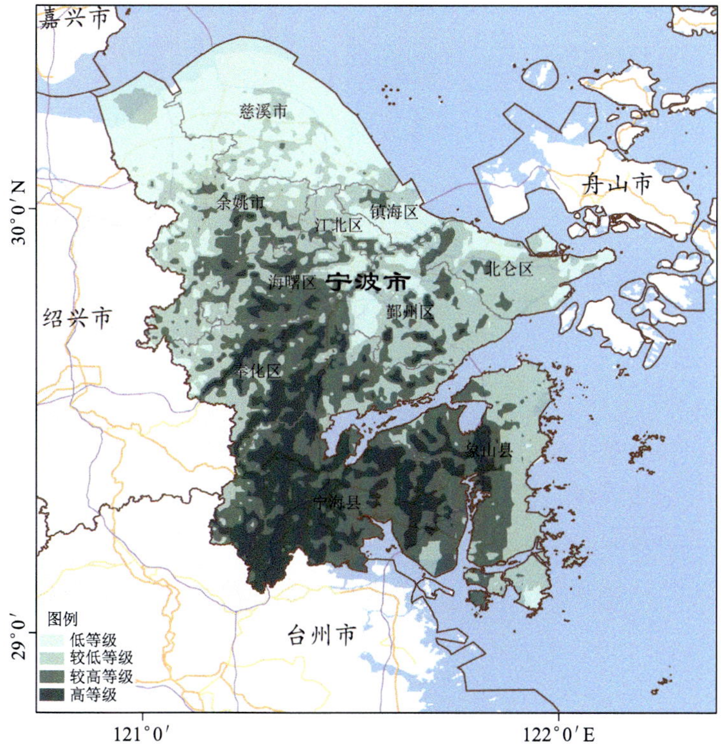

图 2.16 宁波市台风暴雨危险性分布图

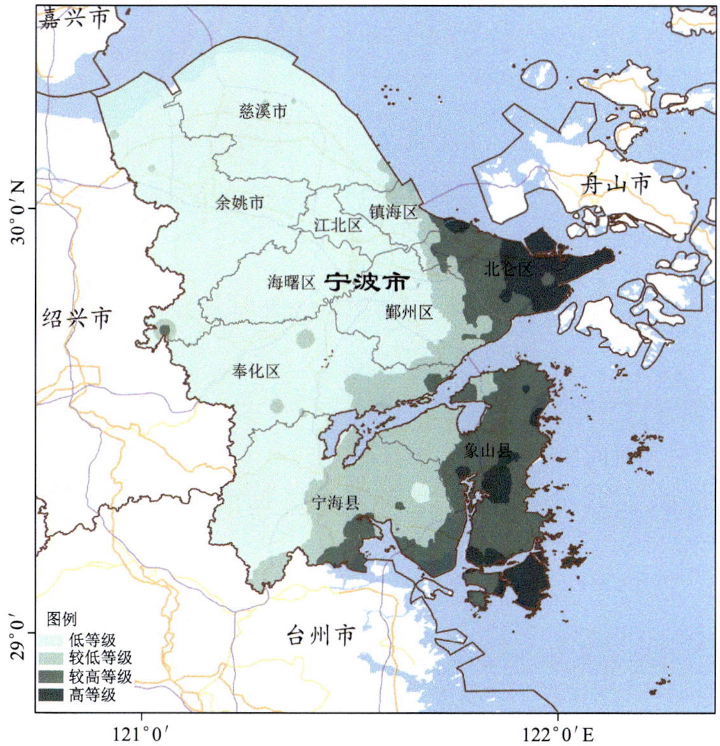

图 2.17 宁波市台风大风危险性分布图

2.2.2.4 台风致灾因子(风雨综合)危险性区划

台风致灾因子(风雨综合)危险性区划结果如图 2.18 所示,可以看出,台风综合危险性东南部大于西北部,象山县、宁海县、北仑区和奉化区最高,大部分为高等级或较高等级,鄞州区部分地区为高等级或较高等级,其他区(县、市)大部分为较低等级或低等级。

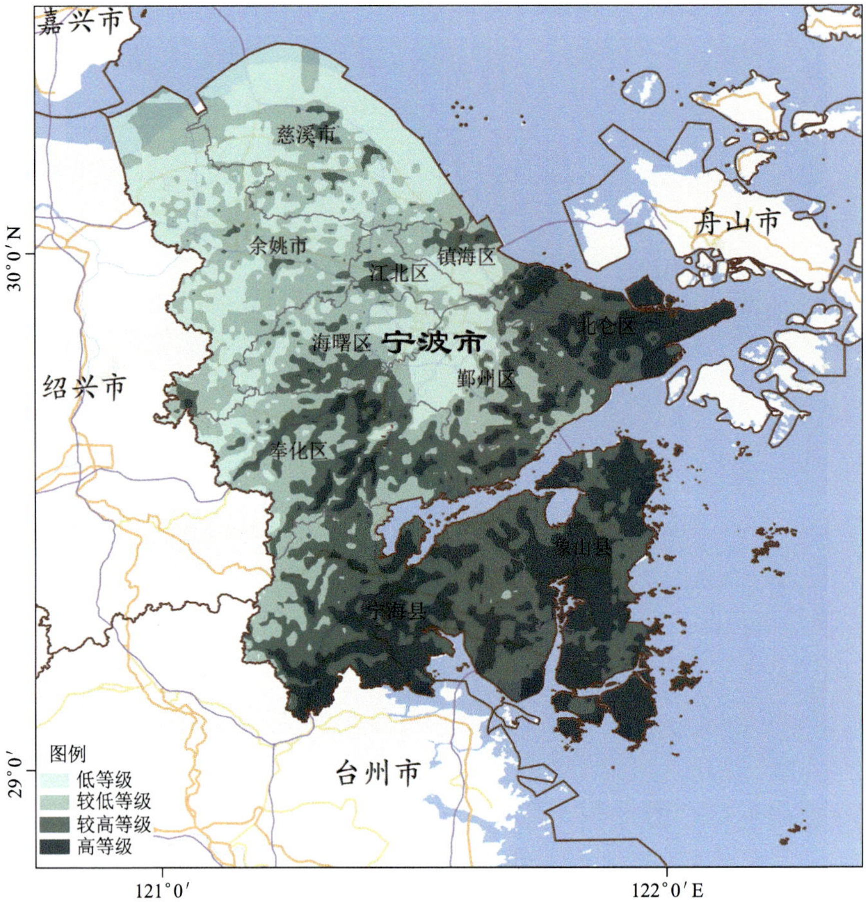

图 2.18　宁波市台风综合危险性分布图

2.3　台风灾害风险评估与分区

2.3.1　承灾体暴露度评估

人口、经济承灾体暴露度评估详见附录 B。

2.3.2　承灾体脆弱性评估

根据承灾体类型,台风灾害承灾体脆弱性分为台风灾害人口脆弱性(V_p)和台风灾害经济脆弱性(V_e)。

台风灾害人口脆弱性评估可采用评估范围内各区(县、市)或各乡镇 14 岁以下及 60 岁以上老人占总人口的比重(抚养比,X_1)、女性人口与总人口的比值(性别比,X_2)和人均 GDP(X_3)作为评估指标。将上述数据归一化处理后,利用层次分析的方法确定各指标权重,计算得到台风灾害人口脆弱性指标,公式如下:

$$V_p = aX_1 + bX_2 + cX_3 \tag{2.7}$$

式中,V_p 为台风灾害人口脆弱性;X_1、X_2 和 X_3 分别为抚养比、性别比和人均 GDP;a、b、c 分别为层次分析法确定的系数。

台风灾害经济脆弱性包含第一产业、第二产业和第三产业,且台风在对第一产业造成的损失很大程度上来源于种植业,近似以研究区内种植业生产总值与 GDP 的比值来表征第一产业经济脆弱性;假设灾害对第二、三产业的影响主要来源于对劳动力主体的直接或间接影响产生,近似以该地区标准化人口密度来表征第二、三产业经济脆弱性。公式如下:

$$V_{GDP} = \alpha V_{SGDP1} + \beta V_{SGDP23} \tag{2.8}$$

$$V_{GDP1} = GDP_{farm}/GDP \tag{2.9}$$

$$V_{GDP23} = S_{POP} \tag{2.10}$$

式中,V_{GDP} 为经济综合脆弱性指数;V_{GDP1} 和 V_{GDP23} 分别为第一产业脆弱性、第二三产业脆弱性指数;V_{SGDP1} 和 V_{SGDP23} 分别为归一化后的第一产业脆弱性、第二三产业脆弱性;α 和 β 分别为第一产业、第二三产业脆弱性的权重,参考权重分别为 0.6 和 0.4;GDP_{farm} 为种植业生产总值;GDP 为该地区生产总值;S_{POP} 为标准化人口密度,值域为 0~1。

最后得到研究区台风灾害承灾体脆弱性指数 Q_V,利用自然断点法将值大小划分为高脆弱性、较高脆弱性、中脆弱性、较低脆弱性、低脆弱性 5 个等级。

2.3.3 风险评估

2.3.3.1 方法概述

基于自然灾害风险形成理论,暴雨气象灾害风险是由危险性(致灾因子)、暴露度、脆弱性三部分共同形成。每个因子又是由一系列子因子组成。其表达式为:

$$灾害风险 = f(危险性,暴露度,脆弱性)$$

台风致灾危险性是暴雨事件叠加在特定的孕灾环境下的综合表现,因此,需要综合考虑暴雨强度及其孕灾环境。台风灾害风险评估方法遵循的原则是:风险是致灾因子危险性与承灾体暴露度、脆弱性共同作用的结果。评估方法以全国气象灾害综合风险普查技术规范《台风灾害风险评估》为基础,根据宁波市情况略做修正,具体方法如下:

$$R = H \times B \tag{2.11}$$

$$B = E \times (W \times V) \tag{2.12}$$

式中,R 为承灾体的风险指标;H 为致灾因子危险性指标;B 为承灾体指标;E 为暴露度;V 为脆弱性;W 为脆弱性权重。

台风致灾因子危险性评估详见上节,承灾体暴露度评估详见附录 B。本章针对人口和 GDP 进行风险评估,继而进行风险分区。

2.3.3.2 台风灾害人口风险评估与区划

人口密度过大对资源环境的压力就大,台风灾害风险就高;人口结构对台风系统的脆弱性也会产生影响,老弱妇孺、人口文化程度偏低、主动防灾抗灾能力较差等都将激发台风灾害的脆弱性。

台风灾害人口风险主要考虑台风致灾因子危险性、人口暴露度和脆弱性，其中人口暴露度用地均人口密度表征，脆弱性采用 17 岁以下和 60 岁以上人口的占比来表征。

根据公式(2.12)计算得到格点风险指数，再用自然断点法得到图 2.19 的分区结果，可见，台风致灾危险性高、人口密集、老弱妇孺比重大的地方，台风灾害风险就高，风险最高区域主要集中在各区(县、市)的中心城区及老三区(老三区系指宁波老城区，现海曙区、鄞州区、江北区交界的三江口附近区域，下同)等人口密集区域。

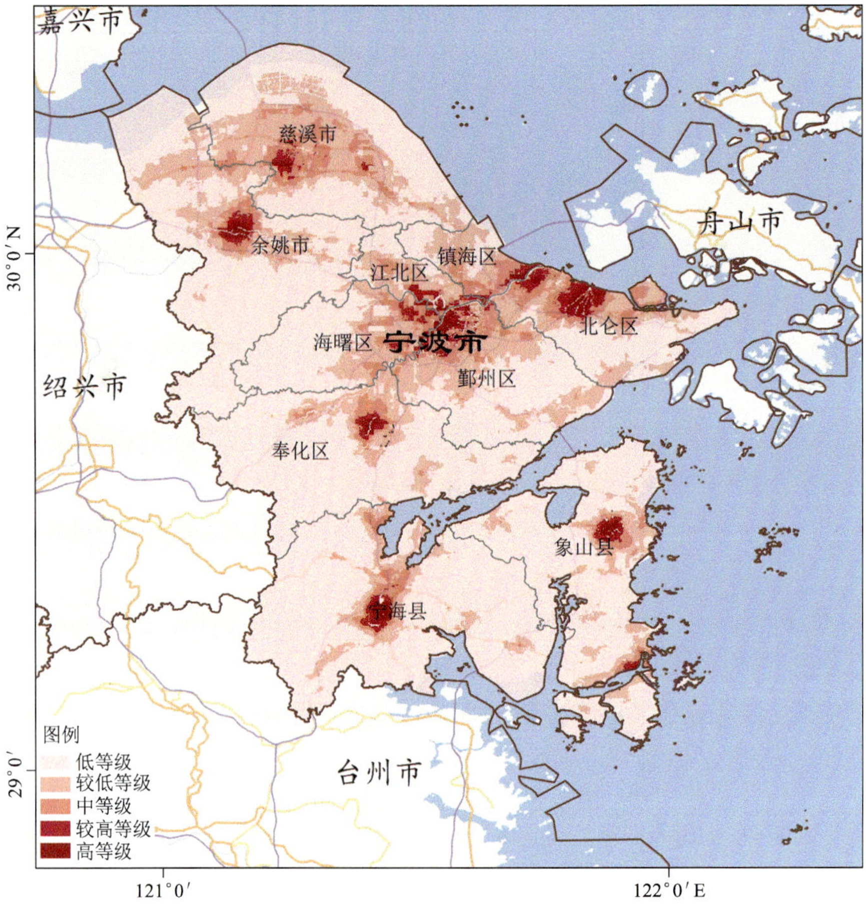

图 2.19 宁波市台风灾害受灾人口综合风险分布图

2.3.3.3 台风灾害 GDP 风险评估与区划

单位面积的产值越大，遭受同等强度的台风灾害侵袭时，其绝对损失量就越大，第一产业脆弱性最高，其次为第三产业。

针对 GDP 的台风灾害风险主要考虑台风致灾因子危险性、GDP 暴露度和脆弱性，其中地均 GDP 表征 GDP 暴露度因子，第一产业占比表征 GDP 的脆弱性因子。根据公式(2.12)计算得到格点风险指数，再用自然断点法得到图 2.20 的分区结果，可以看出，台风灾害 GDP 综合高风险主要还是在市本级及各区(县、市)的行政中心、人口密集和 GDP 高的区域，另外，北仑区和镇海区的北部沿海工业企业密集地区也是台风灾害 GDP 综合高风险地区。

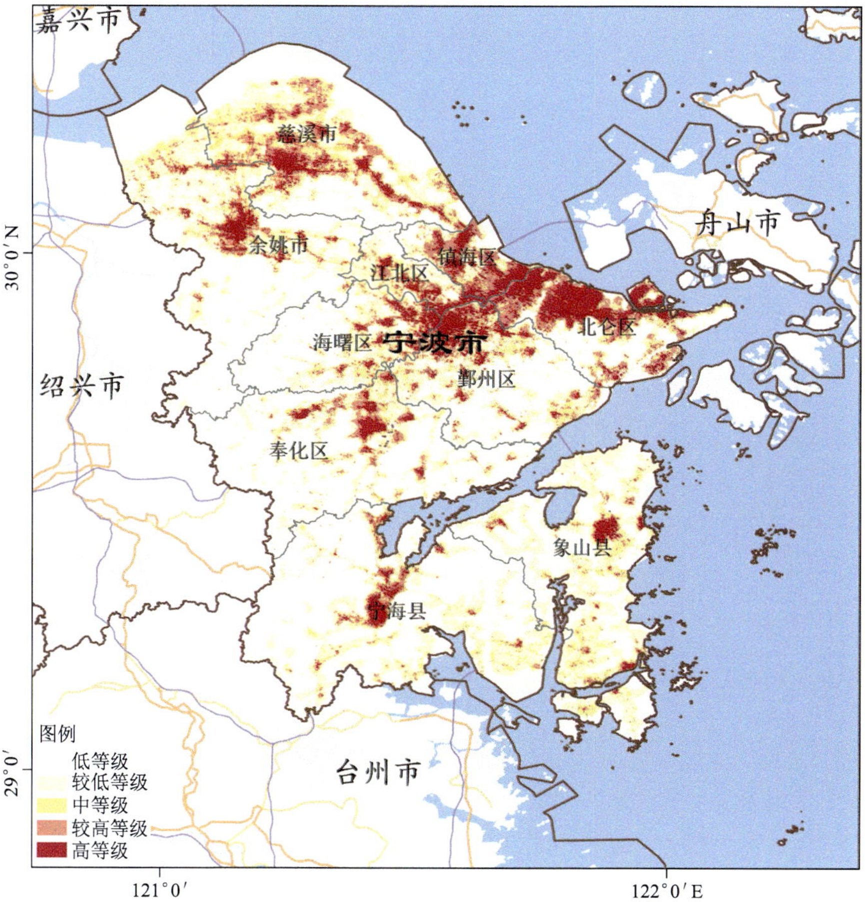

图 2.20 宁波市台风灾害 GDP 综合风险分布图

2.4 历史主要台风灾害事件

2.4.1 台风风雨排名信息

利用历史台风数据分别以宁波市的国家气象站的过程极大风速和过程雨量为统计特征值，筛选出宁波市相对较严重的台风灾害过程，得出影响前 10 位的台风大风(表 2.5)和降水(表 2.6)的台风信息。

表 2.5 宁波市风力排名前 10 位的台风信息

出现站点	阵风风速/(m/s)	平均风速/(m/s)	台风编号	中文名	英文名	风始日期	风止日期
石浦	57.9	35	8909		Hope	1989-07-20	1989-07-23
石浦	54.1	35	9015		Abe	1990-08-30	1990-09-02
石浦	52.3	--	6126		Tilda	1961-10-02	1961-10-05
石浦	52.0	40	7910		Jndy	1979-08-22	1979-08-25

续表

出现站点	阵风风速/(m/s)	平均风速/(m/s)	台风编号	中文名	英文名	风始日期	风止日期
石浦	50.9	36.8	1211	海葵	Haikui	2012-08-06	2012-08-09
石浦	49.3	34.0	1509	灿鸿	Chan-Hom	2015-07-10	2015-07-12
石浦	47.2	33	0515	卡努	Khanun	2005-09-11	2005-09-13
石浦	45.8	37	7805		Trix	1978-07-22	1978-07-23
石浦	45.3	28	8615		Vera	1986-08-26	1986-08-27
石浦	44.6	33.6	7413		Mary	1974-08-18	1974-08-23

注:--表示缺测。5612号台风“Wanda”风力应该超过60.0 m/s,但因仪器损坏,缺少观测记录。

表2.6 宁波市过程雨量排名前10位的台风信息

出现站点	过程雨量/mm	台风编号	中文名	英文名	雨始日期	雨止日期
余姚	566.7	6214		Amy	1962-09-04	1962-09-07
余姚	544.8	1323	菲特	Fitow	2013-10-05	2013-10-09
慈溪	496.6	9216		Polly	1992-08-27	1992-09-02
鄞州	419.3	6312		Gloria	1963-09-09	1963-09-15
北仑	403.4	1909	利奇马	Lekima	2019-08-08	2019-08-11
象山	374.3	1211	海葵	Haikui	2012-08-06	2012-08-09
北仑	370.9	0509	麦莎	Matsa	2005-08-05	2005-08-07
奉化	357.2	1614	莫兰蒂	Meranti	2016-09-14	2016-09-16
石浦	344.7	1720	卡努	Khanun	2017-10-14	2017-10-16
鄞州	344.5	6615		Cora	1966-09-04	1966-09-08

2.4.2 历史灾害事件

1956年:8月1日24时,5612号台风在象山县南庄登陆,登陆时中心气压923 hPa,全市内陆和沿海分别出现8～10级、11～12级大风,普降暴雨大暴雨,山区特大暴雨,海潮激涨,倒塘堤,潮水涌入,老城区街道水没过腰,三江口停泊船只漂流上江北岸外马路,交通阻隔,电厂受损停电,电话大部中断。象山县南庄区海塘全线溃决,纵深10 km一片汪洋,冲毁房屋77395间,死亡3401人,受伤5614人,其中南庄区林海乡死2432人,有241户全家死亡,灾后1161户无家可归。据统计,全市倒房11.31万间,损坏房屋12.9万间,毁江海塘坝257 km,碶闸、水库、山塘被毁829处,损失渔船486只,淹田12.96万 hm^2,成灾5.63万 hm^2,受灾居民11.45万户,死3625人,伤5957人。

1961年:6126号台风10月4日在浙江三门登陆,3日12时05分石浦站出现极大风速52.3 m/s,弱冷空气与台风共同影响下全市持续降雨,过程雨量100～200 mm,局部超过500 mm,造成江海塘崩坍124处,水库冲毁27座,农田受淹7.66万 hm^2,成灾2.17万 hm^2,房屋损毁3万多间,公路路面被毁110 km,死64人。

1962年:6214号台风9月6日凌晨在福建晋江登陆,4—6日宁波过程降雨量达200 mm以上,最大为余姚百丈岗674 mm,余姚县3日夜里进水,大田淹没,到18日才基本排水出田,县内61个公社遭灾,占全县84%,受灾居民78000户、327000人,占总人口的64%,淹农田

3.38 万 hm^2，绝收 1.77 万 hm^2，死 11 人。宁波全市淹农田 15.12 万 hm^2，成灾 12.32 万 hm^2，冲毁耕田 0.47 万 hm^2、国家粮仓 186 座，被淹粮食 5 万 t，毁坏仓库 96 座，毁损房屋 56772 间，冲毁公路桥梁 25 座，死 134 人。

1963 年：6312 号台风于 9 月 12 日 21 时登陆福建连江，9—15 日宁波持续降雨，过程雨量平原地区 300～400 mm，鄞县画龙、三溪浦总雨量分别达 766、759 mm，主要集中在 11—13 日，其中 12 日雨量为 268 mm，主灾区奉化江流域、鄞奉平原及姚江下游平原一片汪洋，淹农田 11.11 万 hm^2，成灾 5.89 万 hm^2，冲毁耕田 0.15 万 hm^2，毁公路桥梁 60 余座，山洪暴发，河水猛涨，112 个村庄被包围，毁房 2000 余间，死 40 人。

1974 年：7413 号台风 8 月 19 日登陆三门，北仑、石浦的极大风速分别为 33 m/s、45 m/s，过程降雨量宁海、象山分别为 227 mm、240 mm，其他地区 90～150 mm。台风登陆期间正值天文大潮，全市海塘漫顶溃决 1108 处，毁堤 71 km，151 个村庄 1.16 万户遭淹，淹农田 4.49 万 hm^2，损失原盐 2.65 万 t，毁损房屋 2495 间、船舶 1223 艘，死 22 人。

1988 年：8807 号台风于 8 月 7 日 22 时 45 分在象山县林海乡门前涂登陆，台风中心先后经过象山、奉化、鄞县、老市区及余姚等地，所经之处均出现 11～12 级大风及大到暴雨，雨量象山 111 mm、奉化 51 mm、鄞县 52 mm、余姚 51 mm。这次台风从开始影响本市到过境仅 4 h 左右，速度快，强度大，范围小，来势猛，全市淹农田 2.48 万 hm^2，受损棉田 2 万 hm^2，倒房 15950 间，损毁船只 279 艘，毁堰坝碶闸 76 处，坍损江海塘 40560 m，因灾倒杆断杆断电线路 204 条，死 29 人，失踪 13 人。经济损失约 5 亿元。

1997 年：9711 号台风于 8 月 18 日在台州市温岭县登陆后北上，强度强，范围广，又正值农历七月半的天文大潮汛，“风、雨、潮”三碰头，宁波内陆地区普遍出现 9～11 级大风，沿海海面 12 级以上，石浦站 8 级大风维持 77 h，全市平均降水量 182.5 mm，宁海在 300 mm 以上。受其影响，全市作物受淹 14.6 万 hm^2，倒塌房屋 2.6 万间，冲毁桥梁 123 座、公路路基 220 km，因灾死亡 19 人，失踪 26 人，经济损失达 45.43 亿元。

2005 年：0515 号台风“卡努”9 月 11 日下午在台州市路桥区金清镇登陆，受其影响，宁波西南山区降水普遍在 200 mm 以上，其中宁海望海岗 424.5 mm，北部地区的雨量中心位于北仑，其中新碶镇雨量最大为 509.2 mm。台风导致全市 95 个乡镇不同程度受灾，受灾人口 129.9 万，被困人口 4.5 万，饮水困难人口 4.6 万，直接经济损失达 41.78 亿元。2149 家工矿企业停产或半停产，公路毁坏 212 km，损坏堤防 527 处，决口 304 处。北仑区有 10 人在洪灾中不幸遇难，3 人失踪；其中 8 人死于山洪暴发。

2013 年：1323 号台风“菲特”10 月 7 日 1 时 15 分在福建省福鼎市沙埕镇沿海登陆，受“菲特”和 24 号台风“丹娜丝”及冷空气共同影响，出现了宁波有气象记录以来过程雨量最大、雨强最强的台风暴雨，全市过程平均面雨量 357 mm，有 36 个站≥500 mm，余姚上王岗、梁辉等地超过 700 mm，沿海海面普遍出现 10～11 级大风，加之恰逢天文大潮，宁波大部分地区出现高潮位，进而影响积水排泄，姚江水位一度达到 5.33 m，超过警戒水位 1.56 m，为新中国成立以来最高，姚江最高水位余姚站 3.40 m，超过历史最高水位 0.47 m，城市内涝十分严重，造成全市 11 个区(县、市)148 个乡(镇、街道)248.25 万人受灾，农作物受灾面积 120 千 hm^2，成灾 65 千 hm^2，倒损房屋 2.7 万间，直接经济损失 333.62 亿元，其中余姚超过 200 亿元。

第3章 暴 雨

暴雨是引起流域洪水、山洪、农田渍涝、城市内涝及滑坡泥石流等次生灾害的主要因素，暴雨对社会、经济的各个方面均有重大影响(陈海燕 等,2013;胡波 等,2014)。暴雨风险评估区划应综合考虑暴雨灾害致灾因子危险性、承灾体暴露度和承灾体脆弱性等因素(金有杰 等,2014;周月华 等,2019)。本章深入开展了暴雨灾害调查及资料处理、暴雨致灾因子危险性评估、暴雨风险评估区划等工作。

3.1 调查方法及调查资料

3.1.1 调查资料

(1)气象数据:包括宁波市内所有气象站点资料和CLDAS多源融合实况格点降水资料。基于1953年建站以来宁波市国家站和区域自动站小时和日降水资料针对暴雨灾种进行加工提取处理,资料来源于浙江省气象局;格点降水资料为1998—2020年期间的CLDAS多源融合降水实况再分析格点资料,数据来源于国家气象信息中心。

(2)灾情数据:来源于应急部门收集的灾情资料。

(3)其他:基础地理信息、社会经济数据等详见附录。

暴雨调查数据类完成情况:对宁波辖区内气象站建站至2020年暴雨致灾相关气象数据进行普查和核实,经过地市、省和国家三级审核,最终获取到宁波市气象台站暴雨观测数据共计2090条记录,涵盖了国家气象站情况、单站雨季降水量多年平均值调查表、单站历年暴雨、大暴雨日数调查表、单站不同重现期不同日数最大降水调查表、单站不同重现期不同历时最大降水调查表以及单站暴雨过程调查表等详细信息。

3.1.2 技术方法

3.1.2.1 暴雨相关术语及定义

降雨过程:受天气系统影响,从降雨开始到结束的全过程,期间日降雨量(20—20时)需大于等于0.1 mm。

过程降雨量:降雨过程的累积降雨量。

单站暴雨日:一般情况下,以单个国家级气象观测站24 h内降雨量≥50 mm的降雨日为单站暴雨日。根据中华人民共和国国家标准《降水量等级》(GB/T 28592—2012)中的定义:一般把气象站点雨量观测24 h累积降水量在[50 mm,100 mm)之间称为一个暴雨日;24 h累积降水量在[100 mm,250 mm)之间称为一个大暴雨日;24 h累积降水量≥250 mm的称为1个特大暴雨日。此外,也可将24 h降水量≥50 mm统称为一个暴雨日(表3.1)。

表 3.1 不同时段的降雨量等级划分表

等级	12 h 降雨量/mm	24 h 降雨量/mm
微量降雨(零星小雨)	<0.1	<0.1
小雨	0.1～4.9	0.1～9.9
中雨	5.0～14.9	10.0～24.9
大雨	15.0～29.9	25.0～49.9
暴雨	30.1～69.9	50.0～99.9
大暴雨	70.0～139.9	100.0～249.9
特大暴雨	≥140.0	≥250.0

单站暴雨过程:单站暴雨日持续天数≥1 d的或者中断日有中到大雨,且前后均为暴雨日的降水过程。

暴雨过程开始日/结束日:暴雨过程首个/最后一个暴雨日。

3.1.2.2 暴雨致灾因子指标确定

根据暴雨灾害致灾特征,一般认为一个地区的暴雨雨涝指数(反映暴雨综合强度的指数)是暴雨频次和强度叠加的综合表现。为了体现该区域暴雨雨涝指数的总体空间分布特征的同时,刻画出历史上站点观测到极端降水事件的影响,引入1998—2020年中国气象局CLDAS驱动场降水再分析格点数据,对其统计①年均暴雨日数、②年均短时强降水频次(1 h≥20 mm)、③平均年降水量的基础上,同时考虑了当地所有气象站(国家站+区域自动站)的④小时降水极值、⑤日降水极值以及⑥暴雨过程最大降水共6个暴雨致灾因子。其中④～⑥这3个暴雨致灾因子数据都源于项目前期暴雨历史致灾因子调查汇交表。

通过查阅文献以及专家打分等方式,最终确定并赋值各项的权重(表3.2),并通过在ArcGIS中的空间插值和重采样方式将上述6个致灾因子统一处理为CGCS2000地理坐标系下0.001°分辨率。在对其进行归一化的基础上,分别乘以权重系数,并通过相加最终计算获得该地区每个栅格上的暴雨雨涝指数。

表 3.2 暴雨致灾因子及权重系数

序号	致灾因子	数据源	起止时间	权重系数
1	年平均暴雨日数	CLDAS	1998—2020	0.2
2	年平均短时强降水频次	CLDAS	1998—2020	0.3
3	年平均降水	CLDAS	1998—2020	0.1
4	小时降水极值	站点	建站以来	0.15
5	日降水极值	站点	建站以来	0.15
6	暴雨过程最大降水	站点	建站以来	0.10

3.1.2.3 数据归一化方法

归一化是将有量纲的数值经过变换,化为无量纲的数值,进而消除各指标的量纲差异。计算公式为：

$$x' = \frac{x - x_{\min}}{x_{\max} - x_{\min}} \tag{3.1}$$

对于反向因子(即该指标与危险性指数呈反向变化，如过程极端最低气温)，归一化处理方案为：

$$x' = \frac{x_{\max} - x}{x_{\max} - x_{\min}} \tag{3.2}$$

式中，x'为归一化后的数据；x 为样本数据；$x_{\min}$ 为样本数据中的最小值；$x_{\max}$ 为样本数据中的最大值。

3.1.2.4　专家打分法

专家打分法也称为德尔菲法(Delphi)，是指通过匿名方式征询有关专家的意见，对专家意见进行统计、处理、分析和归纳，客观地综合多数专家经验与主观判断，对大量难以采用技术方法进行定量分析的因素做出合理估算，经过多轮意见征询、反馈和调整后确定各因子的权重系数，该方法确定的权重系数能较好地反映出实际情况下各致灾因子在灾害形成过程的作用，但存在一定的主观因素。

3.1.2.5　自然断点法

自然断点法是一种地图分级算法，该算法认为数据本身有断点，可利用数据这一特点进行分级。算法原理是一个小聚类，聚类结束条件是组间方差最大、组内方差最小。计算方法见下式：

$$\mathrm{SSD}_{i-j} = \sum_{k=1}^{j} \mathbf{A}[k]^2 - \frac{\left(\sum_{k=1}^{j} \mathbf{A}[k]\right)^2}{j-i+1} \quad (1 \leqslant i < j \leqslant N) \tag{3.3}$$

式中，SSD 为方差；i、j 为第 i、j 个元素；$\mathbf{A}$ 是长度为 N 的数组；k 为 i、j 中间的数，表示 $\mathbf{A}$ 组中的第 k 个元素。

3.2　致灾危险性调查与评估

3.2.1　基本气象特征分析

进行暴雨灾害时间序列分析时，以宁波市除石浦站以外的国家气象站(表 1.1)为代表站点，对发生频数的年际变化、季节变化和雨量值按当年参与站点取平均值，分析年份为 1953—2020 年。

3.2.1.1　雨季降水量的月际变化

雨季一般指 3—10 月，多年平均值是指 1953—2020 年平均值。宁波市雨季(3—10 月)降水量月际变化呈现出中间高两头低的特点，3—5 月降水量相对较少，110～135 mm；6 月降水量最多，为 218.9 mm，主要是梅汛期降水所致；7—9 月降水量也较多，其中 7 月相对较少，主因是受副热带高压影响晴热天气相对较多，8 月和 9 月比较接近，主因是台风降水及夏季午后强对流降水所致；10 月降水量迅速减小到最少，为 91.3 mm(图 3.1)。

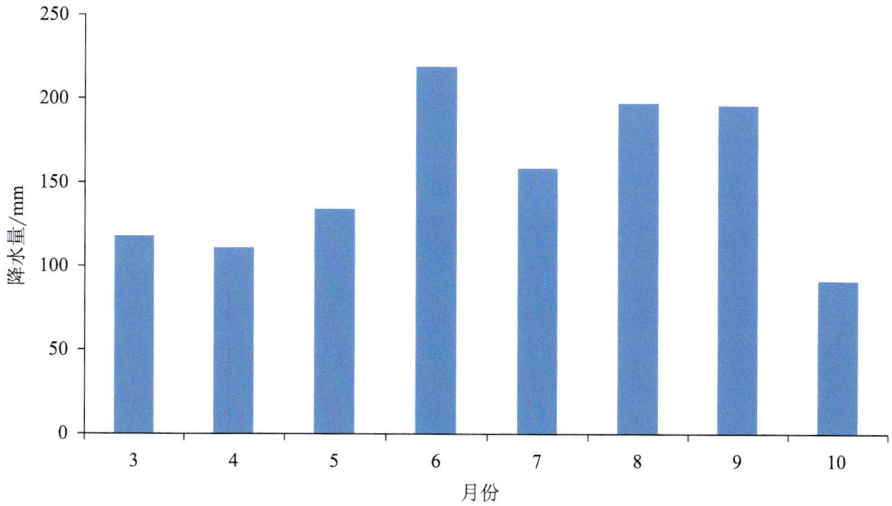

图 3.1　宁波市暴雨降水量月际变化图

3.2.1.2　暴雨日数的年际变化

暴雨日数年际变化：分析宁波市 1953—2020 年暴雨日数年际变化(图 3.2)，宁波市多年平均暴雨日数(含台风过程)为 3.8 d；历年暴雨日数在 0.8～7.0 d，其中 2016 年最多达 7 d，2012 年次之为 6.6 d。2012 年开始暴雨日数明显增多，2012—2020 年平均暴雨日数达 5.6 d。

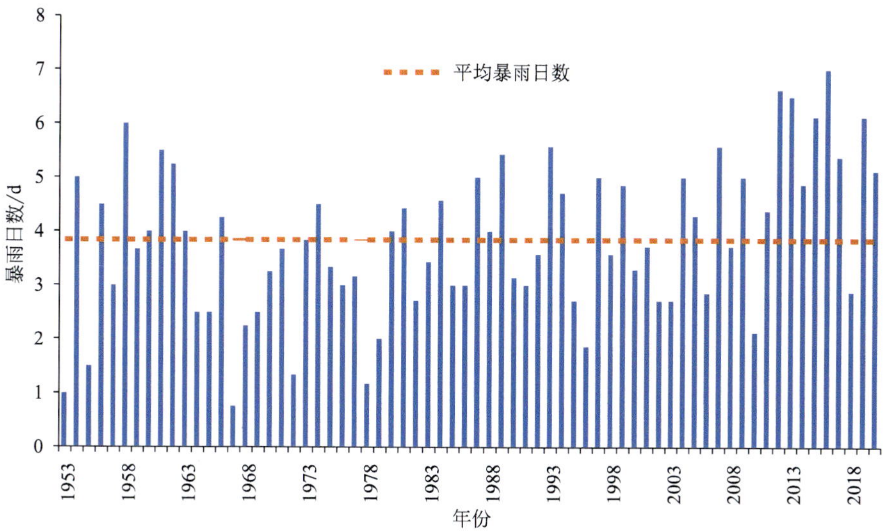

图 3.2　宁波市历年暴雨日数变化图

大暴雨日数年际变化：宁波市 1953—2020 年大暴雨日数在 0～2.3 d，其中无大暴雨日的年份占 14.7%，多年平均大暴雨日数为 0.6 d；21 世纪及 20 世纪 60 年代初大暴雨日数相对较多(图 3.3)。

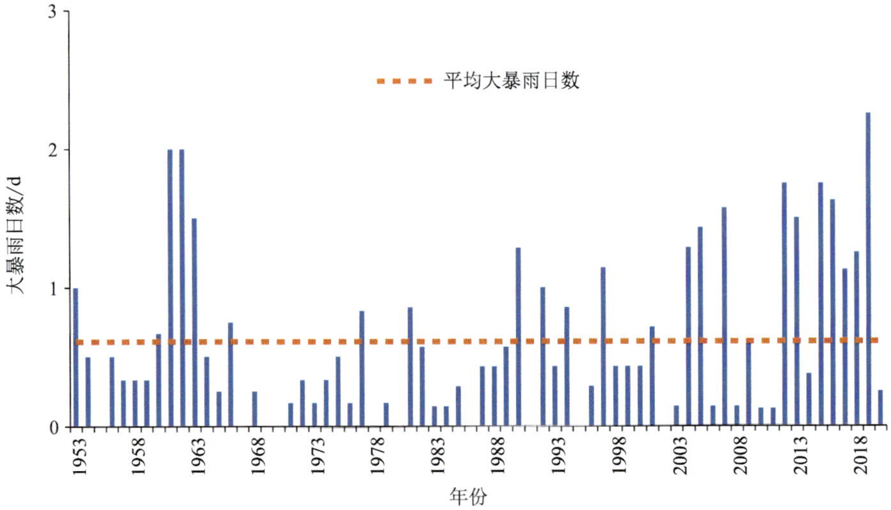

图 3.3 宁波市历年大暴雨日数变化

3.2.1.3 暴雨日数和暴雨过程数的月际变化

根据建站以来暴雨日数(1953—2020 年)调查表统计表明,宁波市 94.7%的暴雨发生在 5—10 月,84.1%的暴雨发生在 6—9 月,其中 9 月年均暴雨日数最多达 0.92 d,其次为 6 月 0.86 d(图 3.4)。

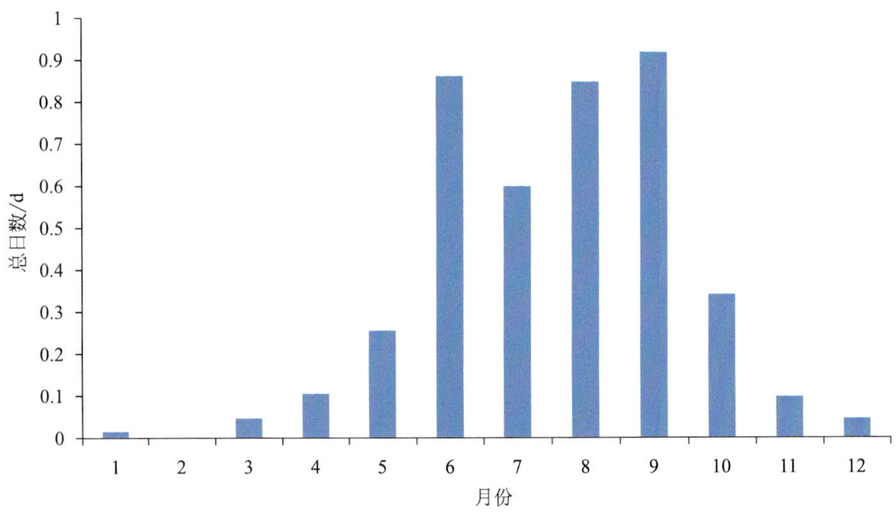

图 3.4 宁波市暴雨日数月际变化图

暴雨过程(1953—2020 年)调查表统计表明:宁波市年均暴雨过程 3.68 次左右,月均 0.31 次左右,6 月发生暴雨过程次数最多达 0.78 次/a,8 月和 9 月分别为 0.73 次/a 和 0.76 次/a,2 月最少接近 0(图 3.5)。

3.2.1.4 不同历时降水极值

利用宁波市各区(县、市)代表站的小时降水资料,根据定义提取各站暴雨过程,并在此基

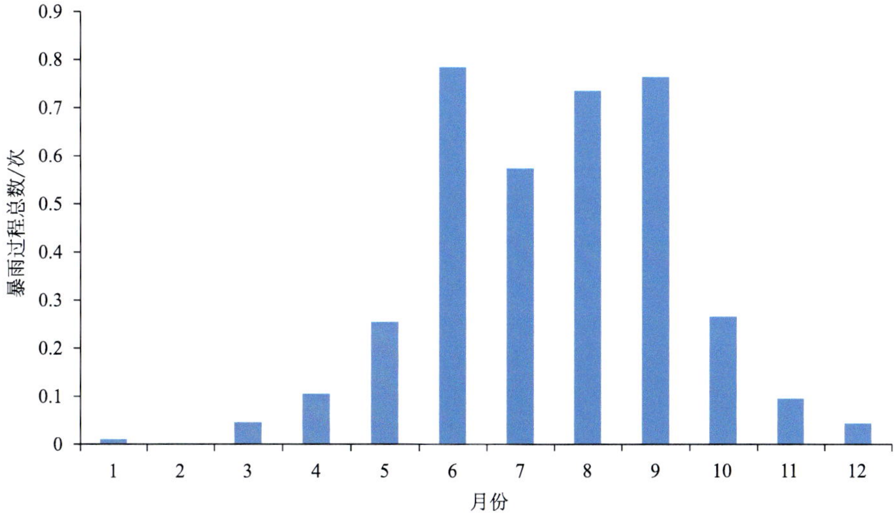

图 3.5 宁波市暴雨过程数月际变化图

础上求得各站连续滑动 1 h、3 h、6 h、12 h 降水量以及日降水量、暴雨过程降水量，其最大值见表 3.3。

表 3.3 宁波市各区(县、市)建站至 2020 年不同历时降水量极值

区(县、市)	站名	降水量/mm					
		1 h	3 h	6 h	12 h	1 d	暴雨过程
鄞州区 海曙区	鄞州站	94.8	130.3	170.9	235.8	276.0	388.0
镇海区	镇海站	78.3	109.6	178.4	276.2	276.2	329.2
北仑区	北仑站	74.2	130.4	200.6	261.4	291.0	380.9
奉化区	奉化站	114.3	126	182.8	277.8	395.6	513.0
余姚市	余姚站	77.9	166.3	220.5	311.9	395.6	564.1
慈溪市	慈溪站	122.8	133.8	172.2	201.2	192.3	333.0
宁海县	宁海站	85.7	171.9	213.1	335.0	355.7	377.5
象山县	象山站	90.3	194.4	211.9	219.8	303.5	320.7
江北区	慈城站	68.3	92.2	128.9	175.2	180.0	360.0

3.2.1.5 暴雨重现期

(1)不同连续日数各重现期降水量

利用宁波市各区(县、市)代表站建站至 2020 年日降水数据，通过皮尔逊-Ⅲ广义极值分布模型，拟合推求出连续 1 d、3 d、5 d、10 d 的 5 a、10 a、20 a、50 a、100 a 各重现期情景下的降水量见表 3.4。

表 3.4 宁波市各区(县、市)不同连续日数各重现期降水量(单位:mm)

区(县、市)	连续日数/d	5 a	10 a	20 a	50 a	100 a
鄞州区 海曙区	1	118.9	137.6	154.6	175.6	190.2
	3	179.6	217.6	254.6	302.1	337.3
	5	203.5	241.4	277.6	323.3	356.7
	10	266.3	309.5	349.4	398.8	434.4
江北区	1	128.3	155.5	181	213.9	237.7
	3	230	275.9	318.5	371.7	410
	5	265.3	317.6	366.7	428.4	473.1
	10	322.6	374.3	421.1	478.5	519.4
北仑区	1	140.2	173.9	206.2	247.5	278
	3	205.5	254.3	301.1	361	405.2
	5	228.9	274.6	317.9	372.9	413.2
	10	279.1	326.5	369.8	423.4	461.8
镇海区	1	168.4	203.4	236.8	279.1	309.9
	3	263.8	299.2	329.3	364.2	387.7
	5	276.5	312.5	343.1	378.3	402.3
	10	328.9	367.4	400.8	440.1	467.4
奉化区	1	135.7	177.5	222.3	284.2	331.6
	3	220.2	276.4	331.6	403.7	457.4
	5	246	299.6	351.4	417.8	466.9
	10	305.4	354.8	399.6	455.2	494.9
余姚市	1	120.9	196	228.8	290.4	324.9
	3	162.9	263.3	295.7	357.8	511.6
	5	209.2	335.8	364.8	424.4	528.1
	10	274.4	435.6	457.9	511.3	576.2
慈溪市	1	118.9	137.6	154.6	175.6	190.2
	3	179.6	217.6	254.6	302.1	337.3
	5	203.5	241.4	277.6	323.3	356.7
	10	266.3	309.5	349.4	398.8	434.4
象山县	1	167.1	199.0	228.8	266.3	293.3
	3	240.9	279.1	313.3	354.1	382.8
	5	261.7	297.0	327.5	363.4	388.2
	10	314.8	363.9	409.0	465.2	505.6
宁海县	1	178.3	215.1	249.2	292.2	323.5
	3	261.1	304.2	342.4	388.4	420.6
	5	290.5	334.0	372.1	417.9	449.8
	10	363.8	422.3	476.2	542.8	590.7

(2)不同历时各重现期降水量

利用宁波市各区(县、市)代表站建站至2020年小时降水数据,通过皮尔逊-Ⅲ广义极值分布模型,拟合推求连续滑动1 h、3 h、6 h、12 h以及日降水的5 a、10 a、20 a、50 a、100 a各重现期情景下的降水量见表3.5。

表3.5 宁波市各区(县、市)不同历时各重现期降水量(单位:mm)

区(县、市)	历时	5 a	10 a	20 a	50 a	100 a
鄞州区 海曙区	1 h	48.6	60.1	72.7	88.8	100.9
	3 h	68.7	81.6	94.2	109.4	120.8
	6 h	79.1	93.7	107.6	125.8	138.9
	12 h	89.1	105.2	120.1	140.0	155.5
	20—次日20时	115.0	130.8	146.6	166.6	180.9
江北区	1 h	42.7	49	55.8	63	68.4
	3 h	66.5	75.5	83.2	92.6	99
	6 h	83.1	97.6	110.9	128.4	140.7
	12 h	102.7	122.9	142.3	167.4	185.9
	20—次日20时	124.4	147.1	168.9	197.1	217.6
北仑区	1 h	48.4	57	64.7	73.9	79.7
	3 h	72.7	88	102.6	121	135.1
	6 h	88	108.6	128.9	155.5	175.3
	12 h	107.9	137.4	167.2	206.7	236.3
	20—次日20时	139.6	168.6	197	233.9	261.3
镇海区	1 h	49	57.4	64.7	73.2	79
	3 h	71.6	84.1	95.3	108.6	118.3
	6 h	87	106	124.9	149.4	168.2
	12 h	106.8	136.4	167.8	210.6	243.5
	20—次日20时	127.3	157.2	188.4	230.6	262.6
奉化区	1 h	46.6	58.2	69.7	86.2	98.1
	3 h	66.7	79.2	91.4	107.2	118.4
	6 h	79.3	97.5	115.8	139.5	158
	12 h	94.3	120.3	148.8	188.4	218.9
	20—次日20时	112.9	145.8	185.1	242.6	288.4
余姚市	1 h	45.2	64.4	75.3	89.5	110.2
	3 h	53.6	78.9	94.9	116.6	144.2
	6 h	61.2	94.1	116.3	147	185
	12 h	71.6	114.2	146	190.5	245.3
	20—次日20时	110.2	144.2	185.0	245.3	293.3

续表

区(县、市)	历时	5 a	10 a	20 a	50 a	100 a
慈溪市	1 h	48.6	60.1	72.7	88.8	100.9
	3 h	68.7	81.6	94.2	109.4	120.8
	6 h	79.1	93.7	107.6	125.8	138.9
	12 h	89.1	105.2	120.1	140.0	155.5
	20—次日 20 时	115.0	130.8	146.6	166.6	180.9
象山县	1 h	49.8	59.1	67.9	78.2	86.1
	3 h	66.2	85.7	106.8	136.4	159.0
	6 h	84.1	103.9	124.1	150.9	171.5
	12 h	107.0	133.3	159.7	195.3	221.8
	20—次日 20 时	138.4	166.9	195.3	232.6	260.5
宁海县	1 h	48.8	57.5	65.5	75.1	81.4
	3 h	71.2	85.7	99.0	116.8	129.4
	6 h	88.9	108.4	127.8	153.2	172.1
	12 h	110.3	141.5	173.6	216.7	249.4
	20—次日 20 时	159.3	192.7	225.7	268.6	300.7

3.2.2 致灾危险性评估与区划

3.2.2.1 方法概述

暴雨灾害危险性评估主要基于两个方面考虑，一是暴雨致灾因子(雨涝指数)，二是形成气象灾害的孕灾环境。孕灾环境对致灾因子的危险性具有放大或缩小作用，可以反映为孕灾环境敏感指数。基于暴雨孕灾环境敏感指数和暴雨雨涝指数，应用加权求和模型进行暴雨致灾危险性估算：

$$H = S \times A + R \times B \tag{3.4}$$

式中，S、R 分别为标准化的暴雨孕灾环境敏感指数和暴雨雨涝指数；A、B 分别为相应的指标权重。

基于各类型暴雨灾害危险性评估结果，综合考虑行政区划(或气候区、流域等)，对暴雨灾害危险性进行基于空间单元的划分，并根据危险性评估和区划结果制作成果图件。根据暴雨灾害危险性指标值分布特征，可使用标准差或自然断点法等方法，将暴雨灾害危险性分为 4 级。

3.2.2.2 暴雨雨涝指数计算

通过查阅文献以及专家打分等方式，最终确定并赋值 6 项暴雨致灾因子的权重(表 3.2)，并通过在 ArcGIS 中的空间插值和重采样方式将上述 6 个致灾因子统一处理为 CGCS2000 地理坐标系下 0.001°分辨率。在对其进行归一化的基础上，分别乘以权重系数，并通过相加最终计算获得该地区每个栅格上的暴雨雨涝指数(图 3.6)。暴雨雨涝指数高的区域为宁海县大部、象山县西北部以及海曙区西部的局部山区，其次为宁海县东南部、象山县中部和海曙区中西部与余姚市南部的四明山区一带，沿海地区相对较低。

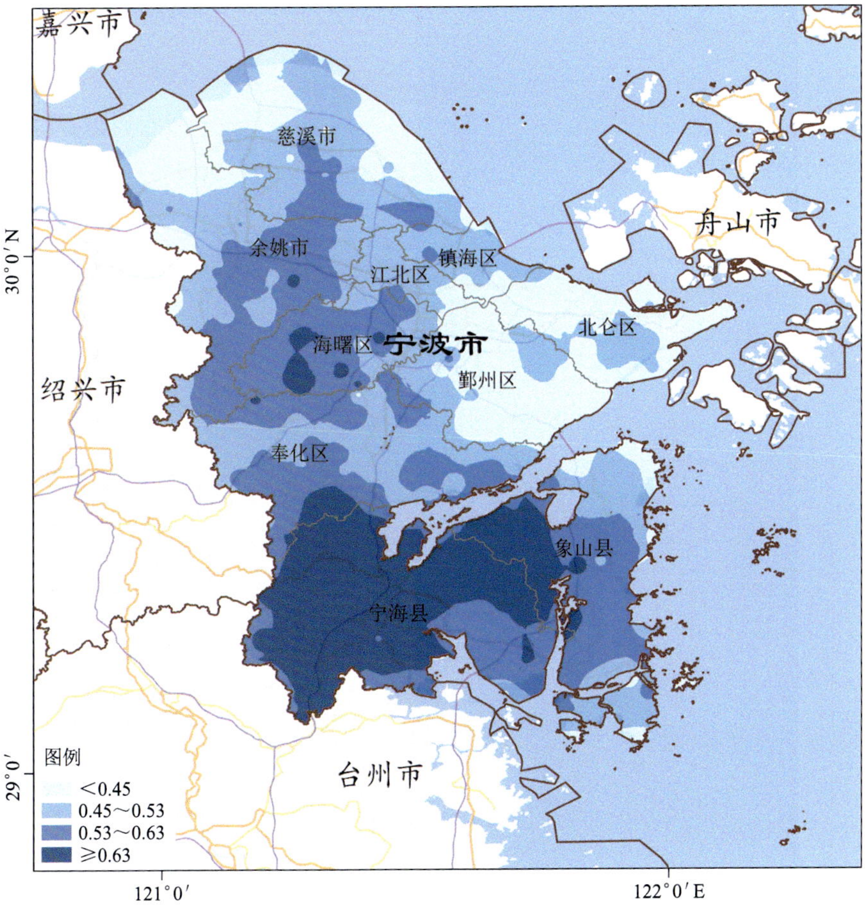

图 3.6 宁波市暴雨雨涝指数分布图

3.2.2.3 暴雨孕灾环境影响系数

暴雨孕灾环境是指暴雨影响下对形成洪涝、泥石流、滑坡、城市内涝等次生灾害起作用的自然环境，暴雨孕灾环境对暴雨成灾危险性起扩大或缩小作用。暴雨孕灾环境宜考虑地形、河网水系、地质灾害易发条件等，参考《暴雨过程危险性等级评估技术规范》(DB33/T 2025—2017)，并结合实地情况，暴雨孕灾环境主要考虑地形起伏度、不透水盖度和河网密度因子。

地形起伏度是指在一个特定的区域内，最高点海拔高度与最低点海拔高度的差值。基于宁波市的 30 m 网格空间分辨率数字高程影像，重采样后估算该网格与周边 8 个网格之间的最大高度差，即为该网格的地形起伏度，参考相关文献确定暴雨洪涝地形影响因子(表 3.6)。

表 3.6 暴雨洪涝地形影响因子赋值

高程	地形起伏度≤5 m	地形起伏度 5～20 m	地形起伏度>20 m
≤100 m	0.9	0.8	0.7
100～300 m	0.8	0.7	0.6
300～700 m	0.7	0.6	0.5
>700 m	0.6	0.5	0.4

基于地形起伏影响因子、河网密度、不透水盖度，应用加权求和模型进行暴雨孕灾环境敏感指数估算：

$$S = T_e \times A + R_i \times B + I_m \times C \tag{3.5}$$

式中，T_e、R_i、I_m 分别为标准化的地形起伏影响因子、河网密度和不透水盖度；A、B 和 C 分别为相应指标权重，其中各评价指标标准化方法参考相关公式，将地形起伏影响因子、河网密度和不透水盖度的权重设为 0.5、0.1 和 0.4。

自然断点法是一种根据数值统计分布规律分级和分类的统计方法，它能使类与类之间的差异最大化。本书采用自然断点法对孕灾环境敏感指数进行低敏感、较低敏感、较高敏感和高敏感共 4 个敏感等级的划分，如图 3.7 所示。孕灾环境高敏感区域主要位于老三区、北仑区、慈溪市、余姚市的中心城区附近，奉化区、象山县、宁海县中心城区的局部地区也为高等级，除此之外的平原及海拔较低的平地区域为较高等级，山区一般为低等级。

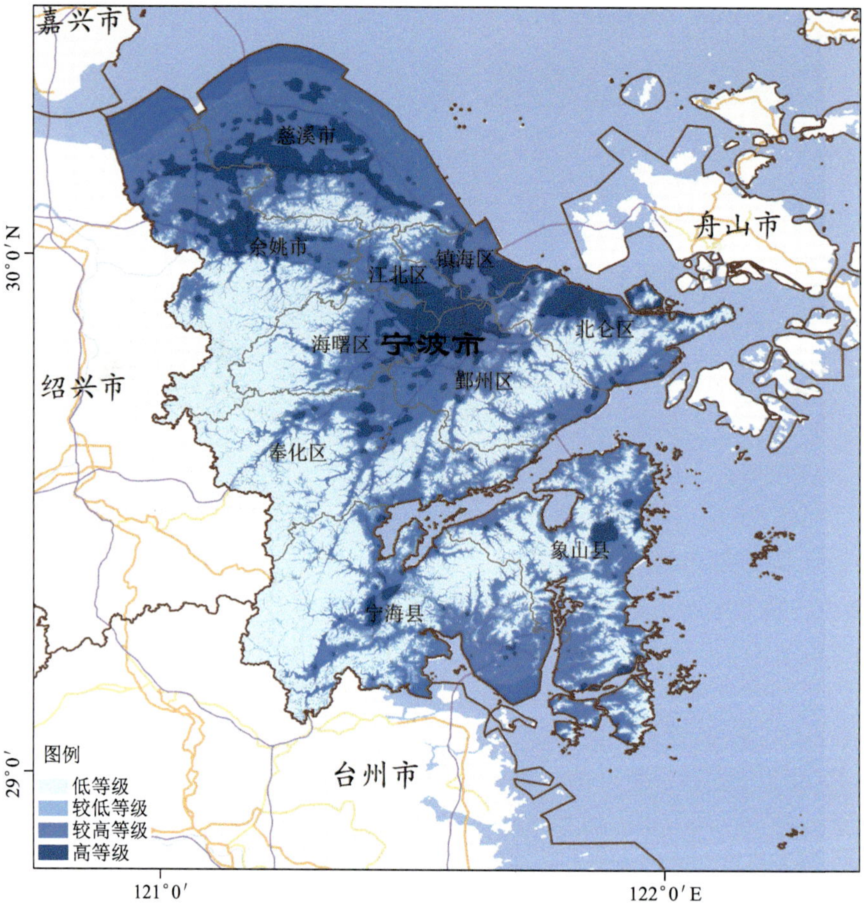

图 3.7 宁波市暴雨孕灾环境敏感性分布图

3.2.2.4 暴雨灾害致灾危险性区划

基于暴雨孕灾环境敏感指数和暴雨雨涝指数，应用加权求和模型进行暴雨致灾危险性估算：

$$H = S \times A + R \times B \tag{3.6}$$

式中，S、R 分别为标准化的暴雨孕灾环境敏感指数和暴雨雨涝指数；A、B 分别为相应指标权重；其中各评价指标标准化方法参考相关公式，将暴雨孕灾环境敏感指数和暴雨雨涝指数的权重设为 0.4 和 0.6。

本书采用自然断点法对暴雨致灾危险性进行低危险性、较低危险性、较高危险性和高危险性共 4 个危险性等级的划分(图 3.8)。暴雨致灾危险性分布总体呈现出南部高、北部低的趋势，高危险性区域主要位于宁海县中部，宁海县与象山县交界的区域，老三区、余姚市、慈溪市、海曙区、奉化区的中心城区一带。

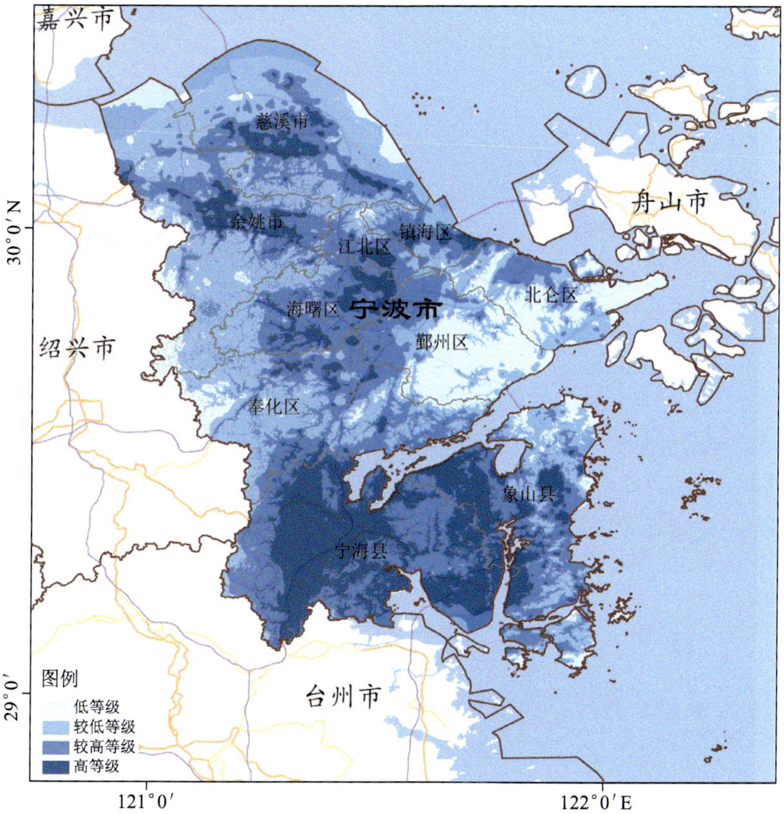

图 3.8 宁波市暴雨致灾危险性分布图

3.3 暴雨灾害风险评估

3.3.1 承灾体暴露度评估

人口、经济承灾体暴露度评估详见附录 B。

3.3.2 承灾体脆弱性评估

3.3.2.1 人口脆弱性评估区划

随着社会经济发展，人们对暴雨灾害防御能力加强，假设各类人群在当前防御水平下，脆弱性均一，权重均一，即 V_{pop} 为 1。

3.3.2.2 经济脆弱性评估方法

假设经济综合脆弱性包含第一、二、三产业的经济脆弱性，且暴雨在对第一产业造成的损失很大程度上来源于种植业，近似以研究区内种植业生产总值与 GDP 的比值来表征第一产业经济脆弱性；假设灾害对第二、三产业的影响主要来源于对劳动力主体的直接或间接影响产生，近似以该地区标准化人口密度来表征第二、三产业经济脆弱性。计算公式参见第 2 章 2.3.2 节式 2.8～式 2.10。

3.3.3 暴雨风险评估

3.3.3.1 方法概述

基于自然灾害风险形成理论，暴雨气象灾害风险是由危险性（致灾因子）、暴露度、脆弱性三部分共同形成，每个因子又是由一系列子因子组成，其表达式为：

$$灾害风险 = f(危险性,暴露度,脆弱性)$$

暴雨致灾危险性是暴雨事件叠加在特定的孕灾环境下的综合表现，因此需要综合考虑暴雨强度及其孕灾环境。暴雨孕灾环境主要以地形高程、地形起伏度、河网密度、不透水盖度等指标体现，其中不透水盖度定义为不透水面（指不能直接通过并且也不能下渗到土壤中的人为景观，包括沥青、水泥、瓦片等材料构成的建筑物、路面和停车场等）所占面积百分比；高程和地形起伏度为负向指标，即值越低，致灾危险性越大；河网密度与不透水盖度为正向指标，即值越高，致灾危险性越大。

暴雨灾害风险评估根据本地实际情况，结合对不同承灾体暴露度和脆弱性评估结果，基于暴雨灾害风险评估模型，分别对各类暴雨灾害开展风险评估工作。暴雨灾害风险评估模型如下：

$$R=(10H)^i\times(10V)^j\times(10E)^k \tag{3.7}$$

式中，R 为标准化的承灾体暴雨灾害风险评价指数；H 为标准化的致灾因子危险性指数；E 为标准化的承灾体暴露度指数；V 为标准化的脆弱性指数；i、j、k 分别为相应指标的权重。针对不同承灾体，V、E 分别用不同承灾体的相应指标 V_{GDP}、V_{pop}、E_{GDP}、E_{pop} 代替。

3.3.3.2 暴雨灾害人口风险评估与区划

宁波市暴雨灾害受灾人口综合风险空间分布呈现周边地区低、城市中心高的趋势，整体趋势受暴雨灾害人口暴露度空间分布影响最大，城市边缘受到暴雨综合致灾危险性影响。其中老三区及各区（县、市）的中心城区等人口密集地区为高等级或较高等级，山区为低等级，其余地区综合风险普遍为中等级或较低等级（图 3.9）。

3.3.3.3 暴雨灾害 GDP 风险评估与区划

宁波市暴雨灾害 GDP 综合风险空间分布呈现周边地区低、城市中心高的趋势，受暴雨灾害 GDP 暴露度空间分布影响最大，城市边缘受到暴雨灾害 GDP 脆弱性、暴雨综合致灾危险性影响，其中老三区及各区（县、市）的中心城区为高或较高等级，其余地区综合风险普遍为中或较低等级（图 3.10）。

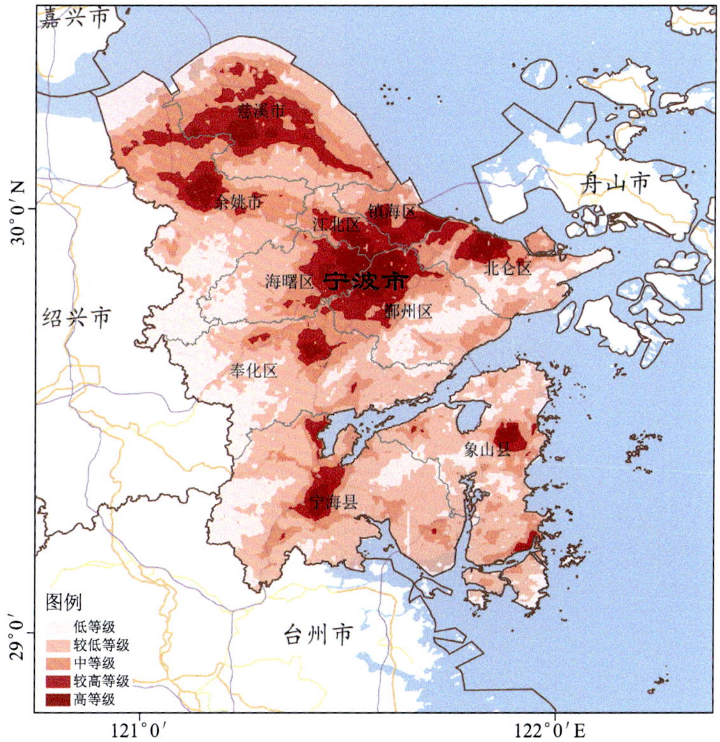

图 3.9　宁波市暴雨灾害受灾人口综合风险分布图

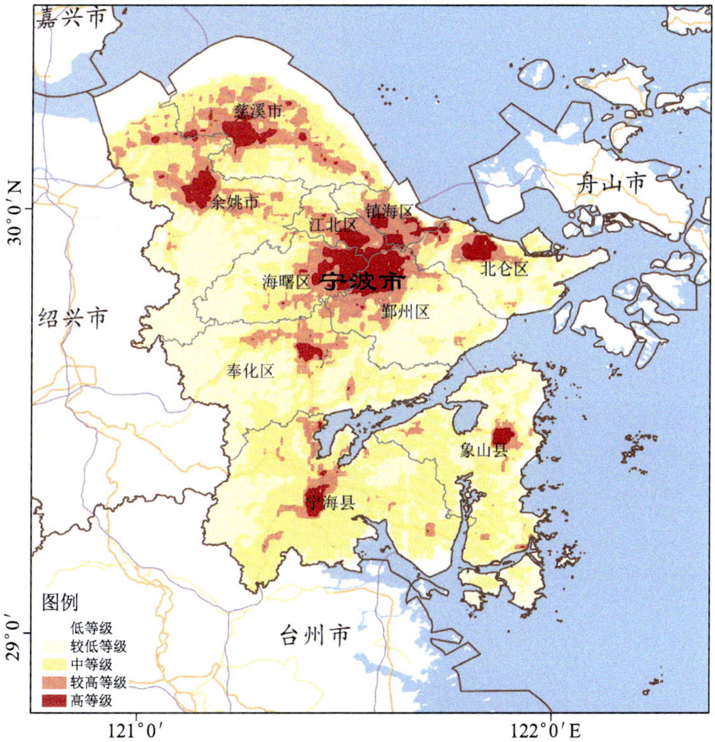

图 3.10　宁波市暴雨灾害 GDP 综合风险分布图

3.4 历史主要暴雨灾害事件

3.4.1 暴雨过程排名信息

以鄞州国家气象站为代表站，基于宁波市气象灾害风险普查中的“暴雨调查表 7”，计算暴雨强度等级（暴雨强度等级值＝过程累积降水量/500＋日平均降水量/200），并按照结果从大到小排序，表 3.7 给出了排序前 10 位的宁波市历史重大暴雨过程个例。

表 3.7 宁波市重大暴雨过程信息表

序号	开始时间（年-月-日）	结束时间（年-月-日）	持续天数/d	过程累积降水量/mm	08—次日 08 时或 20—次日 20 时最大降水量/mm	1 h 降水量最大值/mm	3 h 降水量最大值/mm	6 h 降水量最大值/mm	12 h 降水量最大值/mm	暴雨强度等级
1	1963-09-12	1963-09-13	2	388.0	268.2	65.4	95.0	165.9	244.3	1.75
2	2013-10-07	2013-10-08	2	366.7	276.0	48.4	119.3	135.0	211.0	1.65
3	1956-09-20	1956-09-20	1	220.9	220.9	44.7	118.5	134.0	141.4	1.55
4	2016-09-15	2016-09-16	2	266.5	233.3	23.5	56.2	78.6	130.0	1.20
5	2019-10-01	2019-10-01	1	169.8	169.8	23.2	65.2	100.8	147.4	1.19
6	2015-09-29	2015-09-30	2	250.8	235.0	49.0	93.7	151.7	165.6	1.13
7	1968-09-04	1968-09-04	1	160.2	160.2	75.7	80.7	132.5	155.0	1.12
8	1966-09-06	1966-09-08	3	297.9	190.2	32.1	60.8	100.2	160.4	1.09
9	2015-07-11	2015-07-11	1	141.9	141.9	15.4	41.0	60.0	99.3	0.99
10	1964-07-29	1964-07-29	1	137.4	137.4	94.8	130.3	132.9	133.2	0.96

3.4.2 历史灾害事件

1954 年：5 月中入梅，8 月初出梅，梅季持续阴雨且多暴雨，梅雨量 782.8 mm，梅涝造成农田受淹 2.59 万 hm^2，成灾 1.72 万 hm^2。

1977 年：受高空切变线影响，9 月下旬持续阴雨，26 日宁海站日雨量达 285.8 mm，倒塌水库 9 座、山塘 7 座，海塘决口 29 处，冲垮公路 13 段，冲毁桥梁 33 座，粮食受淹 107.15 t，倒房 95 间。

1983 年：6 月 1 日—7 月 18 日梅期降水量 531.7 mm，偏多 8 成，全市受淹农田 2.83 万 hm^2，早稻不实，棉花脱铃，海塘滑坡 6000 m。

1988 年：7 月 29 日晚 9 时至 30 日上午 9 时，受海上热带云团影响，宁海、奉化、余姚、鄞县部分地区遭突发性特大暴雨袭击，宁海黄坛 498 mm、杨梅岭 350 mm，奉化亭下 298 mm、横山水库 242 mm，余姚四明山区 300 mm，宁海、奉化等地大批山塘、水库、堤坝、桥梁及供电、通信设施被洪水冲毁，受灾人口 52.34 万，其中无房、无粮、无衣重灾户 51643 人，受淹农田 3.33 万 hm^2，倒房 9478 间，死 183 人，失踪 194 人，老市区三江口水流湍急，大道头浮桥禁行，直接经济损失近 4 亿元。

1989 年：8 月 17—25 日，受冷空气和热带风暴倒槽共同影响持续阴雨、大到暴雨，大、中型水库超蓄拦洪，平原河道漫溢，全市受灾人口 82 万，死 3 人，重伤 1 人，受淹农田 4.25 万 hm^2，倒房 1467 间，损坏房屋 19600 间，损坏水利工程 251 处，毁船 224 艘，经济损失 1.4 亿元。

第 4 章　干　旱

干旱是长期无雨或少雨，使江河水位严重偏低、土壤水分不足、淡水资源无法满足人们生存和经济发展需要的气候现象。干旱有多种类型，分别有气象干旱、农业干旱、水文干旱等，本章涉及的干旱为气象干旱。干旱是浙江常见气象灾害，其影响范围往往涉及全省。宁波干旱一年四季都有可能发生，连年发生旱灾的情况也不少，但危害最大的则是夏秋旱。

4.1　调查方法与调查资料

4.1.1　数据调查

对发生在宁波市的干旱过程、干旱灾害及其影响进行调查，开展干旱灾害危险性评估，包括气象干旱灾害事件数据库建立、干旱灾害危险性评估与制图。

(1)气象资料收集：调查收集 30 a 以上长序列数据资料，气象站气象观测资料调查时段主要为建站至 2020 年。收集历史干旱过程的基本信息和危险性因子，主要包括：历年逐日降水量、日平均气温、最长连续无降水日数、蒸散量、土壤相对湿度等。

(2)历史干旱灾情调查：历史灾害调查时段主要为 1953—2020 年，包括年度灾害调查和灾害事件调查。收集历史干旱发生时间、地点、强度、影响面积、持续时间、破坏状况等；收集干旱造成的直接或间接经济损失等情况。

(3)其他：基础地理信息、社会经济数据等详见附录。

基于上述数据，通过第一次全国自然灾害综合风险普查工作，完成普查干旱调查表格 30 张，干旱过程 1206 次，统计分析数据记录 2242 条，包含的调查内容主要有：历年历次干旱过程开始时间、干旱过程结束时间、累计干旱强度、干旱过程强度、干旱过程评估等级、干旱过程降水量、干旱过程降水量距平百分率、平均气温距平、最长连续无降水日数、相对湿润度指数、各等级年干旱日数、年最长连续干旱日数、年最长连续干旱开始(结束)时间、年最长干旱过程强度、年各等级区域干旱过程次数等。

4.1.2　技术方法

4.1.2.1　气象干旱指标

干旱是由于降水长期亏缺和近期亏缺综合效应累加的结果，气象干旱综合指数(MCI)考虑了 60 d 内的有效降水(权重累积降水)、30 d 内蒸散(相对湿润度)以及季度尺度(90 d)降水和近半年尺度(150 d)降水的综合影响。该指数考虑了业务服务的需求，增加了季节调节系数，适用于作物生长季逐日气象干旱的监测和评估。干旱综合指数依据《气象干旱等级》(GB/T 20481—2017)确定，干旱等级划分见表 4.1，具体计算方法如下。

(1)气象干旱综合指数(M_{CI})

$$M_{CI}=K_a(a\times S_{PIW_{60}}+b\times M_{I_{30}}+c\times S_{PI_{90}}+d\times S_{PI_{150}}) \tag{4.1}$$

式中,M_{CI} 为气象干旱综合指数;$M_{I_{30}}$ 为近 30 d 相对湿润度指数;$S_{PI_{90}}$ 为近 90 d 标准化降水指数;$S_{PI_{150}}$ 为近 150 d 标准化降水指数;$S_{PIW_{60}}$ 为近 60 d 标准化权重降水指数;a、b、c、d 为权重系数,分别取值 0.5、0.6、0.2、0.1;K_a 为季节调节系数,根据不同季节各地主要农作物生长发育阶段对土壤水分的敏感程度确定。

表 4.1 气象干旱综合指数等级划分表

等级	类型	M_{CI}	干旱影响程度
1	无旱	$-0.5<M_{CI}$	地表湿润,作物水分供应充足;地表水资源充足,能满足人们生产、生活需要
2	轻旱	$-1.0<M_{CI}\leqslant-0.5$	地表空气干燥,土壤出现水分轻度不足,作物轻微缺水,叶色不正;水资源出现短缺,但对生产、生活影响不大
3	中旱	$-1.5<M_{CI}\leqslant-1.0$	土壤表面干燥,土壤出现水分不足,作物叶片出现萎靡现象;水资源短缺,对生产、生活造成影响
4	重旱	$-2.0<M_{CI}\leqslant-1.5$	土壤水分持续严重不足,出现干土层(1~10 cm),作物出现枯死现象;河流出现断流,水资源严重不足,对生产、生活造成较重影响
5	特旱	$M_{CI}\leqslant-2.0$	土壤水分持续严重不足,出现较厚干土层(>10 cm),作物出现大面积枯死;多条河流出现断流,水资源严重不足,对生产、生活造成严重影响

(2)相对湿润度指数(M_I)

相对湿润度指数是某段时间的降水量与同时段内潜在蒸散量之差再除以同时段内潜在蒸散量得到的指数,按下式计算:

$$M_I=\frac{P-P_{ET}}{P_{ET}} \tag{4.2}$$

式中,M_I 为某时段相对湿润度指数;P 为某时段的降水量,单位为毫米(mm);P_{ET} 为某时段的潜在蒸散量,单位为毫米(mm)。

(3)标准化降水指数(S_{PI})

因计算方法复杂,详见《气象干旱等级》(GB/T 20481—2017)。

4.1.2.2 干旱过程识别

(1)单站干旱过程识别:当某站连续 15 d 及以上出现轻旱及以上等级干旱,且至少有 1 d 干旱等级达到中旱及以上,则判定为发生一次干旱过程。干旱过程时段内第一次出现轻旱的日期,为干旱过程开始日;干旱过程发生后,当连续 5 d 干旱等级为无旱或偏湿时,则干旱过程结束,干旱过程结束前最后 1 d 干旱等级为轻旱或以上的日期为干旱过程结束日。某站点干旱过程开始日到结束日(含结束日)的总天数为该站干旱过程日数。在此基础上计算单站干旱过程强度。

(2)固定区域干旱过程识别:针对某相似气候地区或省(市)级行政区等固定区域范围,宜通过区域内站点平均干旱强度来判断干旱过程。区域日干旱强度,当某日监测区域内站点平均干旱强度的等级达轻旱及以上,且至少有一站干旱等级达到中旱以上,则认为该日发生区域干旱。当区域日干旱强度的等级达到轻旱及以上,且连续 15 d 及以上,至少有一日达中旱及以上等级,则发生一次区域性干旱过程。区域性干旱过程时段内第一次出现轻旱的日期,为区域干旱开始日;干旱过程发生后,当出现连续 5 d 区域日干旱等级为无旱时,则区域干旱过程结束,干旱过程结束前最后 1 d 区域日干旱等级达轻旱及以上的日期为区域干旱结束日。区域性干旱过程开始日到结束日(含结束日)的总天数为区域干旱过程日数。在此基础上,计算区域干旱过程强度。

(3)动态区域干旱过程识别:通过站点之间的重叠率来判断干旱过程,宜用于全国或省级以上行政区。国家级、省级、县级分别采用动态区域干旱过程识别、固定区域干旱过程识别、单站干旱过程识别等方法进行干旱过程识别,并计算过程强度及过程等级。按照年设置干旱过程序号。

4.1.3.3 评价指标体系

(1)致灾因子危险性指标:确定干旱强度、最长干旱持续日数、降水量、较重以上干旱过程次数为干旱致灾因子,采用加权综合评估法构建干旱危险性评估指标。

(2)承灾体暴露度指标:选取经济、农业等作为干旱主要承灾体,结合承灾体特征及空间数据情况,确定不同承灾体指标(如:地均 GDP、农业种植面积等),采用综合加权法构建干旱承灾体暴露度评价指数。

(3)承灾体脆弱性指标:选取农业种植面积、经济作为干旱主要承灾体,利用各承灾体灾损率作为干旱脆弱性指标,采用加权综合评估法构建干旱脆弱性评估指数。

4.1.2.4 指标权重的确定

在危险性、暴露度和脆弱性评价中涉及多评价因子的权重系数可由信息熵赋权法确定。信息熵表示系统的有序程度。在多指标综合评价中,熵权法可以客观地反映各评价指标的权重。一个系统的有序程度越高,则熵值越大,权重越小;反之,一个系统的无序程度越高,则熵值越小,权重越大。即对于一个评价指标,指标值之间的差距越大,则该指标在综合评价中所起的作用越大;如果某项指标的指标值全部相等,则该指标在综合评价中不起作用。

设评价体系是由 m 个指标 n 个对象构成的系统,首先计算第 i 项指标下第 j 个对象的指标值 r_{ij} 所占指标比重 P_{ij}:

$$P_{ij}=\frac{r_{ij}}{\sum_{j=1}^{n}r_{ij}}(i=1,2,\cdots,m;j=1,2,\cdots,n) \tag{4.3}$$

由熵权法计算第 i 个指标的熵值 S_i:

$$S_i=-\frac{1}{\ln n}\sum_{j=1}^{n}P_{ij}\ln P_{ij}(i=1,2,\cdots,m;j=1,2,\cdots,n) \tag{4.4}$$

计算第 i 个指标的熵权,确定该指标的客观权重 ω_i。

$$\omega_i=\frac{1-s_i}{\sum_{i=1}^{m}(1-s_i)}(i=1,2,\cdots,m) \tag{4.5}$$

4.2 致灾危险性调查与评估

4.2.1 基本气象特征分析

进行干旱灾害过程时间序列分析时,以宁波市除镇海站(观测年限太短)和石浦站(海岛站)外所有国家气象站(表 1.1)为代表站点,对干旱过程次数、各等级干旱日数按当年参与站点取平均值，对干旱过程降水量距平百分率、最长连续无降水日数按所有站点所有干旱次数取平均值，分析年份为1953—2020年。

4.2.1.1 干旱致灾因子特征

1953—2020年宁波市发生干旱过程年均1.4次，每年干旱过程分布在0～2.9次，无明显变化趋势。发生最多年份是1991年和1994年，各2.9次；1956年和1993年未有干旱过程发生（图4.1）。

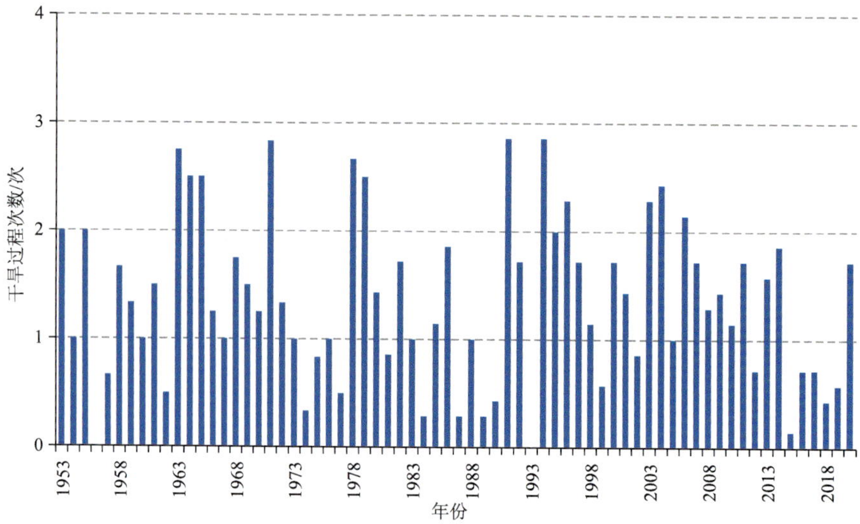

图4.1 宁波市历年干旱过程次数

4.2.1.2 致灾因子年际特征

宁波市1953—2020年平均干旱日数为67.8 d，历年干旱日数变化呈振荡趋势，无明显趋势性增减特征。其中，2003年干旱日数最多，为159.7 d；1967年次之，为154 d；1993年最少，仅11.1 d；多数年份干旱日数在30～120 d（图4.2）。

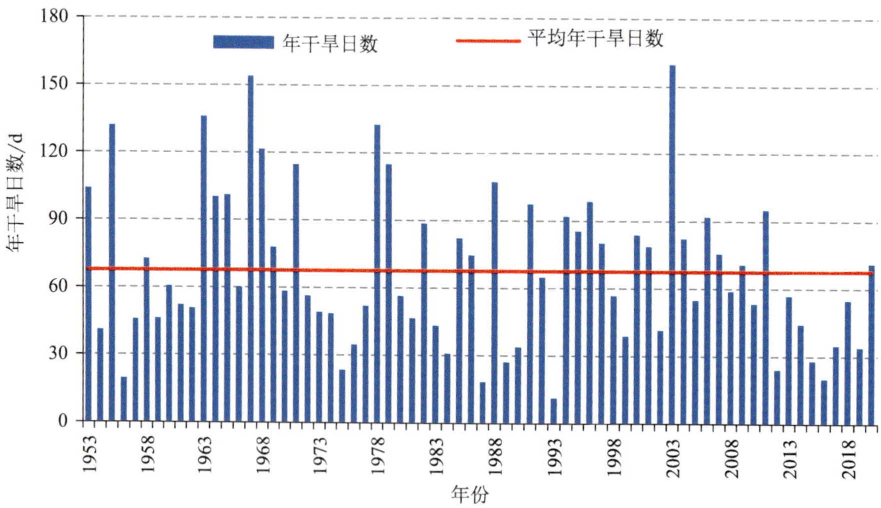

图4.2 宁波市历年干旱日数

分析历年轻旱特征，整体变化趋势不明显，轻旱日数、轻旱占比呈现波动变化。轻旱日数多年平均 35.4 d，1978 年轻旱日数最多，达到 67.5 d，1955 年、1968 年次之，为 65.5 d；1987 年、1993 年轻旱日数最少，仅 7.9 d。轻旱日数占总干旱日数的比值最大为 88.2%，发生在 2019 年，表明这年旱情较轻，未出现重旱及以上旱情；最低为 1967 年的 26.2%；轻旱占比的平均值为 56.7%，表明宁波市的干旱过程中，轻旱占比较多(图 4.3)。

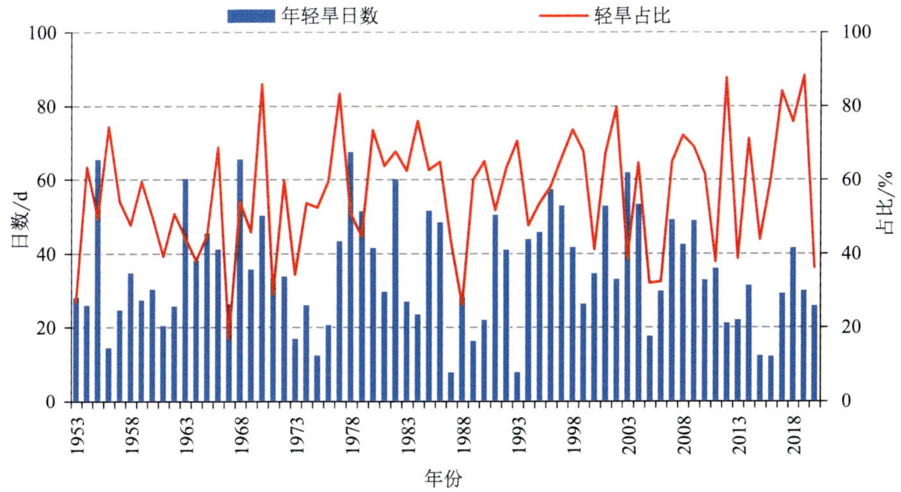

图 4.3 宁波市历年轻旱日数、轻旱占比

分析历年中旱特征，趋势变动较大，中旱日数多年平均 20.4 d，2003 年中旱日数最多，达到 59.8 d；1971 年次之，为 50.2 d；中旱占比最高年份为 1987 年的 48.4%，2013 年次之，为 48.0%；占比最低为 1977 年的 11.2%；中旱占比的平均值为 29.1%，表明宁波市的干旱过程中，中旱占比仅次于轻旱(图 4.4)。

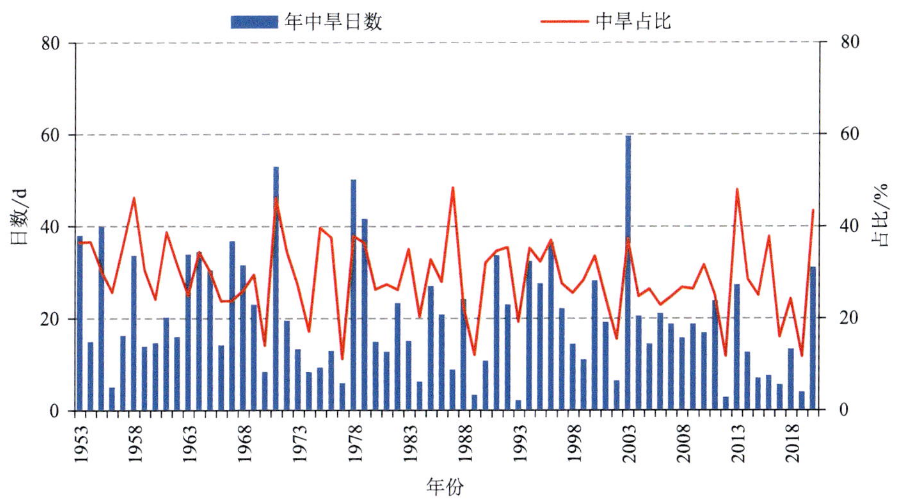

图 4.4 宁波市历年中旱日数、中旱占比

分析历年重旱特征，趋势波动较明显，重旱日数多年平均 9.4 d，1967 年重旱日数最多，达到 48.3 d；1963 年次之，为 35.5 d；1954 年、1956 年、1970 年、2017 年、2018 年、2019 年共 6 年

未出现重旱。重旱占比最高年份为1973年的36.7%，2006年次之，为34.8%；重旱占比的平均值为11.5%(图4.5)，表明宁波市的干旱过程中，重旱占比较少，主要以轻旱和中旱为主。

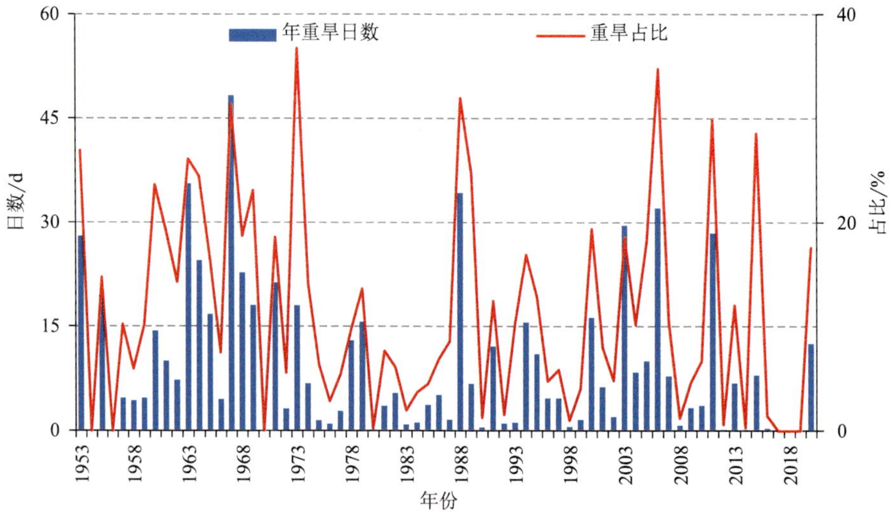

图4.5　宁波市历年重旱日数、重旱占比

分析历年特旱特征，呈波动递减趋势，2007年以后，特旱很少发生。特旱日数多年平均2.7 d，1967年特旱日数最多，达到42.8 d，1988年次之，为20.7 d，除此之外，超过10 d的年份有2005年和1953年；1954、1956、1957年等31个年份未出现特旱事件；特旱占比最高为1967年的27.8%，2005年次之，为23.4%；特旱占比的平均值为2.8%，表明宁波市的干旱过程中，特旱极少发生(图4.6)。

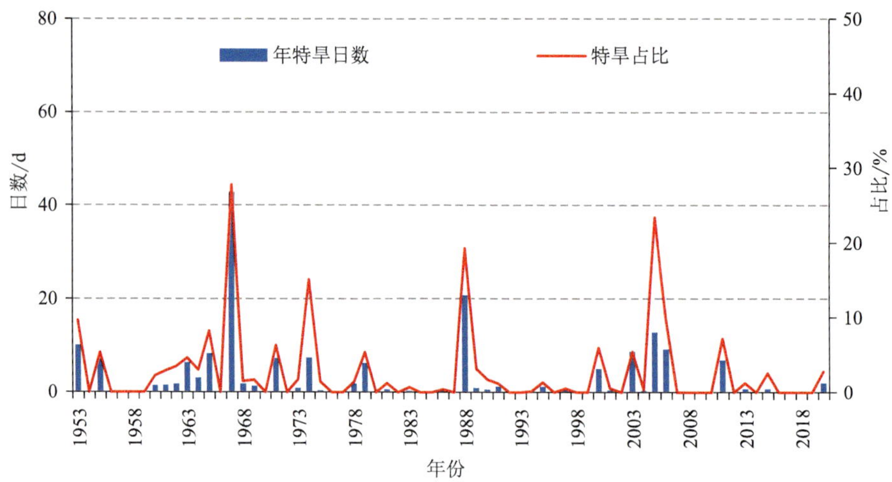

图4.6　宁波市历年特旱日数、特旱占比

4.2.1.3　致灾因子过程特征

宁波市1953—2020年的68年间干旱过程降水距平百分率最大为42.8%，最小为－

100.0%，平均为−53.0%；过程降水距平百分率大部分为负值，表明几乎所有干旱过程都是由长时间降水偏少导致的；同时也注意到，个别干旱过程降水距平百分率为正值，一般是由于明显的降水过程缓解了旱情，同时较同期降水量偏多所致（图 4.7）。

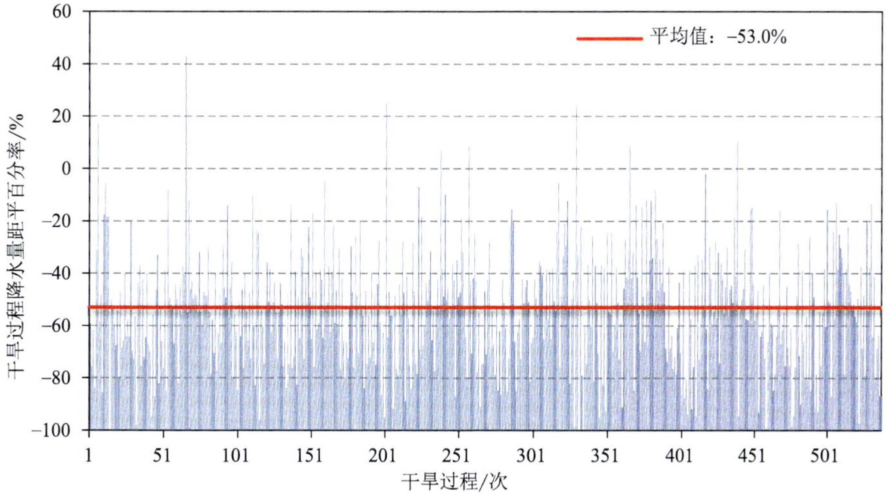

图 4.7　宁波市历年干旱过程降水距平百分率

分析历次干旱过程中最长连续无降水日数，最长为 50 d，最短为 2 d，平均值为 10.8 d，说明多数干旱过程的最长连续无降水日数小于 11 d，但严重干旱的发生更多的是由于更为长期的少雨所致（图 4.8）。

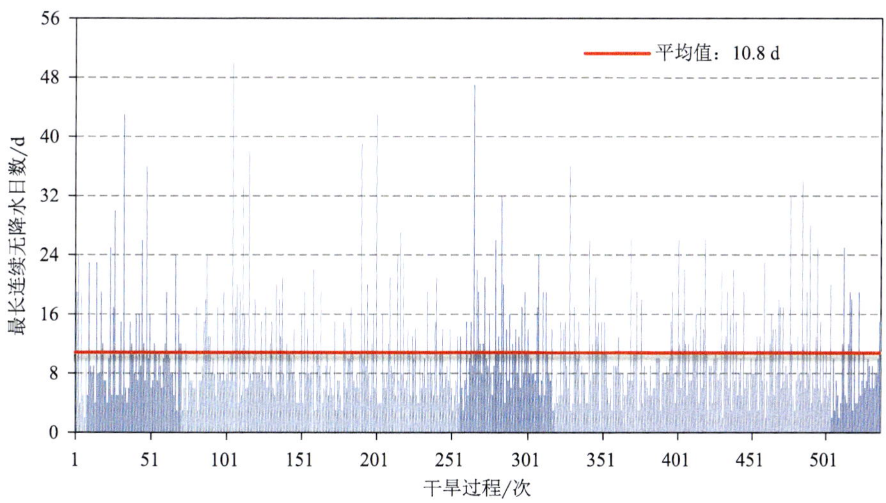

图 4.8　宁波市历次干旱过程最长连续无降水日数

4.2.2　致灾危险性评估与区划

气象干旱是由于长时间的降水不足导致的，但是干旱灾害的发生并不单纯是因降水量的缺少而导致的，造成干旱的原因既与气象等自然因素有关，也与人类活动及应对干旱的能力有关，其中地形地貌是造成区域干旱的重要原因，干旱的孕灾环境敏感性主要考虑地形地貌、水系和土地利用类型等三个因素。

根据海拔数据和坡度数据(详见附录 A)，对宁波市地形进行提取，将坡度小于 5°，海拔低于 200 m 处设定为河谷平原地形；将坡度大于 5°，海拔低于 200 m 处设定为丘陵地形；将坡度大于 5°，海拔高于 200 m 处设定为山地地形。河谷平原地形对干旱的作用系数为 0，丘陵和山地根据海拔值进行归一化处理，给予系数 0～1。河流水系对邻近地区的干旱存在减弱影响，故计算水体距离栅格，并按各地与水体距离进行赋值(由近及远赋值 0～1)，最后叠加计算；不同土地利用类型对干旱的影响，也采用专家打分法，分别采用农田(1.1)，草地(0.8)，森林(0.7)，湿地(0.6)，不透水面(1.2)和水体(0.5)进行赋值。

采用反映干旱强度的 MCI、较强以上程度干旱过程次数、连续无降水日数等致灾因子指标，利用信息熵赋权法确定权重，加权叠加计算干旱灾害危险性评价指数，综合考虑孕灾环境情况，对干旱灾害的危险性进行空间划分，利用自然断点法，将干旱灾害危险性划分为 4 级。

宁波市干旱灾害危险性区划见图 4.9，可以看出，宁波市干旱灾害危险性呈现中部低、四周高的空间趋势，其中慈溪市中部到余姚市西南部的四明山区、宁海县西部山区、象山县东部和北仑区东部的沿海地区危险性高，以老三区为中心的中部地区危险性低，其余大部分地区危

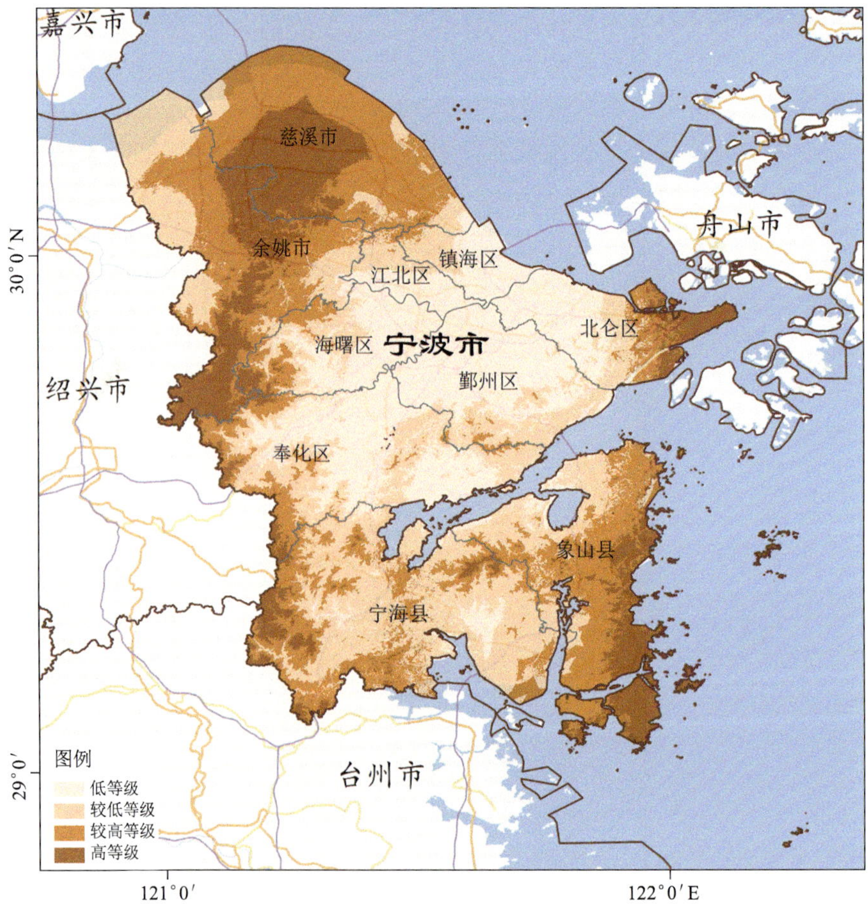

图 4.9 宁波市干旱灾害危险性分布图

险性较低。

4.3 干旱灾害风险性评估与区划

4.3.1 承灾体暴露度

人口、经济承灾体暴露度评估详见附录B。

4.3.2 承灾体脆弱性

4.3.2.1 人口脆弱性评估

随着社会经济发展,人们对干旱灾害的防御能力增强,干旱造成的损失更多的是用水困难、农作物受损乃至经济损失,对人口本身很少造成直接的生命伤害。因此,根据人口密度,分别采用:低于1人/hm^2(0.5);1～10人/hm^2(0.6);10～50人/hm^2(0.7);50～100人/hm^2(0.8);高于100人/hm^2(0.9)进行赋值。

宁波市干旱灾害受灾人口脆弱性分布如图4.10所示,空间分布呈现城市中心高、城市边

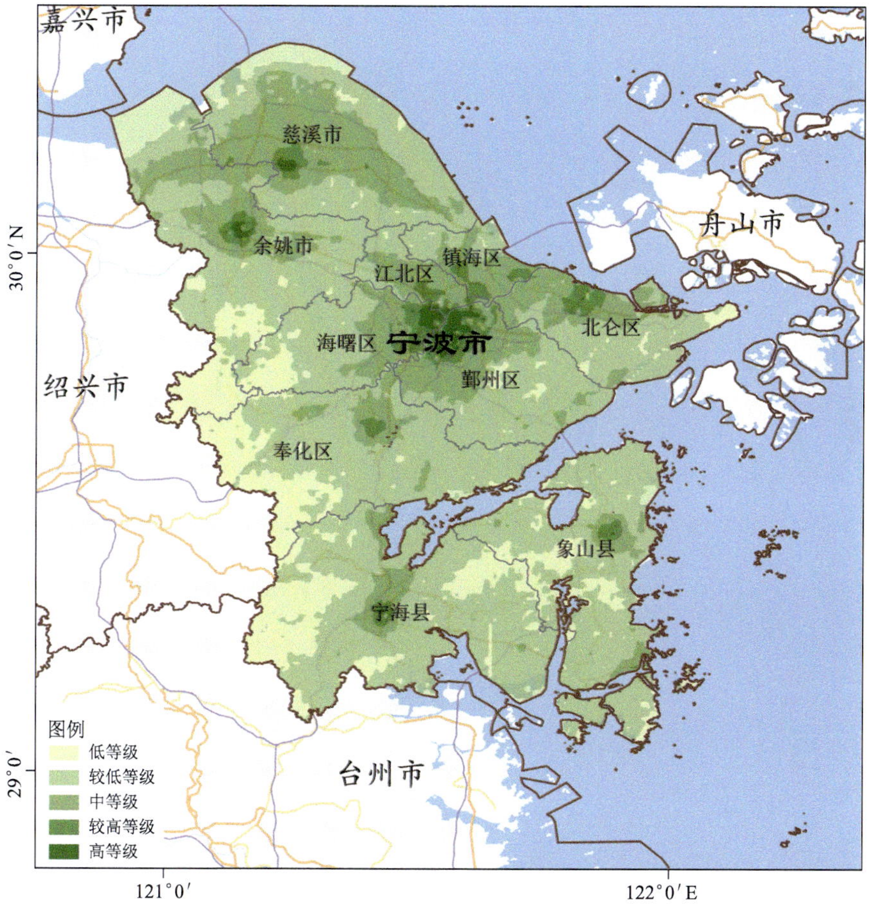

图4.10 宁波市干旱灾害人口脆弱性分布图

缘低的趋势，主要受人口暴露度空间分布影响。其中老三区及各区(县、市)的中心城区等人口密集地区为高等级或较高等级，山区为较低等级，其余地区普遍为中等级。

4.3.2.2 经济脆弱性评估

经济越强的地方，城市基础设施越完善，相应的地下水网供水设施保障能力越强，抗旱能力越强；经济较弱的地方或山地丘陵地带，基础设施薄弱，或只能依靠天然河流湖泊，抗旱能力较弱(刘航 等，2013；卢晓宁 等，2015)。由于搜集到的干旱灾损数据有限，无法开展基于灾损关系的分析，因此，根据 GDP 密度，分别采用：高于 2000 万元/hm^2(0.5)；500 万～2000 万元/hm^2(0.6)；100 万～500 万元/hm^2(0.7)；10 万～100 万元/hm^2(0.8)；低于 10 万元/hm^2(0.9)进行赋值。

宁波市干旱灾害 GDP 脆弱性分布如图 4.11 所示。空间分布呈现城市中心低、城市边缘高的趋势，与 GDP 暴露度空间分布呈反向，越远离城市中心的地区第一产业分布相对广泛，人口稀疏，脆弱性越强，灾害冲击下越难恢复。其中老三区及各区(县、市)的中心城区等地区为低等级或较低等级，其余地区普遍为高等级或较高等级。

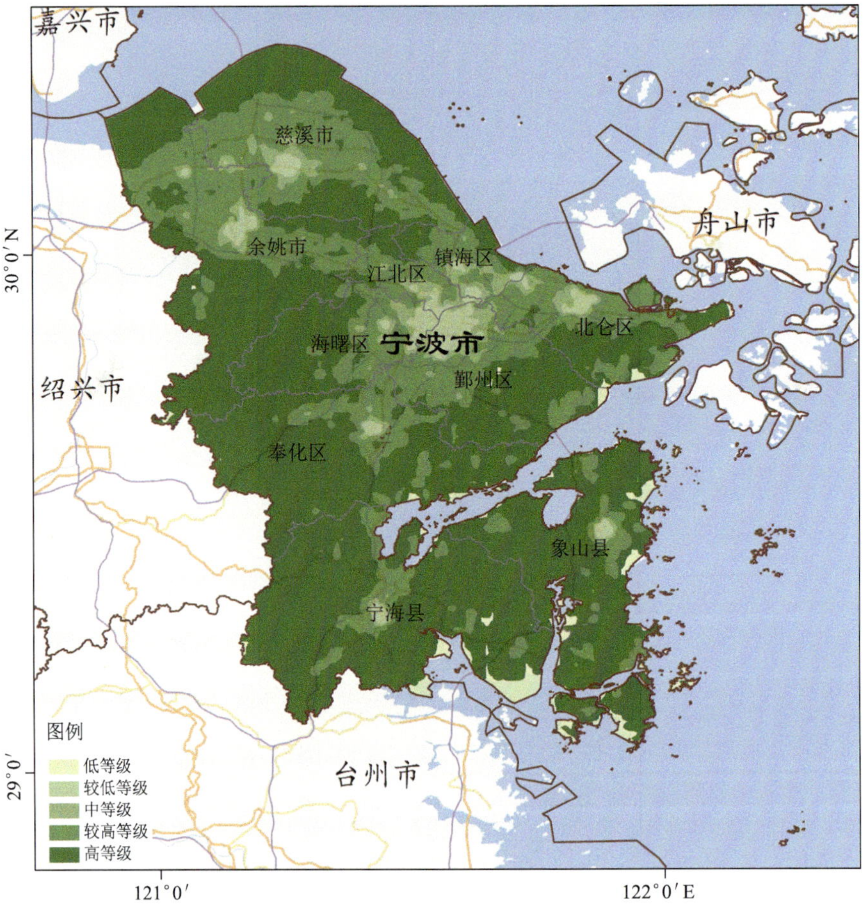

图 4.11 宁波市干旱灾害 GDP 脆弱性分布图

4.3.3　风险评估

4.3.3.1　方法概述

干旱灾害风险评估根据《干旱灾害调查与风险评估技术规范》及本地实际情况，结合对不同承灾体暴露度和脆弱性评估结果，基于干旱灾害风险评估模型进行风险评估与区划工作，基于承灾体的评估模型为：

$$R=(H)^{i}\times(E)^{j}\times(V)^{k} \tag{4.6}$$

式中，R 为标准化的承灾体干旱灾害风险评价指数；H 为标准化的致灾因子危险性指数；E 为标准化的承灾体暴露度指数；V 为标准化的脆弱性指数；i、j、k 分别为相应指标的权重。针对不同承灾体，V、E 分别用不同承灾体的相应指标 V_{GDP}、V_{pop}、E_{GDP}、E_{pop} 代替。

4.3.3.2　干旱灾害人口风险评估与区划

宁波市干旱灾害受灾人口风险分布如图 4.12 所示。空间分布呈现北部、西部山区和东部沿海地区高，中部平原地区低的趋势，整体趋势受干旱灾害危险性和人口暴露度空间分布的共同影响，其中慈溪市和余姚市北部所在的平原地区、余姚市西南部的四明山区、象山县和北仑

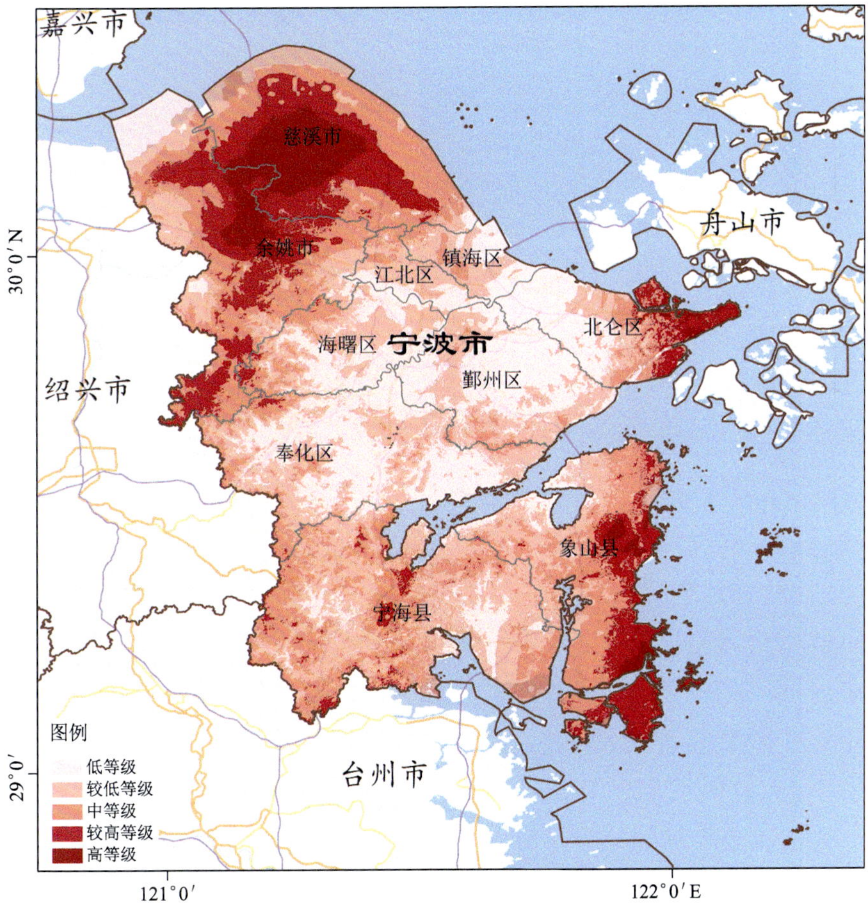

图 4.12　宁波市干旱灾害人口综合风险分布图

区的东部沿海综合风险等级高，老三区为中心的中部地区等级较低或低，其余地区综合风险为中等。

4.3.3.3 干旱灾害 GDP 风险评估与区划

宁波市干旱灾害 GDP 风险如图 4.13 所示。空间分布呈现西部山区和东部沿海地区高、中部地区低的趋势，整体趋势受干旱灾害危险性和承灾体脆弱性的共同影响，其中老三区为中心的中部地区综合风险最低，余姚市西南部的四明山区、宁海县西部山区、象山县的鹤浦镇和石浦镇等沿海地区、北仑区的峙头等沿海地区为高等级，其余地区综合风险为中等。

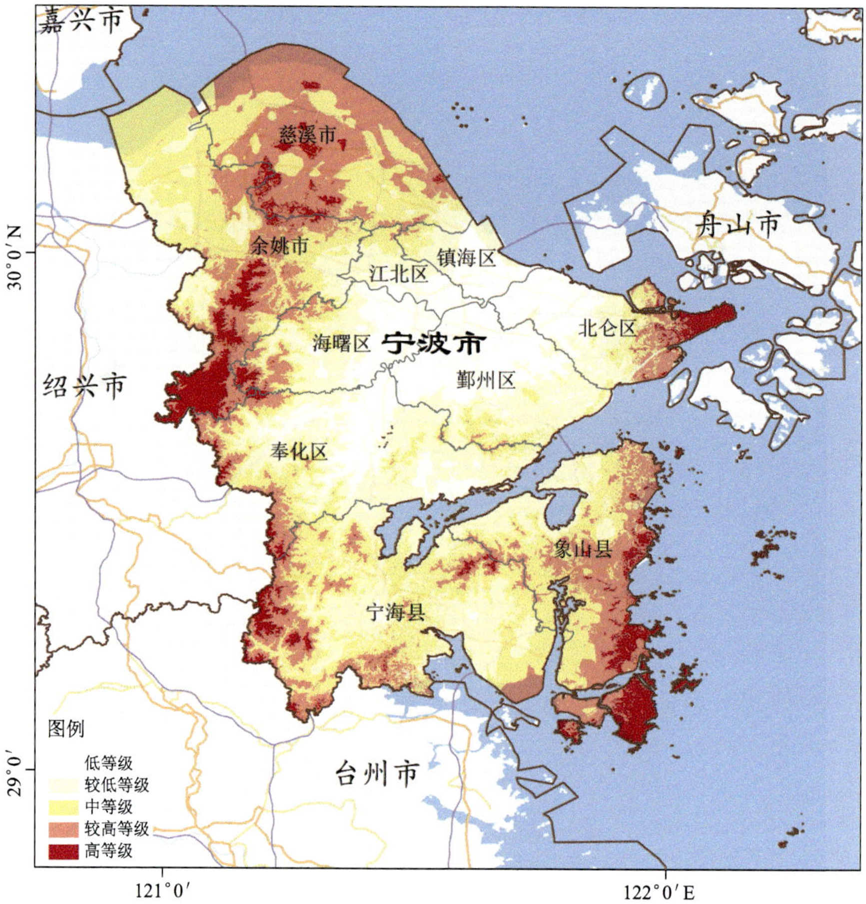

图 4.13 宁波市干旱灾害 GDP 综合风险分布图

4.4 历史主要干旱灾害事件

4.4.1 干旱过程排名信息

以鄞州国家气象站为代表站，利用历史数据筛选出宁波市相对较严重的干旱灾害过程，表 4.2 为影响前 10 位的干旱灾害过程信息。

表 4.2 宁波市影响前10位干旱灾害过程信息表

序号	影响年份	开始时间	结束时间	持续日数/d	干旱过程强度	干旱过程评估等级
1	2003	2003-06-03	2003-11-28	179	297.2	特强
2	1967	1967-07-07	1967-11-18	135	234.5	特强
3	1988	1988-10-01	1989-01-06	98	182.0	特强
4	1953	1953-07-04	1953-09-15	74	121.2	特强
5	1985	1985-04-26	1985-07-26	92	121.0	特强
6	1973	1973-11-12	1974-01-15	65	115.5	强
7	1978	1978-06-29	1978-09-13	77	105.8	强
8	1996	1996-07-31	1996-10-12	74	104.3	强
9	2005	2005-06-12	2005-08-05	55	101.6	强
10	1968	1968-10-04	1968-12-10	68	101.6	强

4.4.2 历史灾害事件

1953 年：7、8 月夏旱严重，市区高温日数达 31 d，降水量仅有 73.7 mm，比常年少 7 成，干旱持续 40～65 d，全市 13.45 万 hm^2 农田受灾，成灾 9.9 万 hm^2，迷信活动抬头，农村 285 个乡村请“龙王”神。

1967 年：6 月 23 日至 10 月底大旱，4 个多月面雨量仅 190.7 mm，偏少 7 成，慈溪 8 月滴雨未下，干旱时间长、范围广、影响重，全市农田晒白开裂，作物枯焦，12.84 万 hm^2 农田受旱，成灾 11.46 万 hm^2，姚江见底可行人，东钱湖底开裂，奉化江咸潮上溯至西坞，鄞江咸潮上溯至小岩山，市区自来水中断 83 d，象山大塘等地日驶 200 艘船外出运水。

1971 年：6 月 23 日—9 月 3 日降水量仅 102.2 mm，偏少 6～8 成，余姚、慈溪高温日数超过 40 d，全市大旱 70 d，个别县连旱 90 d，“溪里一片石，田里一片白”，16.13 万 hm^2 农田受旱，成灾 10.18 万 hm^2，7 月下旬起河水断流，咸潮内泛，姚江、东钱湖、三溪浦水库水尽，因河枯水质污染平原地区及鄞县咸祥一带发生二号病。8 月 31 日—9 月 1 日，国务院派飞机来宁波人工增雨帮助抗旱。

1988 年：6 月下旬至 7 月下旬高温伏旱，全市受旱农田 3.81 万 hm^2，10 万多人饮水发生困难。9—12 月秋冬连旱，降水量比常年同期偏少 6 成，造成春粮失种 1.03 万 hm^2，20.6 万多人饮水困难，奉化、北仑每担水价达 4～5 元。

2003 年：由于 4 月起雨量就比常年偏少，梅雨量又只有常年的 6 成，加之入夏后高温明显、蒸发量大，因此，进入 7 月后干旱发展很快，干旱最严重时的 8 月上旬统计，全市受旱面积达 7.2 万 hm^2，其中重旱 2.5 万 hm^2，干枯 0.6 万 hm^2，36.65 万人发生饮水困难。不少地区的树木、花卉和经济作物也因缺水大批旱死。截至 10 月底，象山县的山塘和大部分中小型水库干涸，缺水断水村庄达 500 个，受灾人口 30 余万，全县有近 80 个村、4 万多人只能靠外地运水维持。面对旱情，宁波市紧急启动了人工增雨作业，据不完全统计，7 月 19 日—11 月 20 日，共发射人工增雨火箭弹 280 枚，作业 75 次，增水约 750 万 m^3，为缓解旱情作出了贡献。

2013 年：由于 7 月 1 日出梅后宁波市一直以晴热高温天气为主，至 8 月 17 日，大部分地区气象干旱等级达重旱标准，下姚江干流水位降至－1.0 m 的特枯水位，全市山区天然径流的溪坑基本断流。干旱共造成全市 53 个乡镇、331 个村、14.9 万人饮用水困难，余姚市丈亭镇龙南村姚江大堤坍塌 300 多米。全市 2.7 万头（只）畜禽因灾死亡，肉猪、肉鸡生产水平下降。农作物受旱面积超过 45 千 hm^2，农业经济损失超过 5 亿元，林业受灾面积 73 千 hm^2，直接经济损失 11.5 亿元，其中果树受灾面积 24.3 千 hm^2，夏秋茶全部绝收，直接经济损失 3.53 亿元。

第5章　高　温

本章对发生在宁波市的高温灾害事件、过程和影响进行调查，收集符合高温过程的调查数据，并开展危险性评估、风险评估和区划，包括高温灾害危险性评估与制图、气象灾害事件数据库建立。

5.1　调查方法及调查资料

5.1.1　资料来源

(1)气象数据：气象站气象观测资料调查时段主要为建站至2020年。选取宁波市内国家气象站建站至2020年逐日资料以及区域站建站至2020年的逐日和逐时气温数据。收集历史高温过程的基本信息和危险性因子，主要包括：历年逐日高温日数、最高气温、平均气温等。数据来源于浙江省气象局。

通过对宁波市以及区域气象站19517250条气温数据的调查，最终获取符合高温过程的数据1372条。

(2)1 km高温格点数据：选取浙江省快速更新同化数值天气预报系统的预报产品为综合分析系统提供初猜场。站点温度观测资料则来自于浙江省气象局信息网络中心2009—2020年的自动站数据库，包括了浙江省及其周边区域的3000多个自动气象观测站。使用综合分析集成短临预报方法(INCA)，以浙江省及其周边为研究区域，建立高分辨率网格系统(即再分析网格)，将实际地形人为划分为基础地形和相对地形。对于温度资料的格点化分析，以浙江省本地高分辨率数值模式预报的温度场作为初猜场，融合地面稠密的区域观测站点的2 m气温资料，然后获取地面观测站点的气温初猜值及其对应于观测值的误差，最后通过简单插值方法将误差插值到再分析网格系统上，获取最终温度分析场，即2009—2020年浙江省1 km高温格点数据。综合分析法与其他插值方法(如克里金插值法、反距离权重法等)相比，在丘陵、山地、海岛、海洋等地形复杂和观测资料稀缺区域有明显优势，十分适合浙江省复杂的地形地貌情况。同时，综合分析方法具有较强的移植性，只要有观测和数值模拟的区域，均可以采用该方法进行精细格点化分析。总而言之，基于高分辨数值模式预报、高分辨率的数字高程模型和区域自动站观测资料的综合分析方法在地形复杂和沿海地区的天气要素精细格点化方面有较好的应用价值。

(3)历史灾害调查时段主要为1978—2020年，包括年度灾害调查和灾害事件调查。收集历史高温发生时间、地点、强度、影响面积、持续时间、破坏状况等；收集历史高温造成的直接或间接经济损失等情况。

(4)其他：收集各乡镇行政区边界、地形地貌、遥感夜间灯光、植被、下垫面土地利用、地表温度(LST)、路网以及兴趣点(POI)等多源数据。收集评估区域最新的社会经济资料，包括各乡镇人口分布、耕地、城镇分布、GDP 等社会概况；农业、工矿企业、能源、医疗等行业数据；土地利用类型及面积等。基础地理信息数据、社会经济数据等详见附录。

5.1.2 致灾事件确定方法

根据《第一次全国自然灾害综合风险普查调查类技术规范(试点版)》推荐的高温灾害风险普查技术规范，为了突出持续时间对高温过程的影响，将连续 3 d 及以上最高气温≥35 ℃作为一个高温过程，以出现高温日为开始日，最后一个高温日后一天为结束日。

5.1.3 致灾因子指标确定

根据《第一次全国自然灾害综合风险普查调查类技术规范(试点版)》推荐的华东区域参考列表，结合宁波市的实际特点，综合确定了高温灾害的致灾因子，包括：高温过程平均最高气温、极端最高气温、平均过程持续日数，日间高温危险性，夜间高温危险性。

5.1.4 指标数据标准化处理

数据处理应遵循可比较原则，对各评估单元间的评估指标进行标准化处理，形成的标准化量值反映高温对评估因子在不同评估单元间的影响程度。数据归一化处理方法见第 3.1.2.3 小节。

5.2 致灾危险性调查与评估

根据各地高温灾情记录的实际情况，基于气象资料判断高温灾害事件的发生强度、持续时间、影响范围等，根据高温致灾机理，确定高温的致灾因子。

5.2.1 基本气象特征分析

进行高温灾害过程时间序列分析时，以宁波市除石浦站外的所有国家气象站(表 1.1)为代表站点，对高温日数按当年参与站点取平均值，对极端最高气温、最长连续高温日数取当年最大值，分析年份为 1953—2020 年。

经统计分析，宁波市 35 ℃高温日数历年变化如图 5.1 所示，可以看出，宁波市年高温日数呈波动上升的变化趋势，1953—2020 年平均高温日数为 15.7 d，常年(1991—2020 年)平均高温日数为 21.1 d。2013 年最多，高达 43 d；2017 年次之，为 40.5 d。

宁波市极端最高气温呈波动上升的变化趋势(图 5.2)，1953—2020 年极端最高气温平均值为 38.6 ℃，常年(1991—2020 年)平均值为 39.4 ℃；年极端最高气温最大值出现在 2013 年 8 月 7 日和 9 日，高达 43.5 ℃(奉化)；其次是 2003 年 7 月 17 日，41.7 ℃(余姚)。

宁波市最长连续高温日数呈波动上升的变化趋势(图 5.3)，1953—2020 年最长连续高温日数年均值为 9.6 d，1988 年最多达 22 d，2007 年次之为 21 d，常年(1991—2020 年)平均 11.8 d。

经统计，老三区、镇海、慈溪和余姚大部高温日数较多，达 24 d 以上，四明山区、天台山区以及象山、北仑、鄞州的沿海地带高温日数较少，不足 7 d(图 5.4)。

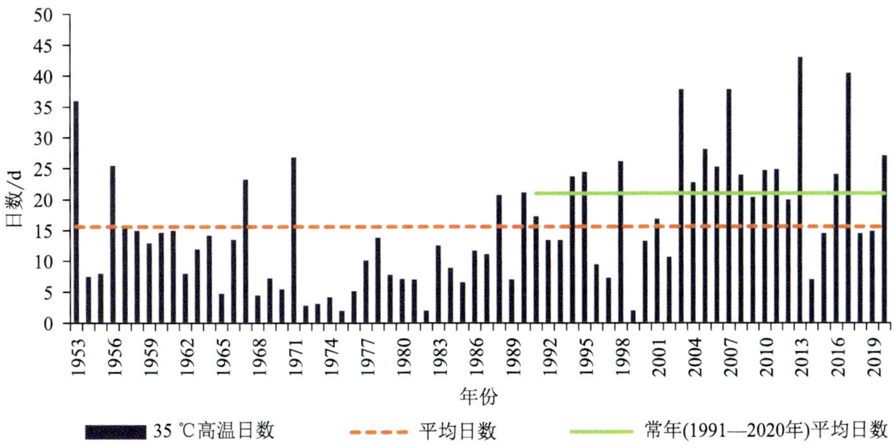

图 5.1 宁波市 35 ℃高温日数年变化图

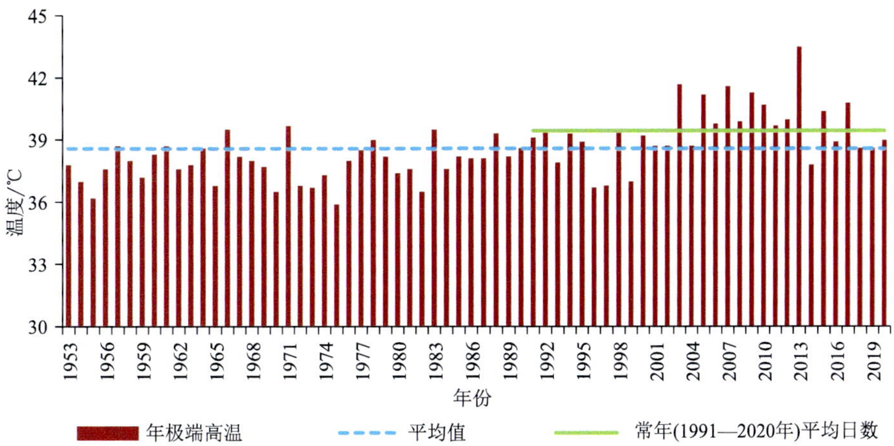

图 5.2 宁波市极端最高气温年变化图

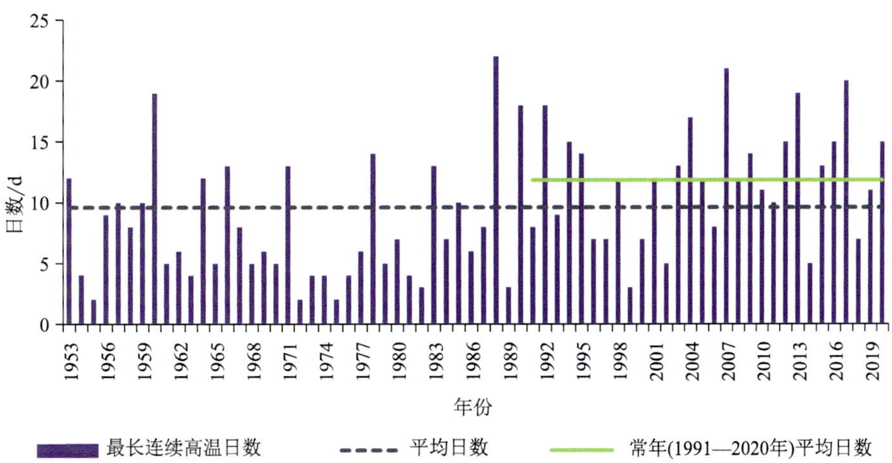

图 5.3 宁波市最长连续高温日数年变化图

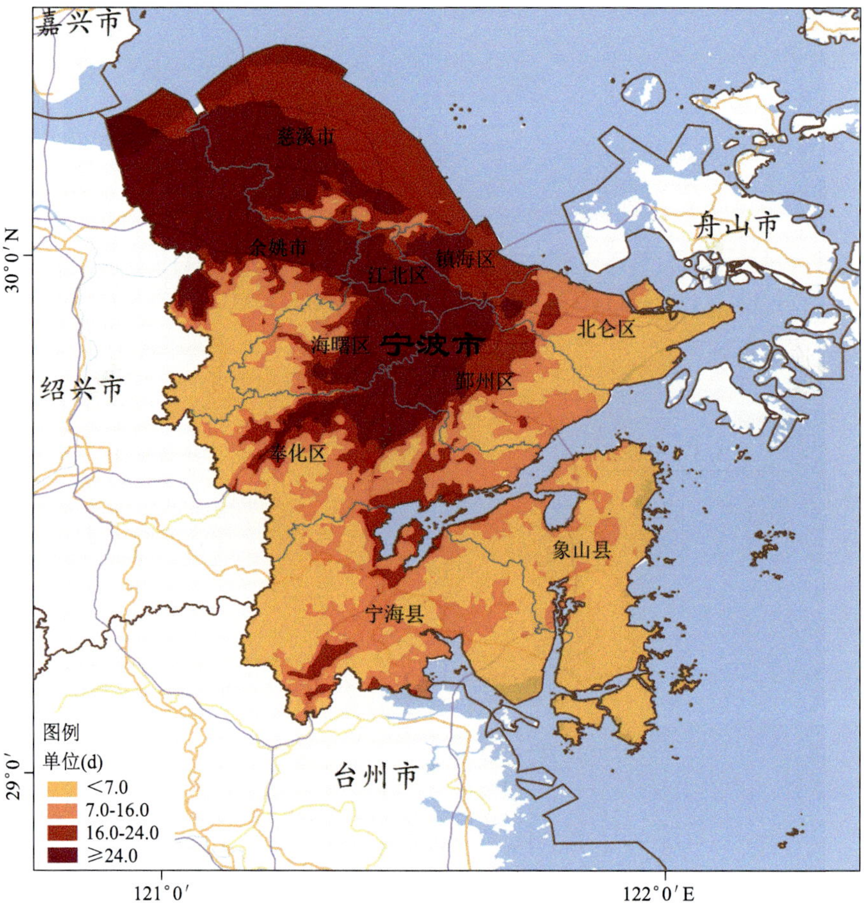

图 5.4　宁波市年均 35 ℃以上高温日数分布图

经统计分析，宁波市年均 38 ℃以上高温日数分布与 35 ℃以上高温日数分布一致，慈溪、余姚、江北区大部、镇海区北部、海曙区东部和鄞州区西北部的局部高温日数较多，达到 5 d 以上，四明山区、天台山区、象山县及北仑区和鄞州区的沿海地带高温日数较少，少于 1 d（图 5.5）。

宁波市极端最高气温分布，整体呈中部和北部地区较高、西部山区和南部地区低的趋势。中部和北部地区大部极端最高气温在 40 ℃以上，西部山区和南部地区低于 37.5 ℃（图 5.6）。

5.2.2　致灾危险性评估与区划

5.2.2.1　方法概述

根据中国气象局的定义，极端高温是指每日最高气温 T_{max} 超过 35 ℃，因此，35 ℃被选为计算日间积温时每日最高气温 T_{max} 的阈值，并选择 26 ℃作为计算夜间积温时每日最低气温 T_{min} 的阈值。将白天的高温危险性定义为 T_{max} 与 35 ℃之间的差值（H_{day}）的逐日累计值，将夜间的高温危险性定义为 T_{min} 与 26 ℃之间的差值（H_{night}）的逐日累计值，然后加总以计算综

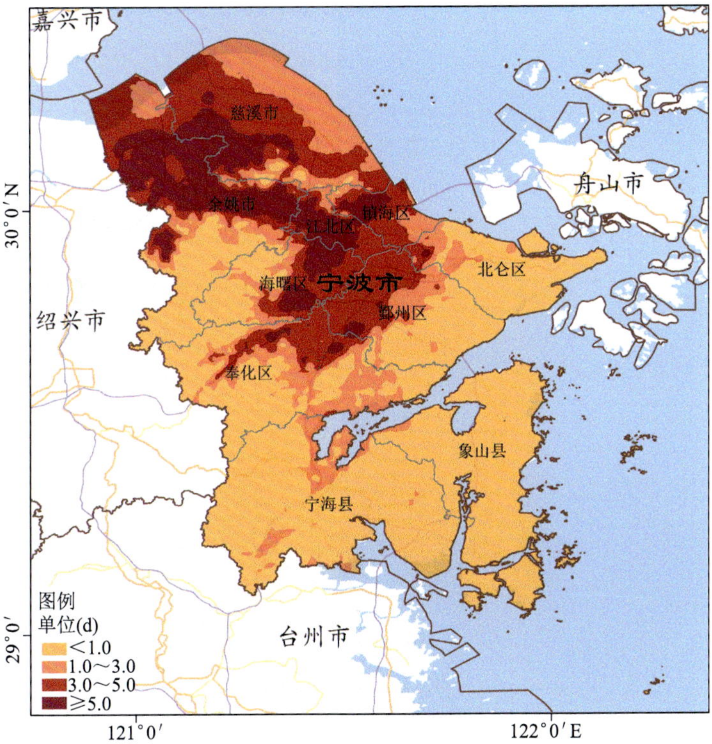

图 5.5 宁波市年均 38 ℃以上高温日数分布图

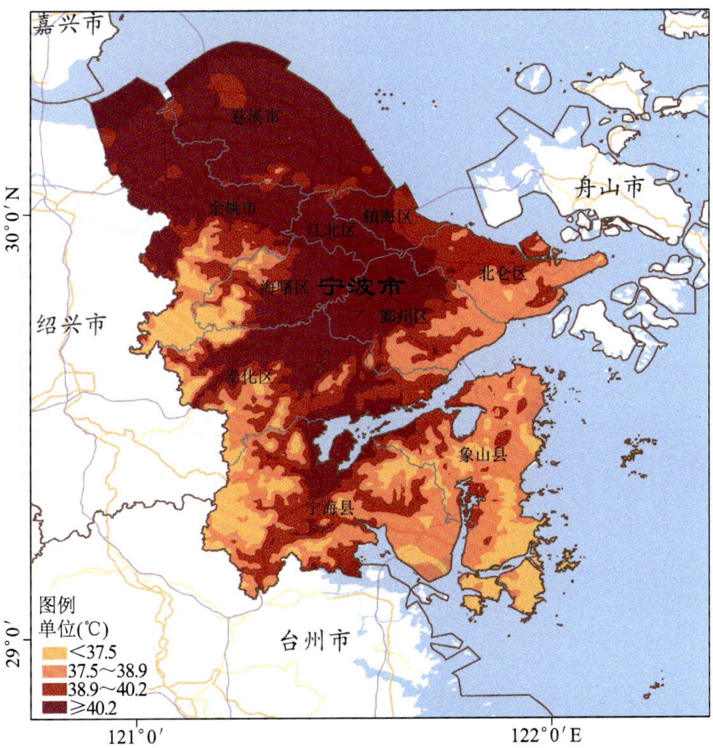

图 5.6 宁波市极端最高气温分布图

合的高温危险性。使用 1 km 气温格点数据，计算了夏季逐日的 H_{day} 和 H_{night}，并且重采样到 CGCS2000 地理坐标系下 0.001°分辨率。最后，将每天累积的 H_{day} 和 H_{night} 进行等权重汇总，计算得到高温危险性指标。

高温灾害致灾因子危险性评估指数，综合考虑行政区划情况，对高温灾害的危险性进行空间划分，利用自然断点法，将高温灾害危险性划分为 4 级。

5.2.2.2 危险性区划

从宁波市高温灾害危险性区划分布（图 5.7）中可以看出，宁波市高温灾害危险性和年均 35 ℃、38 ℃以上高温日数分布成正相关，主要呈现为，慈溪市和余姚市的大部、老三区和镇海区北部为高等级，四明山区、天台山区、象山县及北仑区和鄞州区的沿海地带为低等级，其余地区介于两者之间。

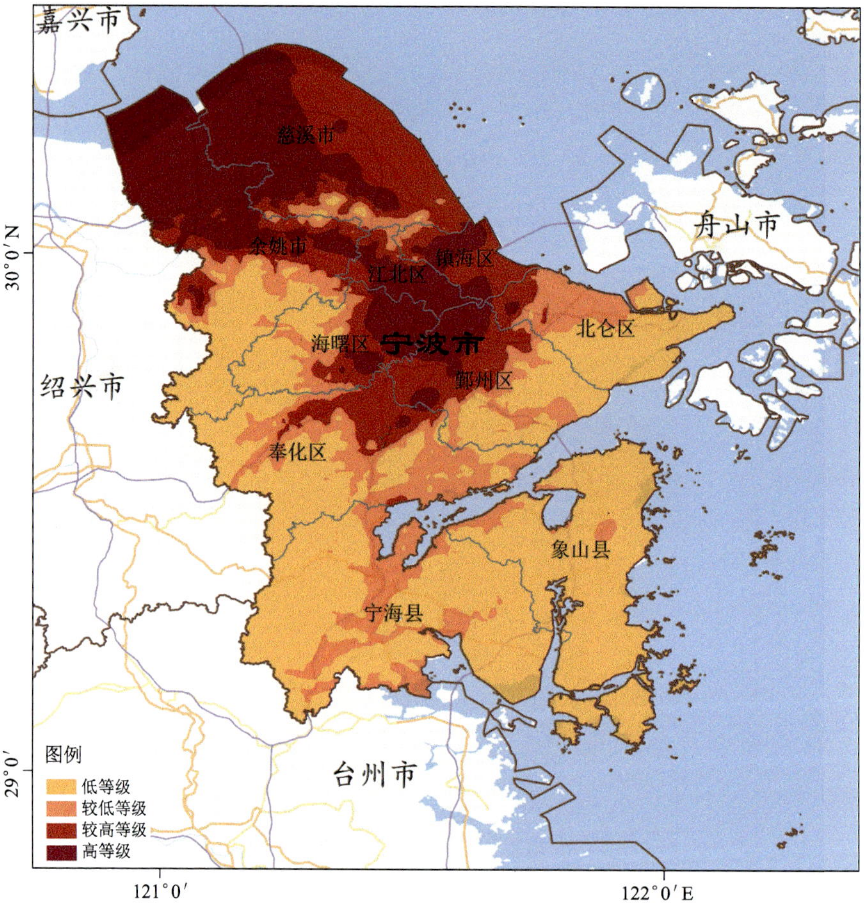

图 5.7 宁波市高温灾害危险性区划分布图

5.3 高温灾害风险评估与区划

根据社会经济状况及承灾体重要性，基于高温致灾强度建立脆弱性评估模型，评估高温灾害脆弱性，对高温灾害的影响程度进行风险评估。依据风险评估结果，按照行政空间单元对风险评估结果进行空间划分。

5.3.1 承灾体暴露度评估

人口、经济承灾体暴露度评估详见附录 B。

5.3.2 承灾体脆弱性评估

5.3.2.1 人口脆弱性评估

高温灾害承灾体脆弱性评估主要考虑评估区域的社会和经济状况，分别选用人口、经济、医疗等作为脆弱性指标。通过结合分区或县级的七个关键人口和社会经济指标，包括年龄（≤14 岁和≥65 岁）、社会经济状况（融合人均 GDP 和 15 岁以上文盲率）、空调（每 100 户拥有量）和医疗机构床位率（每 1000 人），计算热脆弱性指数。

数据提取自第七次全国人口普查数据（2020 年）和 2018、2019、2020 年宁波市统计年鉴，获取各乡镇行政单元的指标数值，对每个数据进行标准化处理后，利用等权重叠加法计算各评估单元的脆弱性指数值，指数值的大小即反映各评估单元脆弱性程度的高低。

5.3.2.2 GDP 脆弱性评估

假设经济综合脆弱性包含第一、二、三产业的经济脆弱性，且高温灾害在对第一产业造成的损失很大程度上来源于种植业，近似以研究区内种植业量与 GDP 的比值来表征第一产业经济脆弱性；假设高温灾害对第二、三产业的影响主要来源于对劳动力主体的直接或间接影响产生，近似以该地区标准化人口密度来表征第二、三产业经济脆弱性。计算公式见第 2 章 2.3.2 节之式（2.8）～式（2.10）。

5.3.3 高温灾害风险评估

5.3.3.1 评估方法

根据高温灾害的成灾特征和风险评估的目的、用途，推荐选择加权求积评估模型，权重确定方法采用熵权法。

加权求积评估模型如下：

$$I_{HRI}=I_{VH}\times I_{VSI}\times I_{VE} \tag{5.1}$$

式中，I_{HRI} 为特定承灾体高温灾害风险评价指数；I_{VH} 为致灾因子危险性指数；I_{VSI} 为承灾体暴露度指数；I_{VE} 为脆弱性指数。

根据风险评估结果，结合行政单元对风险评估结果进行空间划分。依据风险评估模型评估结果和高温灾害风险指标值分布特征，定义风险等级区间，使用自然断点分级法，将高温灾害风险按 5 级分区划分，即高风险区、较高风险区、中等风险区、较低风险区和低风险区，并绘制风险分布图，完成高温灾害风险区划。

根据《第一次全国自然灾害综合风险普查调查类技术规范（试点版）》（47 项）推荐的华东区域参考列表，将高温危险性区划、高温承灾体脆弱性区划、高温承灾体脆弱性区划利用加权求积评估模型进行计算，分别得到宁波市高温灾害受灾人口风险区划分布图和宁波市高温灾害 GDP 风险区划分布图。

5.3.3.2 高温灾害人口风险评估与区划

从宁波市高温灾害受灾人口风险区划分布图(图 5.8)上可以看出,空间分布呈现周边地区低、中部城市地区高的趋势,整体趋势受高温灾害人口暴露度空间分布影响最大,其中老三区和慈溪市、余姚市的中心城区为高等级,其周边地区为较高到中等级,其他区(县、市)城区为中等级,其余大部分地区为低等级。

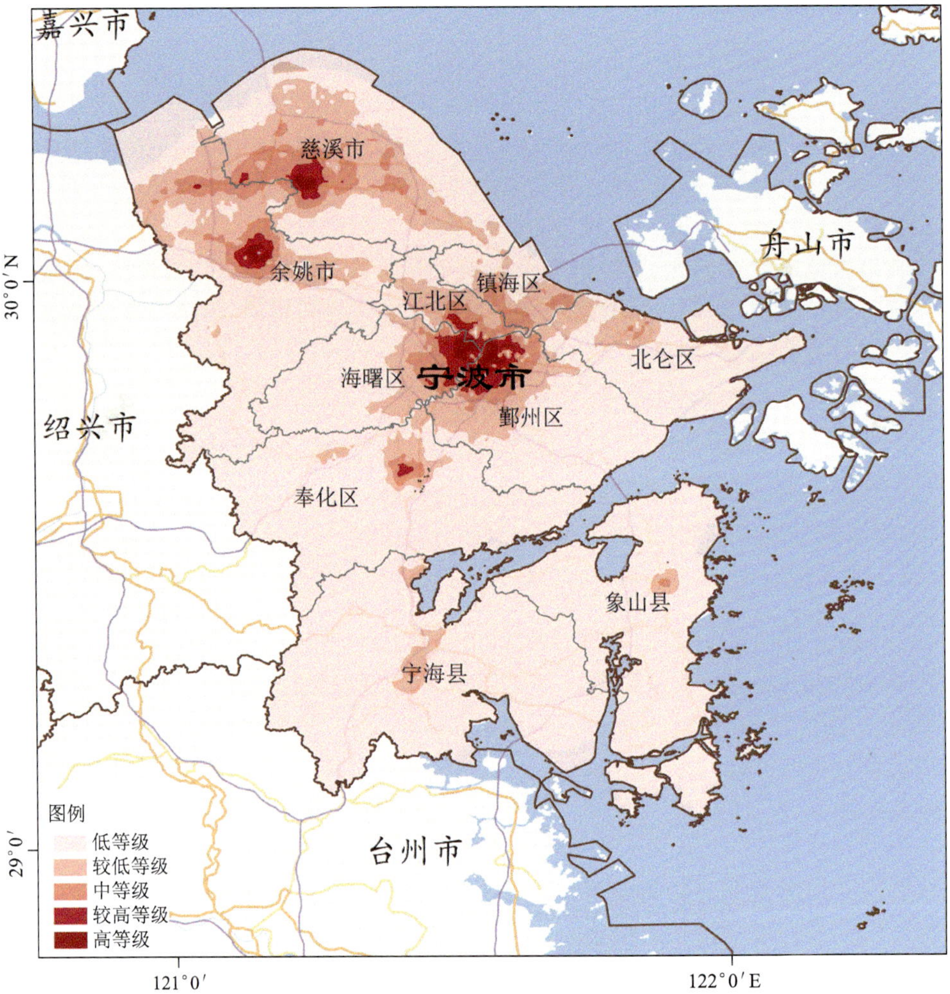

图 5.8 宁波市高温灾害受灾人口综合风险分布图

5.3.3.3 高温灾害 GDP 风险评估与区划

从宁波市高温灾害 GDP 综合风险区划分布图(图 5.9)上可以看出,空间分布呈现周边地区低、中部城市高的趋势,整体趋势受高温灾害 GDP 暴露度空间分布影响和高温灾害危险性的影响都比较大,其中老三区和各区(县、市)中心城区均为高等级,周边邻近地区为较高等级。

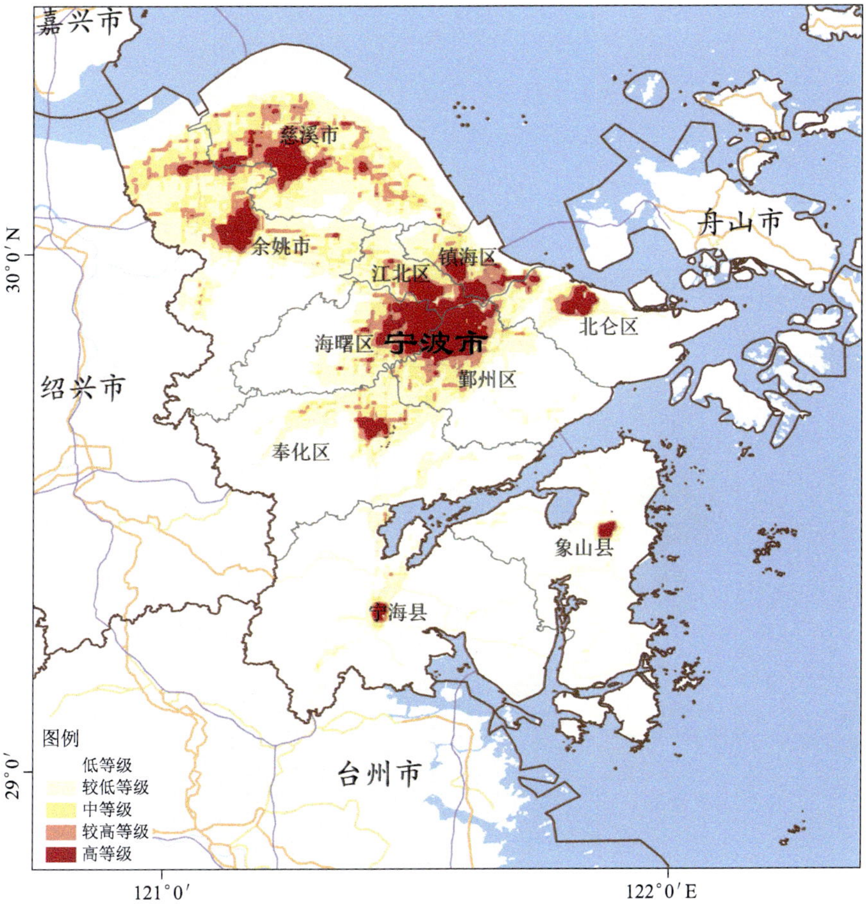

图 5.9 宁波市高温灾害 GDP 综合风险分布图

5.4 历史主要高温灾害事件

5.4.1 各气象站极端高温信息

表 5.1 为宁波市各气象站的高温(代表站达 40 ℃以上,其他站达 42 ℃以上)出现的时间和地点。

表 5.1 宁波市各气象站 40 ℃以上极端最高气温信息表

区(县、市)	站名	最高温度/℃	最高温度出现日期
海曙区	薛家	40.8	2016-07-21
海曙区	孙文英小学	42.7	2013-08-09
海曙区	信谊小学	43.3	2009-07-20
海曙区	石碶	42.9	2013-08-09
海曙区	古林	44.6	2008-08-18

续表

区(县、市)	站名	最高温度/℃	最高温度出现日期
海曙区	高桥	43	2013-08-08
海曙区	周公宅	42.2	2013-08-06
海曙区	樟水	42.1	2013-08-05
海曙区	洞桥	42.9	2013-08-06
海曙区	百梁桥	42.4	2013-07-24
海曙区	鄞江	42.8	2013-08-06
海曙区	燕玲小学	42.7	2013-08-07
海曙区	集仕港	42.8	2013-08-06,2013-08-07
海曙区	五龙潭	42.9	2013-08-05
江北区	慈城	42.4	2010-08-08
江北区	日湖	43.5	2013-08-09
江北区	英雄水库	42.5	2013-08-07
北仑区	北仑	40.6	2013-08-05
北仑区	鲍家洋	42.3	2013-08-07
镇海区	镇海	41	2013-08-07
镇海区	澥浦小学	42.9	2013-08-09
镇海区	中心村	43.2	2013-08-08
镇海区	田顾村	44.1	2013-08-06
鄞州区	鄞州	42.1	2013-08-08
鄞州区	福明公园	42.2	2013-08-07
鄞州区	软件学院	42.5	2013-08-07,2013-08-09
鄞州区	逸夫中学	42.4	2013-08-07
鄞州区	黎山后村	42.8	2013-08-07,2013-08-08,2013-08-09
鄞州区	栎斜水库	42.6	2013-08-08
鄞州区	东吴中学	43	2013-08-07
鄞州区	钟公庙小学	42.7	2013-08-09
鄞州区	云龙中学	42.1	2013-08-07
鄞州区	东南小学	42.7	2013-08-09
奉化区	奉化	43.5	2013-08-07, 2013-08-09
奉化区	雪窦寺	42.2	2013-08-07
奉化区	溪口	42.9	2009-07-20
奉化区	杜郎坪	42.3	2013-08-05,2013-08-07
奉化区	力邦社区	42.1	2013-08-09
奉化区	塔下	42.4	2013-08-07,2013-08-08
奉化区	莼湖	42.2	2013-08-09
奉化区	岳林	43	2013-08-07

续表

区(县、市)	站名	最高温度/℃	最高温度出现日期
奉化区	方桥	42.2	2013-08-09
奉化区	许江岸	42.7	2013-08-05
余姚市	余姚	42.4	2013-08-08
余姚市	文山	43.0	2013-08-09
余姚市	幸福	42.9	2013-08-06
余姚市	四明湖水库	42.9	2013-08-06
余姚市	大池墩水库	42.9	2013-08-09
余姚市	实验学校	42.8	2013-08-08
余姚市	相岙水库	42.8	2013-08-07
余姚市	万家岙	42.8	2013-08-06
余姚市	二六市	42.7	2013-08-07
余姚市	青港	42.4	2013-08-08
余姚市	向家弄水库	42.4	2013-08-06
余姚市	四职校	42.4	2013-08-08
余姚市	临城	42.3	2013-08-09
余姚市	丈亭水厂	42.3	2013-08-07
余姚市	江中	42.1	2013-08-08
慈溪市	慈溪	41.3	2013-08-08
慈溪市	横河	42.9	2013-08-09
慈溪市	梅湖水库	42.8	2013-08-06,2013-08-08
慈溪市	云城	42.3	2013-08-06
慈溪市	新区	42.1	2013-08-09
慈溪市	宗汉	42.0	2013-08-06
象山县	象山	40.5	2013-08-08
象山县	长山	42.8	2005-07-05
象山县	外高泥	41.4	2013-08-08
象山县	大徐	43.6	2005-06-12
象山县	银洋	42.0	2013-08-08
象山县	定塘中学	44.6	2010-08-11
象山县	檀头山	43.1	2005-07-19
象山县	杨柳坑	42.9	2005-06-14
象山县	山头王	44.8	2017-07-24
象山县	寒山	42.3	2013-08-08
象山县	土上村	42.3	2013-08-08
宁海县	宁海	40.7	2005-07-04
宁海县	西店	42.0	2013-08-07

续表

区(县、市)	站名	最高温度/℃	最高温度出现日期
宁海县	峡山	43.0	2013-08-08
宁海县	胡陈	42.6	2013-08-08
宁海县	溪下王	43.0	2013-08-08
宁海县	蛇蟠涂	42.6	2005-07-11
宁海县	雷虎	42.0	2013-08-07
宁海县	杨梅岭水库	42.5	2013-08-08
宁海县	大壳岛	43.4	2017-08-06
宁海县	双溪	42.4	2013-08-08

5.4.2 历史灾害事件

2003 年：6 月 30 日—7 月 6 日鄞州站持续 7 d 高温，其中有 4 d 日最高气温>37 ℃，7 月 4 日达 39 ℃。7 月 12—14 日，又出现连续 3 d 日最高气温>38 ℃的酷热天气，对早稻灌浆极为不利，导致早稻高温逼熟，千粒重下降。出梅后的连日高温“烘烤”，不少市民发生中暑、急性肠胃炎、上呼吸道感染及尿路结石等疾病，宁波市各大医院病人爆满，7 月中旬至 8 月上旬，宁波市第一医院每日门诊量达 2400 多号，急诊量从约 100 号猛增到约 150 号；宁波市第二医院日门诊人次也达到 1000 多；李惠利医院的每日急诊量达到 200 多号；中暑的危急病症也较多，宁波市第一医院平均每天都会接诊 2～3 名昏迷的重症中暑病人。持续高温，致使象山港内表层水温普遍超过 28 ℃，部分水产养殖品种由于高温缺氧出现死亡现象，其中大黄鱼出现了鳃出血、白点偏多、红肿、大面积跳动等症状；黑鲷和鲈鱼也出现了鳃微出血、鱼体发黑等症状，令水产养殖户叫苦不迭，而供电不足更让他们“雪上加霜”，各地养殖水体因持续高温缺氧，导致大批鱼虾发病死亡。

2007 年：夏季市区日最高气温≥35 ℃的高温日数达 45 d，仅次于 2003 年的 46 d；其中 7 月达 28 d，超历史记录；7 月 25 日—8 月 3 日，市区连续 10 d 日最高气温超过 38 ℃。6 月下旬市区、慈溪、宁海的平均气温高达 30 ℃以上，炎炎烈日热病了不少甬城市民，因中暑、腹泻等症状到医疗机构治疗的病人数量明显增加，“120”救护车出车频率明显增加，6 月 30 日起老三区实行Ⅱ级预警供电方案；持续酷热导致医院急诊人数急增，防暑药品卖到断货，宁波市妇儿医院挂号人数单日首次突破 4000 人次；用电负荷突破 500 万 kW，达到 512 万 kW，创下历史最高纪录；7 月 29 日，城市日用水量刷新历史纪录，达 106.8 万 t。

2013 年：全市夏季平均高温日数达 39.5 d，为常年的 2.6 倍；40 ℃以上高温日数打破历史纪录，极端最高气温屡创新高，并多次居全国之首，8 月 7 日奉化站极端最高气温达 43.5 ℃，远超历史最高纪录。8 月份市区平均气温达 30.7 ℃，比常年偏高 2.7 ℃，创历史新高。受高温等影响，宁波市用电缺口最大时达 100 万 kW，医院接诊腹泻、消化不良、肠炎等消化系统疾病、呼吸道感染以及中暑等患者明显增多，儿科更是人满为患；高温导致水产养殖塘塘面和塘底温差增大，发生病害。

第 6 章 低 温

冬半年极地南下的强冷空气造成的低温冷害经常危害宁波市农业、通信电力和交通运输等，造成国民经济的损失。低温是宁波市冬春季常见的灾害性天气，低温灾害常具有气温低、降温大、日照时间短等特点，种类繁多，本章主要对冷空气、霜冻、倒春寒和低温阴雨寡照 4 类低温灾害进行分析。

6.1 调查方法及调查资料

6.1.1 资料来源

(1)气象资料：收集了宁波市内所有气象站点建站至 2020 年气象监测数据。气象要素包括日平均气温(T_Day_Mean)、日最低气温(T_Day_Min)、日白天降水量(Rx08_20)、日夜间降水量(Rx20_08)、日降水量(Rx_Day)、日积雪深度(Z_Depth)、日平均风速(F_Day_Mean)、日最大风速(F_Day_Max_Speed)、日最大风速之风向(F_Day_Max_Dir)、日日照时数(S)、日最低地表温度(D0_Day_Min)、天气现象码(weatherCode)等资料。以上数据作为宁波市气候时序图分析的主要数据源。

收集了宁波市周边地区的国家气象站和乡镇代表站 2006—2020 年数据，主要用于分析宁波市低温类灾害的空间分布。

(2)其他：基础地理信息、社会经济数据等，详见附录。

低温灾害调查数据类完成情况：根据《中国气象局低温灾害调查与风险评估技术规范(灾害调查类)》和《浙江省气象灾害综合风险普查与评估技术细则》，收集了宁波市内所有国家气象站建站至 2020 年气象监测数据，经调查和地市、省、国家三级审核，获取宁波市低温灾害观测数据，统计物理量包括冷空气持续时间、冷空气最大降温幅度、冷空气过程平均最低气温、霜冻持续时间、霜冻期平均气温、低温寡照过程日平均气温、低温寡照过程平均日照时数等。

6.1.2 致灾事件确定方法

参考《浙江省气象灾害调查与风险评估实施技术细则》，结合宁波市的实际特点，确定了冷空气、霜冻、倒春寒、低温阴雨寡照 4 种低温灾害类型。致灾事件的确定方法如下：

(1)冷空气(寒潮)：冷空气过程识别方法依据《冷空气过程监测指标》(QX/T 393—2017)，单站出现中等强度以上冷空气(48 h 降温幅度≥6 ℃)，持续两日及以上 24 h 不升温，判定为出现一次冷空气过程。该研究范围内，若 48 h 降温幅度<8 ℃，为中等强度冷空气级别(对应《冷空气等级》(GB/T 20484—2017)中“较强冷空气”等级的冷空气，以及《冷空气过程监测指标》(QX/T 393—2017)中“中等强度冷空气”等级的冷空气)；若 48 h 降温幅度≥8 ℃，则为强冷空气及以上级别。监测区域内≥20%的监测站点出现中等以上强度的单站冷空气，则记为

一次区域性冷空气过程。满足冷空气过程判定条件的首日为冷空气过程开始日，满足冷空气过程判定条件的最后一日为冷空气过程结束日（中国国家标准化管理委员会，2017）。

上文中，降温幅度是指日最低气温的降温幅度（降温为正，升温为负）；首日的判定标准是满足 48 h 降温幅度≥6 ℃的当天定为首日；持续日的判定标准是 24 h 不升温（即 24 h 降温幅度≥0，或 24 h 变温≤0）；结束日的判定标准是 48 h 降温幅度<6 ℃且 24 h 降温幅度≤0 即判定冷空气过程已结束，前一日为冷空气过程的结束日。

（2）霜冻：参照《中国灾害性天气气候图集》，日最低气温≤2 ℃作为霜冻指标。

（3）倒春寒：4 月 1 日后连续 2 日平均气温≤11 ℃的为一次倒春寒过程，满足倒春寒过程判定条件的首日为倒春寒过程开始日，满足倒春寒过程判定条件的最后一日为倒春寒过程结束日。

（4）低温阴雨寡照：依据《早稻播种育秧期低温阴雨等级》（QX/T 98—2008），日平均气温<12 ℃，持续 3 日及以上，过程平均日照时数<3 h 为一次低温阴雨寡照过程，满足低温阴雨寡照过程判定条件的首日为低温阴雨寡照过程开始日，满足低温阴雨寡照过程判定条件的最后一日为低温阴雨寡照过程结束日。

6.1.3 危险性指标确定

根据上述低温过程定义和收集到的气象监测资料，确定宁波市 1953～2020 年的低温灾害过程，并计算得到历次过程的各致灾因子：如过程持续时间（Duriation，简称 D），过程平均气温（process average of Temperature，T_{ave}）和过程极端最低气温（process Extreme Tmin，ET_{min}）、过程平均最低气温（process Average Tmin，AT_{min}）、过程最大降温幅度（process Maximum of ΔT_{min}，ΔT_{max}）、过程平均日照时数（Process Average Sunshine，P_{AS}）、过程累积降水量（Process Accumulated Precipitation，P_{AP}）等。具体如表 6.1 所示。

表 6.1　低温灾害致灾因子

低温灾害类型	危险性指标
冷空气（寒潮）	冷空气持续时间（D_{cold}）、过程最大降温幅度（ΔT_{max}）、过程极端最低气温（ET_{min}）等
霜冻	霜冻日数（D_{frost}）、霜冻期平均气温（T_{ave}）、霜冻期平均最低气温（AT_{min}）等
倒春寒	过程平均气温（T_A）、过程持续日数（D_s）等
低温阴雨寡照	持续时间（D_{lowT}）、过程日平均气温（T_{ave}）、过程平均日照时数（P_{AS}）、过程累积降水量（P_{AP}）等

6.2 致灾危险性调查与评估

6.2.1 基本气象特征分析

进行低温灾害过程时间序列分析时，以宁波市除石浦站以外的国家气象站（表 1.1）为代表站点，对各灾种发生频数的年际变化、年代际变化和季节月际变化按参与站点取平均值，其他致灾因子按参与站点的数值取极值，分析年份为 1953—2020 年。

6.2.1.1 冷空气

宁波市 1953—2020 年冷空气发生频数年均 6.5 次（图 6.1），年际变化在 2～12 次，1969 年发生频数最多，为 12 次，1987 年次之，为 11.8 次；2000 年发生频数最少，为 2.1 次。

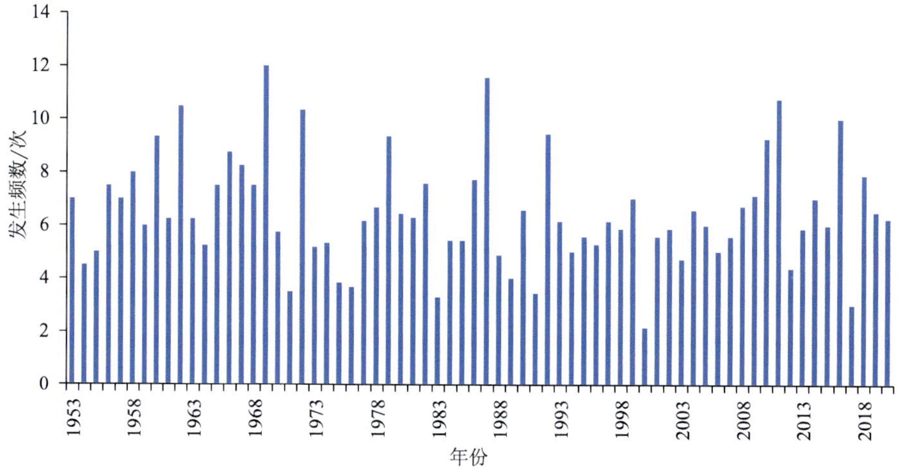

图 6.1　宁波市冷空气发生频数年际变化

宁波市 1953—2020 年冷空气发生频数年代际变化总体差异不大(图 6.2),20 世纪 60 年代发生频数最多,为 78 次,20 世纪 90 年代发生频数最少,为 56 次。

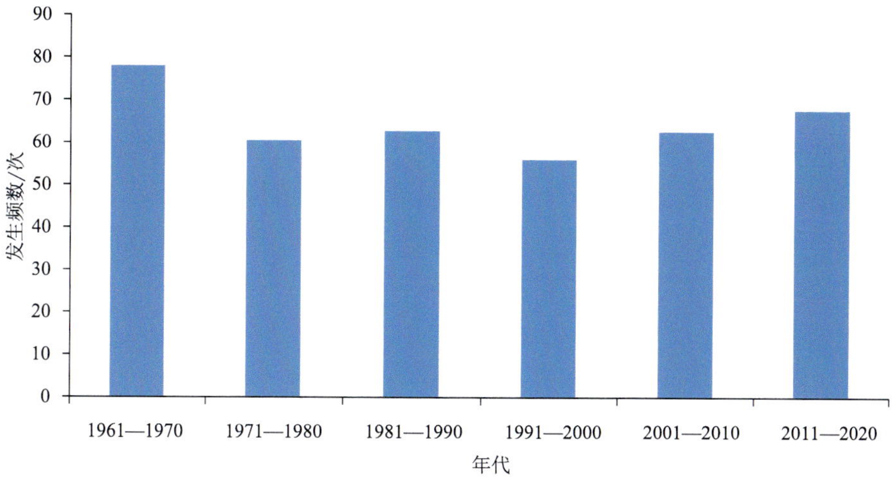

图 6.2　宁波市冷空气发生频数年代际变化

宁波市 1953—2020 年按年和站点平均后的各月冷空气发生频数随季节变化明显(图 6.3),11、12 月和 1 月多发,最多 12 月 1.4 次,次之 11 月 1.2 次;6—9 月冷空气发生次数较少,7 月最少。

宁波市冷空气过程 48 h 降温幅度极大值变化在 8.0～16.0 ℃(图 6.4),年均 11.9 ℃,最大降温幅度出现在 1992 年,为 16.0 ℃,1967 年次之,为 15.8 ℃。

宁波市冷空气过程日最低气温极小值年均－5.4 ℃(图 6.5),2000 年前后最高,近年又有所降低,但总体呈上升趋势。1977 年日最低气温极值最低,为－11.1 ℃,1979 年次之,为－9.6 ℃。

2006—2020 年宁波市冷空气致灾因子中,冷空气过程最大 48 h 降温幅度历年最大值空间分布(图 6.6)呈现出西部山区大、东部沿海小的趋势,其中余姚市南部、海曙区西部的四明山

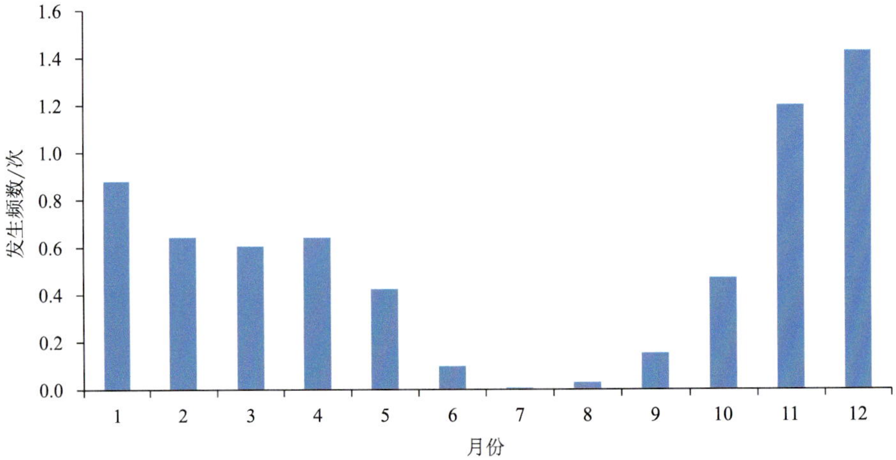

图 6.3　宁波市冷空气站均发生频数月际变化

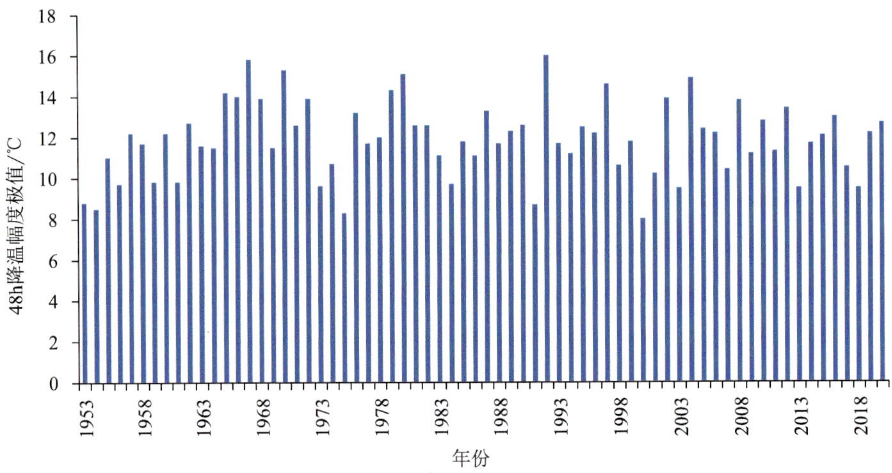

图 6.4　宁波市冷空气过程 48 h 降温幅度极大值年际变化

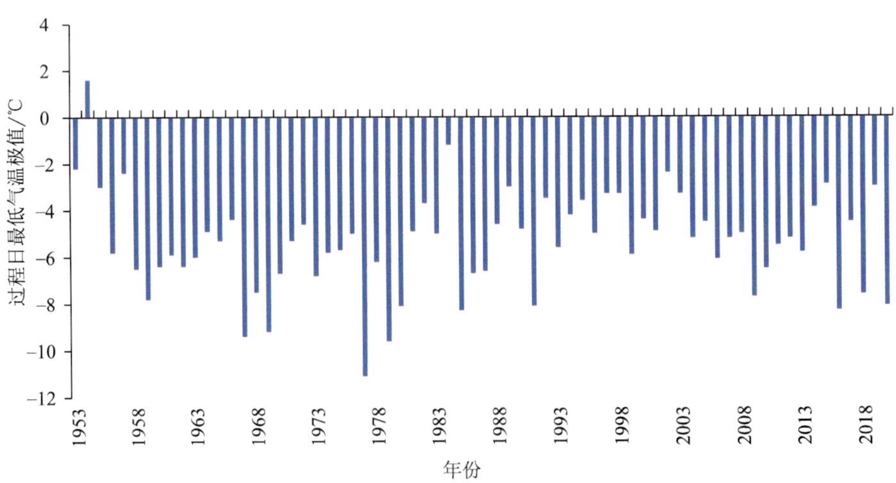

图 6.5　宁波市冷空气过程日最低气温极小值年际变化

区和宁海县西部的天台山高海拔地区降温幅度最大，超过 15 ℃，东部沿海地区则小于 13 ℃；冷空气过程极端最低气温历年最小值空间分布（图 6.7）呈现出西部山区低、东部沿海高的趋势，其中余姚市南部、海曙区西部、奉化区西部到宁海县西部的高海拔地区最低，低于－9.4 ℃，东部沿海地区最高，高于－7.1 ℃。

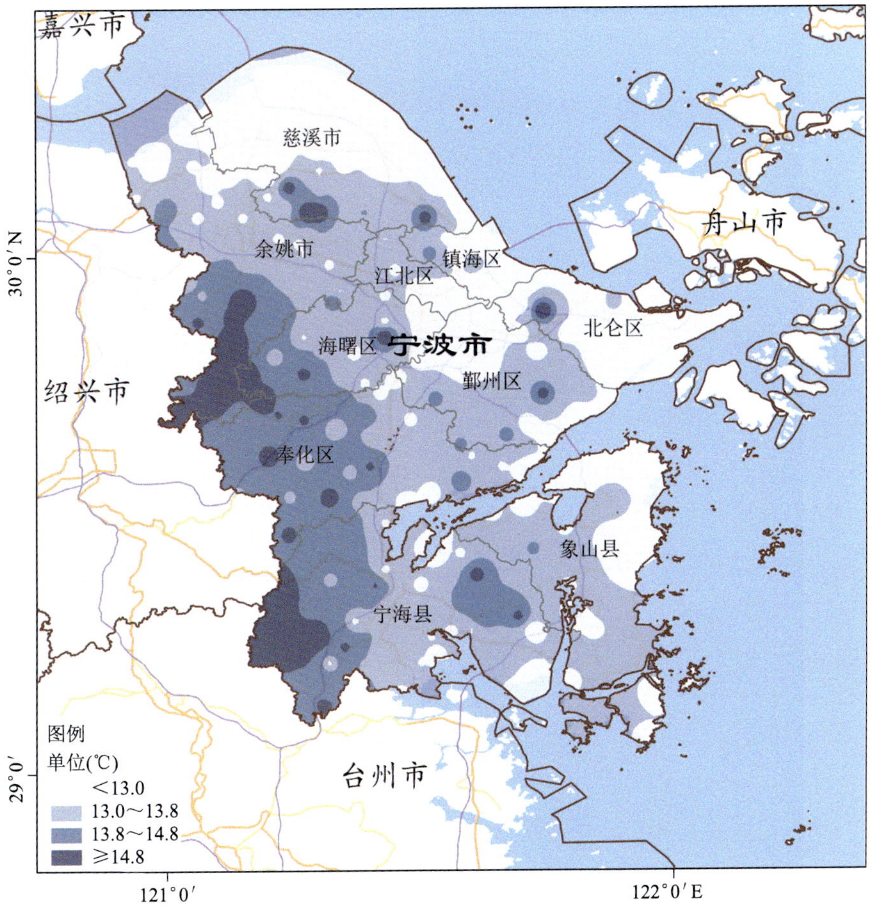

图 6.6 宁波市冷空气过程最大 48 h 降温幅度历年最大值分布图

6.2.1.2 霜冻

宁波市 1953—2020 年霜冻发生频数年际变化在 6～23 次（图 6.8），年均 14.1 次，1979 年发生频数最多，为 23 次，1973 年、1996 年次之，为 21 次；2007 年发生频数最少，为 6 次，2019 年次之，为 8 次。20 世纪 70 年代中期开始霜冻发生频数呈现下降趋势，到 21 世纪初略有上升，近几年又有所下降。

宁波市 1953—2020 年霜冻发生频数年代际变化（图 6.9）表明，20 世纪 70 年代发生频数最多，为 185 次，21 世纪前 10 a 发生频数最少，为 106 次。20 世纪 70 年代开始霜冻发生频数呈现下降趋势，近 10 年又有所上升。

宁波市 1953—2020 年按年和站点平均后的各月累计霜冻发生频数随季节变化明显（图 6.10），主要发生在 1—4 月和 10—12 月。其中，1—3 月和 11—12 月霜冻发生最为频繁，1 月发生次数最多，达 4.1 次，12 月次之，为 3.7 次；4 月发生次数较少，10 月霜冻发生次数最少，为 0.02 次。

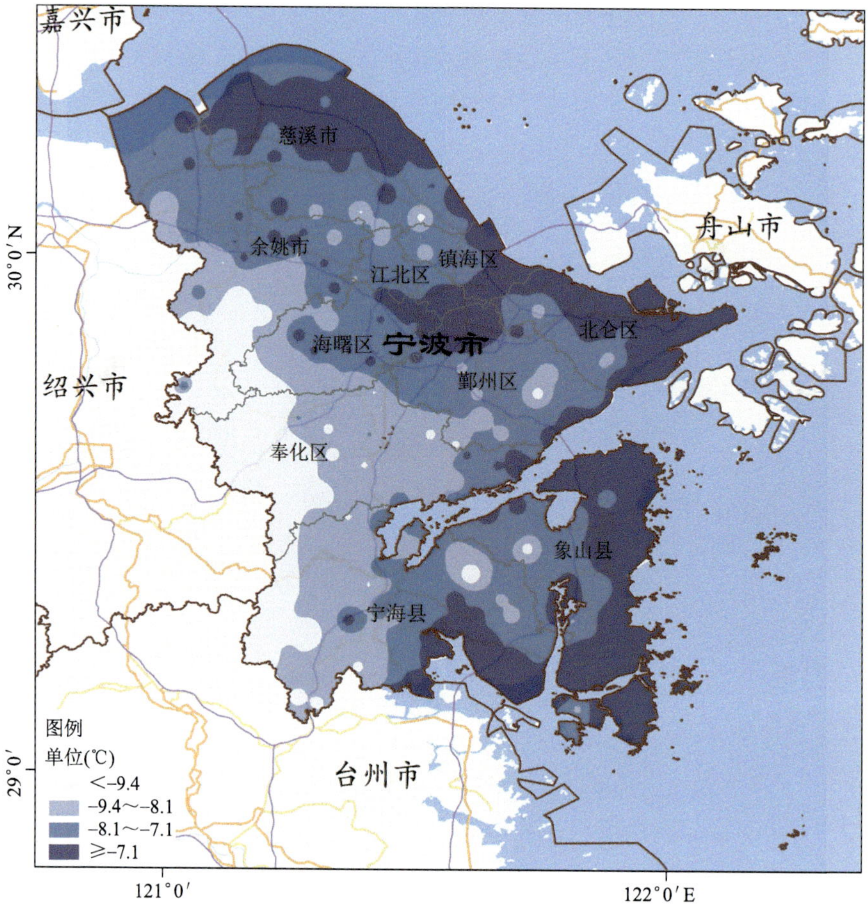

图 6.7　宁波市冷空气过程极端最低气温历年最小值分布图

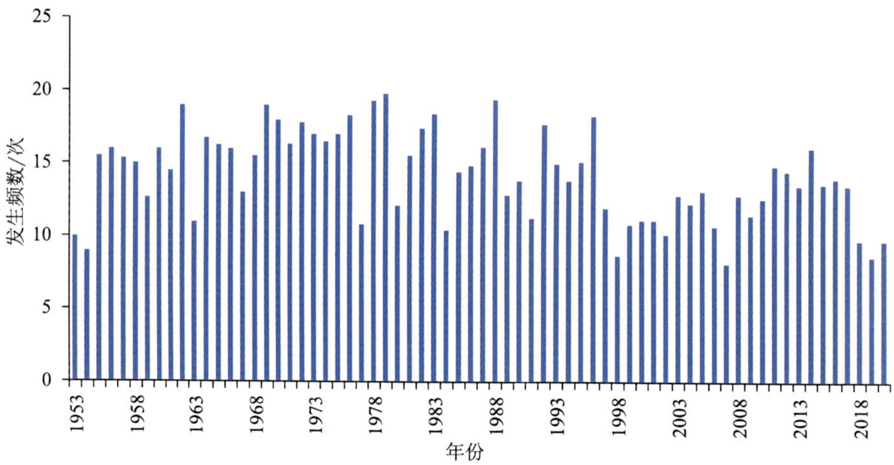

图 6.8　宁波市霜冻发生频数年际变化

宁波市霜冻过程平均日最低气温极小值年际变化范围在－4.8～－0.5 ℃(图 6.11),年均－2.2 ℃,20 世纪呈波动上升趋势,但本世纪初开始又有所下降,极小值最低的年份是 1968、2016 年,为－4.8 ℃,其次是 1963 年,为－4.3 ℃;最高是 2019 年,为－0.5 ℃。

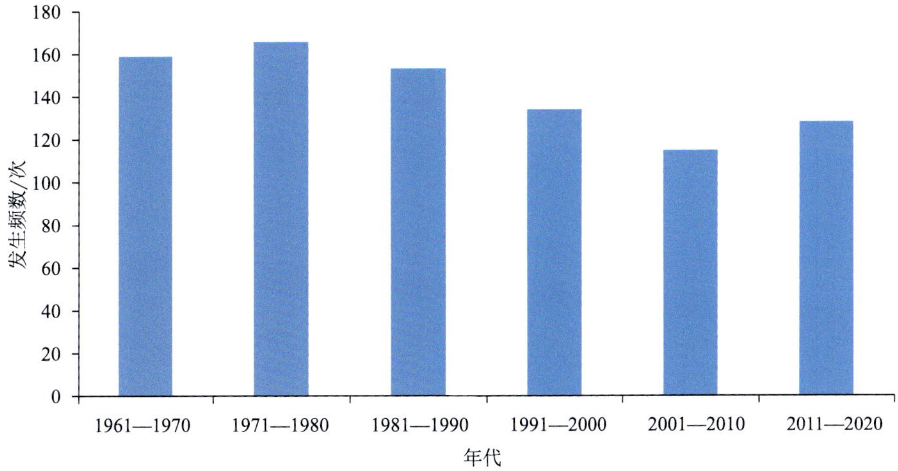

图 6.9 宁波市霜冻发生频数年代际变化

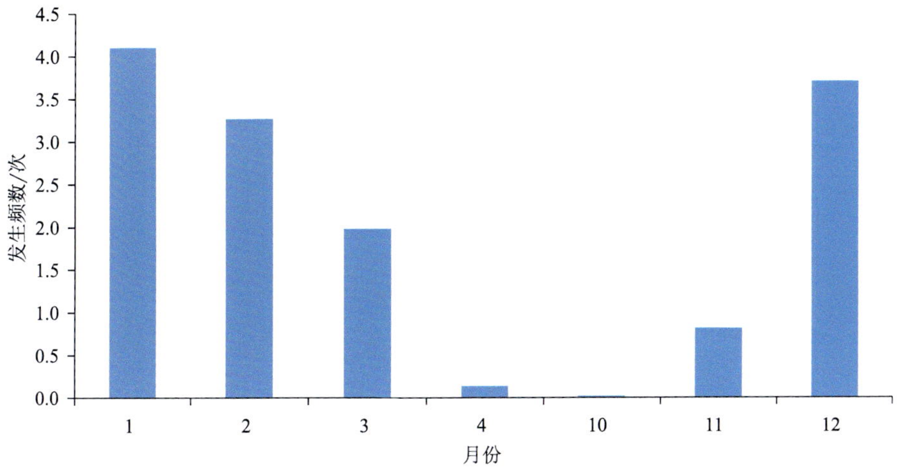

图 6.10 宁波市霜冻站均发生频数月际变化

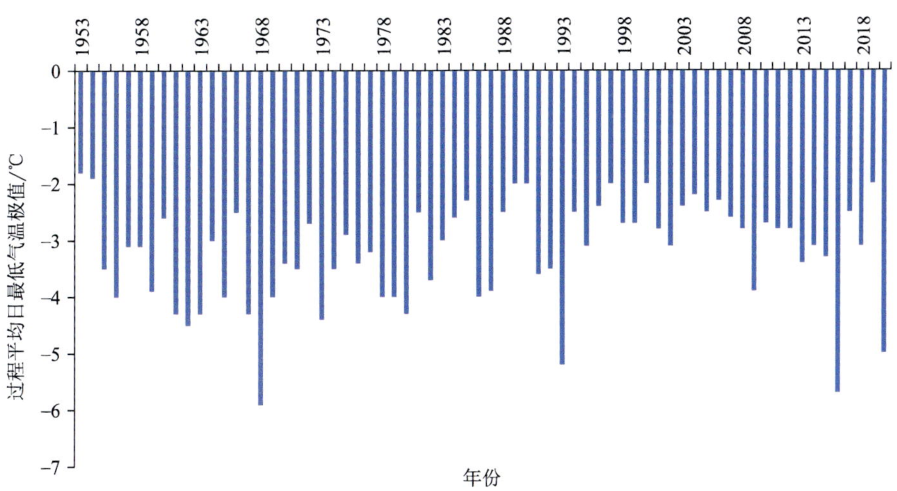

图 6.11 宁波市霜冻过程平均日最低气温极小值年际变化

宁波市霜冻过程持续时间极大值年际变化如图 6.12 所示。霜冻过程持续时间大致分为 20 世纪 80 年代前和 80 年代后两段，分别比较平稳。2015 年过程持续时间最短，为 3 d，2019 和 2020 年次之，为 5 d；1983 年过程持续时间最长，为 44 d，1962 年次之，为 39 d。

2006—2020 年宁波市霜冻致灾因子中，霜冻期日平均气温历年最小值空间分布(图 6.13)

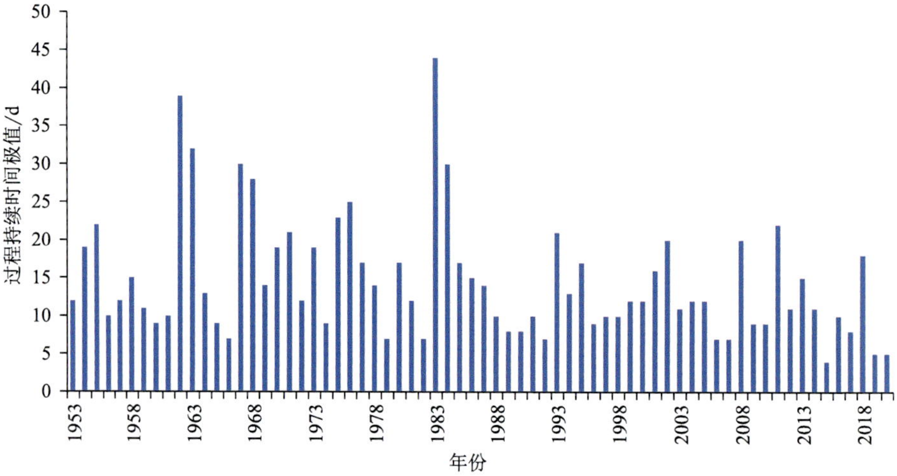

图 6.12　宁波市霜冻过程持续时间极大值年际变化

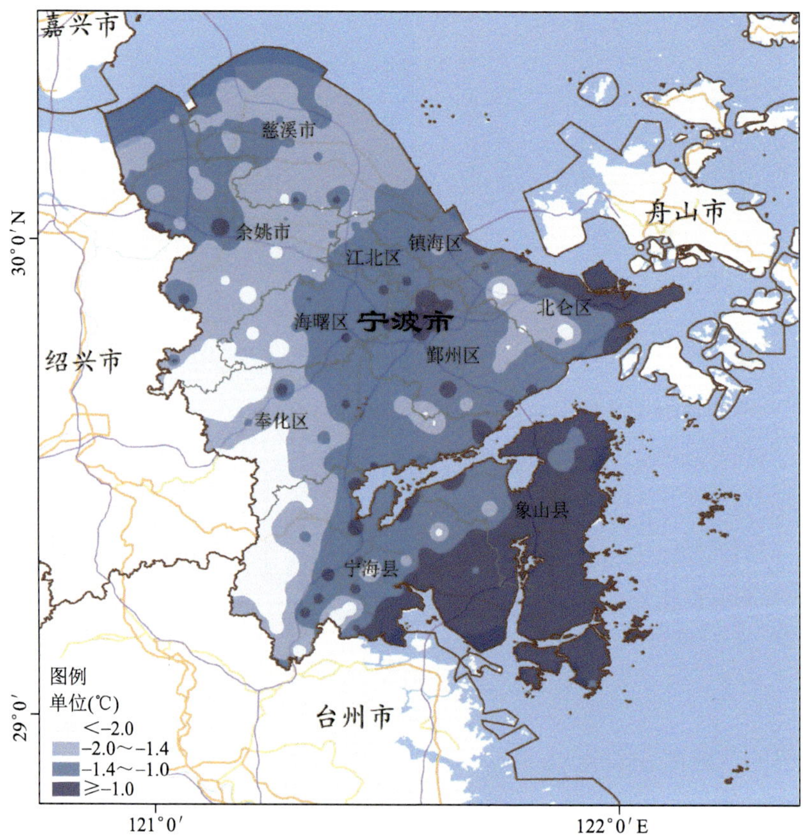

图 6.13　宁波市霜冻期日平均气温历年最小值分布图

呈现出西部山区低、东部沿海高的趋势，其中余姚市南部、海曙区西部、奉化区西部到宁海县西部的高海拔地区最低，低于－2 ℃，北仑区东部、象山县全部和宁海县东南部最高，高于－1 ℃；霜冻期平均日最低气温历年最小值空间分布(图 6.14)呈现出西部山区低、平原和东部沿海高的趋势，其中余姚南部、海曙西部、奉化西部到宁海西部的高海拔地区最低，低于－5.7 ℃，余姚和慈溪市北部、北仑区东部、象山县及宁海县东南部最高，高于－4.7 ℃。

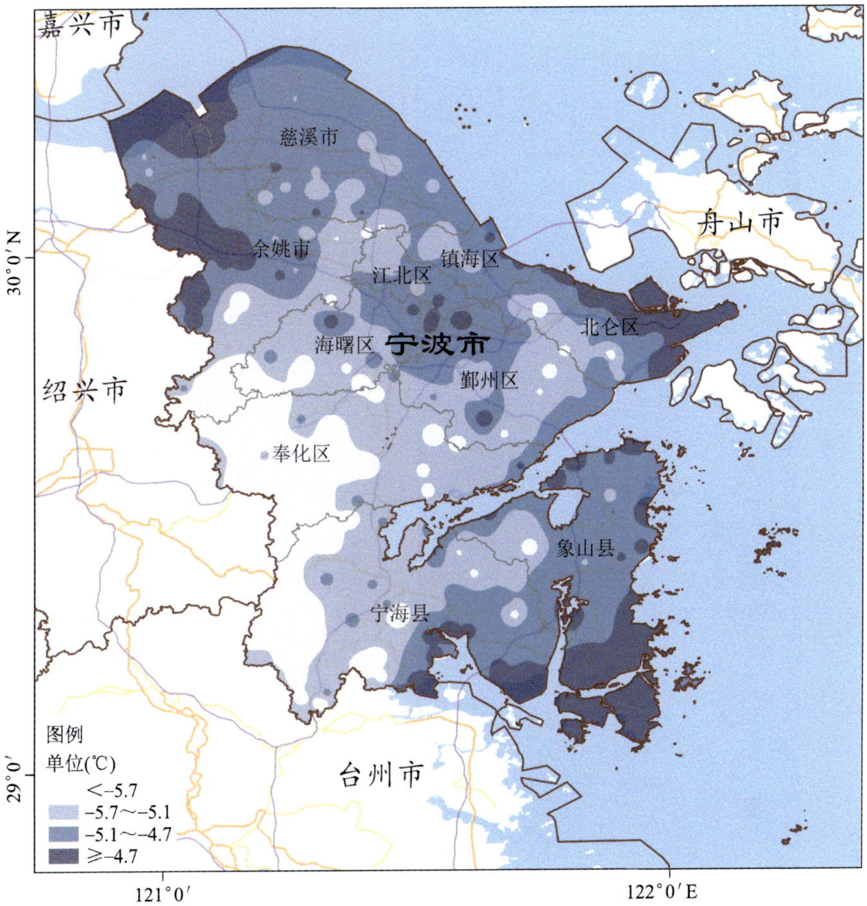

图 6.14　宁波市霜冻期平均日最低气温历年最小值分布图

6.2.1.3　倒春寒

宁波市 1953—2020 年倒春寒发生频数年均近 1.0 次，年际变化(图 6.15)总体呈下降趋势，特别是 21 世纪比 20 世纪发生频数明显减少；倒春寒各年代发生频数也呈现下降趋势(图 6.16)，其中 20 世纪 60—80 年代为相对偏多期，90 年代以后为偏少期，发生频数下降趋势明显，21 世纪 10 年代最少，仅发生 2.9 次(各年代发生频数的均值为 8.8 次)。

宁波市 1953—2020 年倒春寒过程日平均气温极(低)值多年平均 7.2 ℃，无明显年际变化趋势(图 6.17)，但 21 世纪较多年份没有出现倒春寒；过程持续时间极值多年平均 2.8 d(图 6.18)，21 世纪相对 20 世纪有所缩减。总体来说，21 世纪倒春寒的发生频数、持续时间极值均比 20 世纪低，说明 21 世纪倒春寒明显减弱。

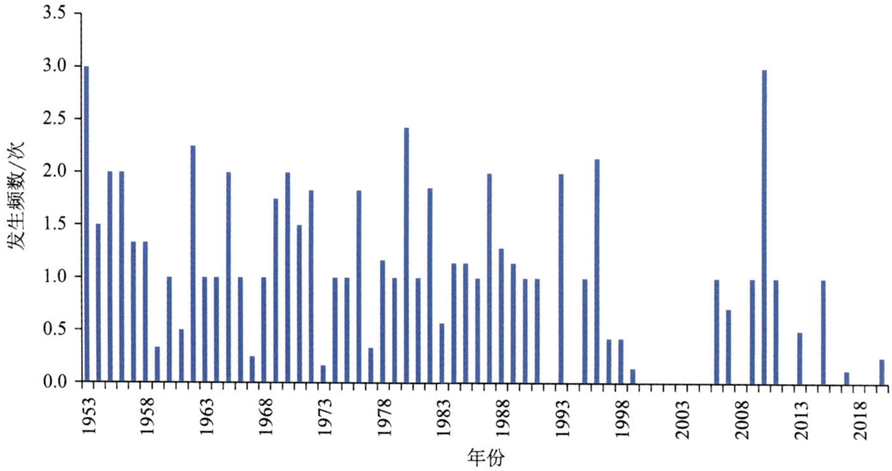

图 6.15　宁波市倒春寒发生频数年际变化

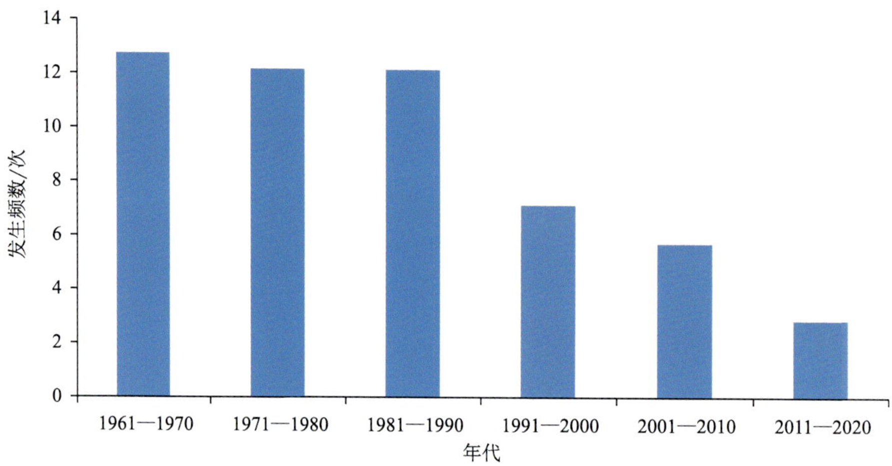

图 6.16　宁波市倒春寒发生频数年代际变化

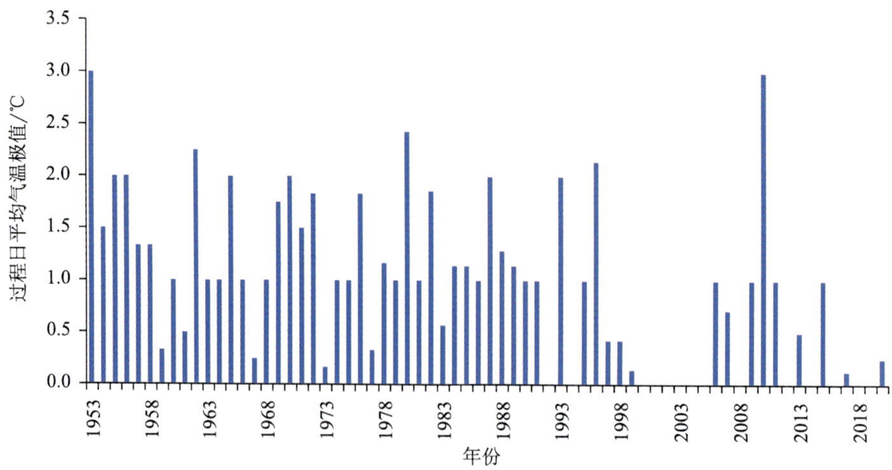

图 6.17　宁波市倒春寒过程日平均气温极值年际变化

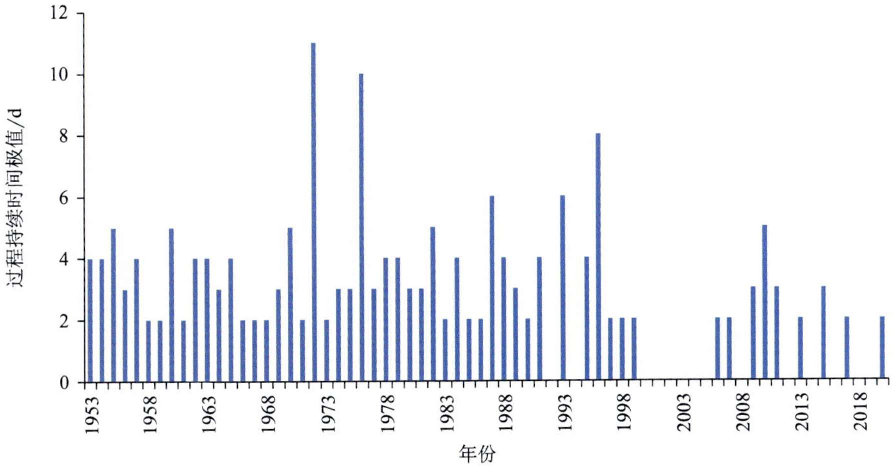

图 6.18 宁波市倒春寒过程持续时间极值年际变化

2006—2020 年宁波市倒春寒致灾因子中，倒春寒过程日平均气温历年最小值(图 6.19)与倒春寒持续日数历年最大值(图 6.20)的空间分布十分相似，均呈现出西部山区气温低持续时间长、北部和东部沿海气温高持续时间短的趋势，其中余姚南部、海曙西部、奉化西部到宁海西

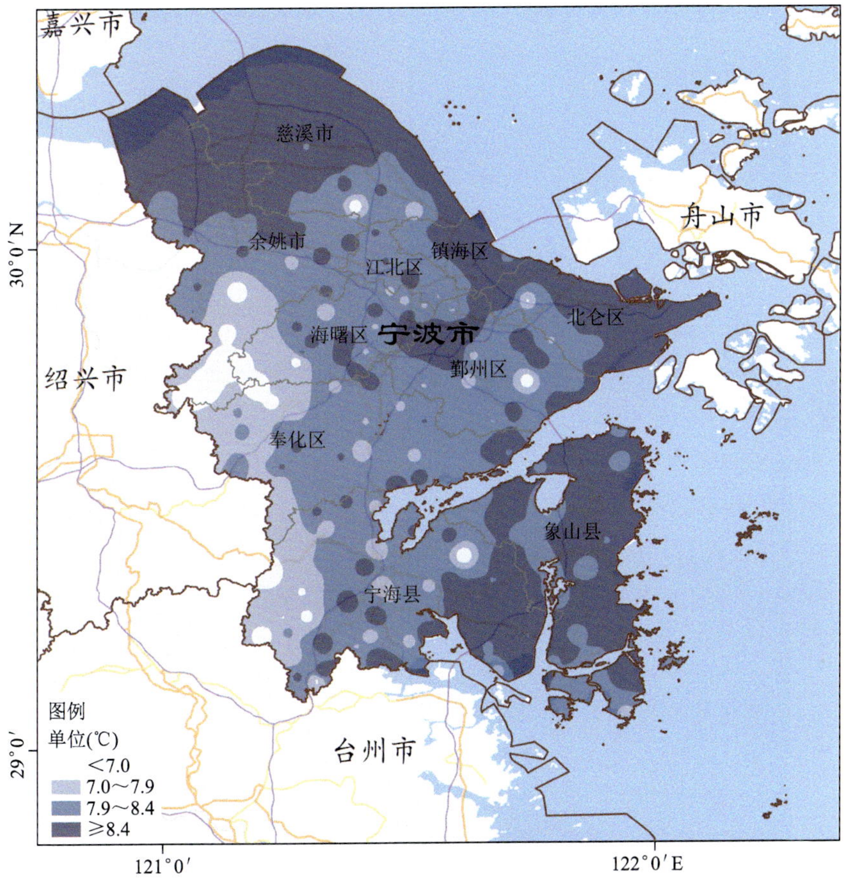

图 6.19 宁波市倒春寒过程日平均气温历年最小值分布图

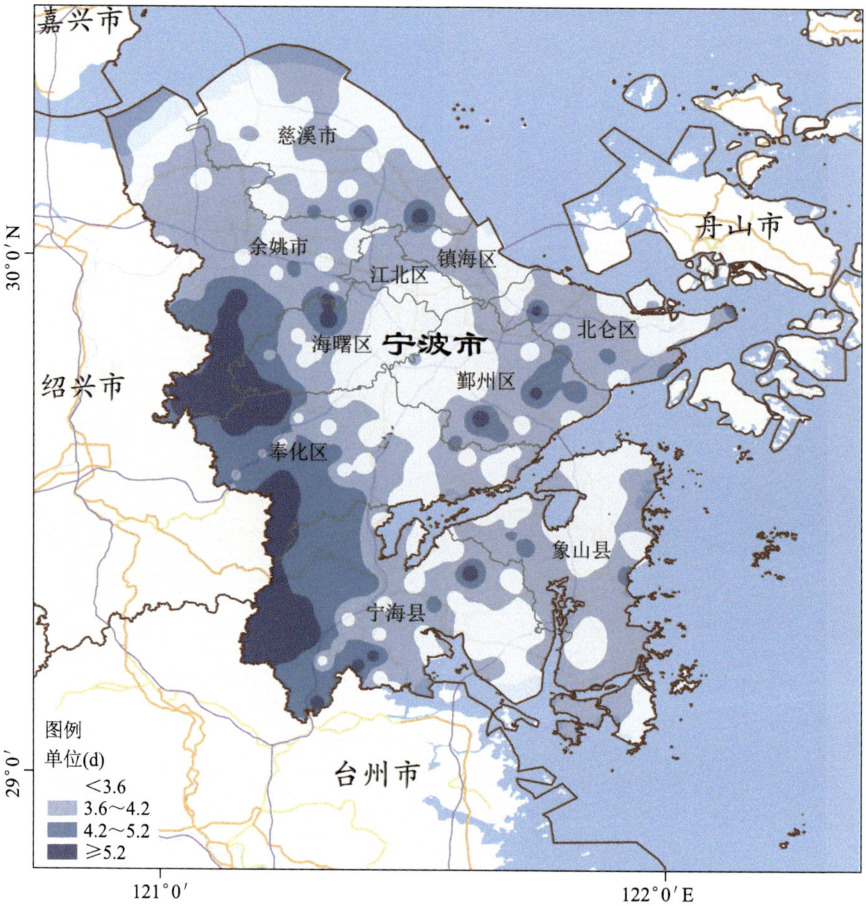

图 6.20 宁波市倒春寒持续日数历年最大值分布图

部的高海拔地区最低气温低、倒春寒持续时间最长，慈溪市和余姚市北部、象山县、北仑区和镇海区沿海地区一带最低气温高、倒春寒持续时间短，其余地区介于两者之间。

6.2.1.4 低温阴雨寡照

宁波市 1953—2020 年低温阴雨寡照发生频数年均 7.8 次（图 6.21），变化范围在 3～12 次，1976 年发生频数最多，为 11.7 次，1970 年次之，为 11.5 次；1990 年最少，为 4 次（1953 年只有鄞州一个站且没有日照资料，故不具有代表性）。

宁波市 1953—2020 年低温阴雨寡照年代际发生频数中（图 6.22），20 世纪 90 年代最多，为 86 次，21 世纪 10 年代最少。为 68.4 次。

宁波市 1953—2020 年按年和站点平均后的各月累计低温阴雨寡照发生频数（图 6.23）随季节变化明显，主要发生在冬半年，1—3 月和 12 月发生较为频繁，12 月发生次数最多，达到 2.1 次，1 月次之，为 1.9 次；4 月发生次数最少，为 0.3 次。

宁波市低温阴雨寡照过程日平均气温极小值年均 2.8 ℃（图 6.24），变化范围在－0.9～6.9 ℃之间，20 世纪 60、70 年代最低，之后呈现小幅波动上升趋势。过程平均日最低气温极小值最低的年份是 1980 年，为－0.9 ℃，其次是 2003 年，为－0.6 ℃；最高的年份是 2019 年，为 6.9 ℃，其次是 1953 年，为 6.3 ℃。

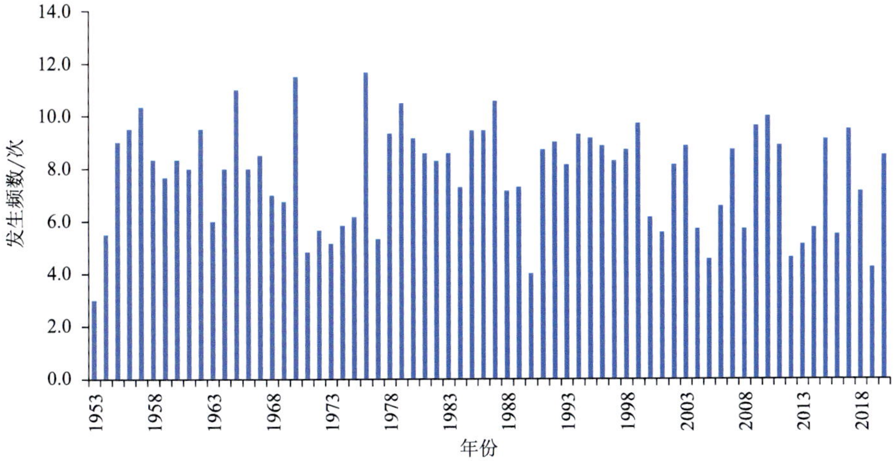

图 6.21　宁波市低温阴雨寡照发生频数年际变化

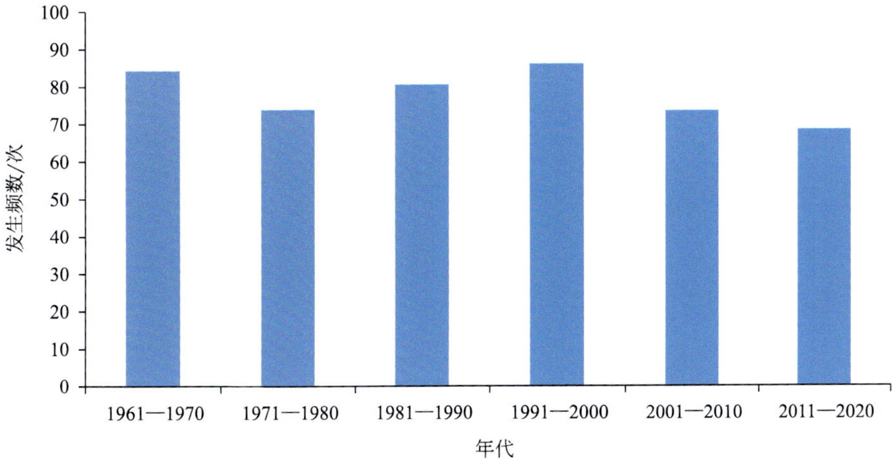

图 6.22　宁波市低温阴雨寡照发生频数年代际变化

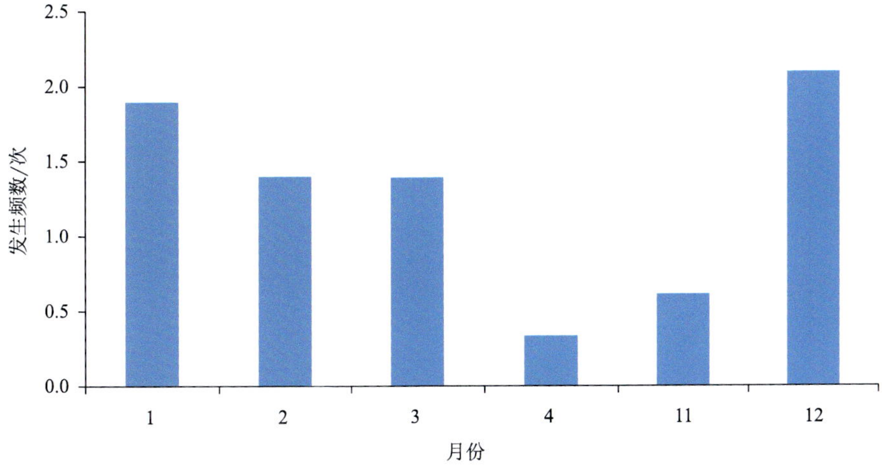

图 6.23　宁波市低温阴雨寡照发生频数月际变化

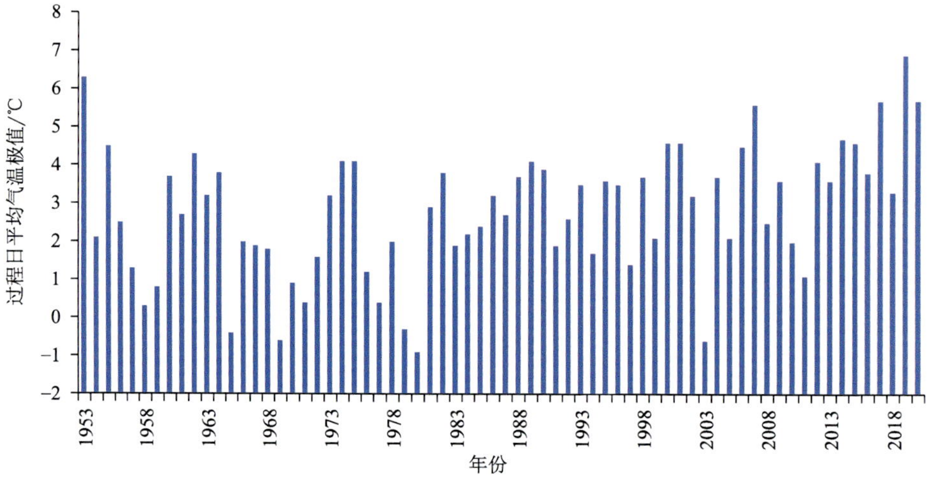

图 6.24　宁波市低温阴雨寡照过程日平均气温极小值年际变化

宁波市低温阴雨寡照过程累积降水量极大值总体呈波动上升趋势(图 6.25),1963 年最小,为 47.6 mm;1995 年次之,为 52.2 mm;2018 年最大,为 389.1 mm;2011 年次之,为 368.6 mm。近 20 年低温阴雨寡照降水强度呈增强趋势。

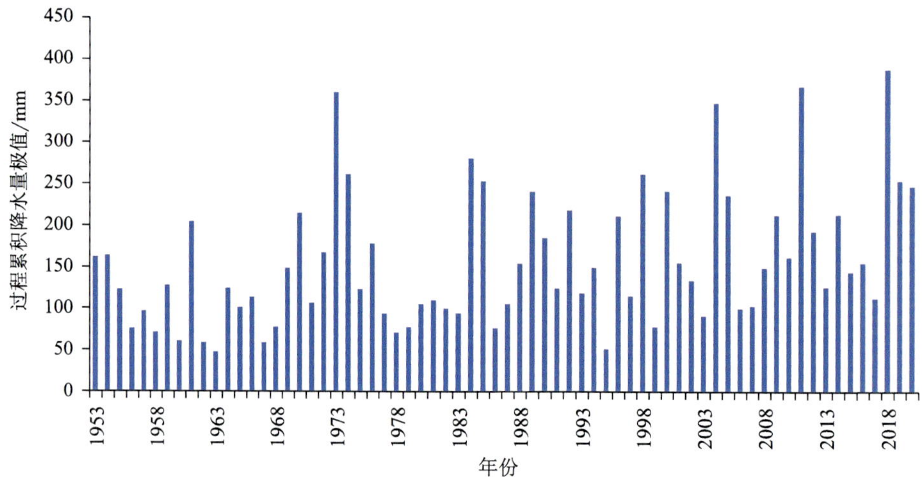

图 6.25　宁波市低温阴雨寡照过程累积降水量极大值年际变化

2006—2020 年宁波市低温阴雨寡照致灾因子中,低温阴雨寡照过程累积降水历年最大值(图 6.26)空间分布呈现出北部降水量大、中部和南部降水量小的趋势,其中余姚市、慈溪市和镇海区的部分地区降水量超过 335 mm,而象山县大部和宁海县南部降水量小于 260 mm;低温阴雨寡照过程日平均气温历年最小值(图 6.27)空间分布显示为西部山区气温低于 1.4 ℃,其他地区由西北向东南递增,宁海县东部、象山县、北仑区东部的部分地区高于 3 ℃。

6.2.2　致灾危险性区划与评估

基于各类型低温灾害危险性评估结果,综合考虑行政区划(或气候区、流域等),对低温灾害危险性进行基于空间单元的划分,得到各类低温灾害的致灾危险性区划。

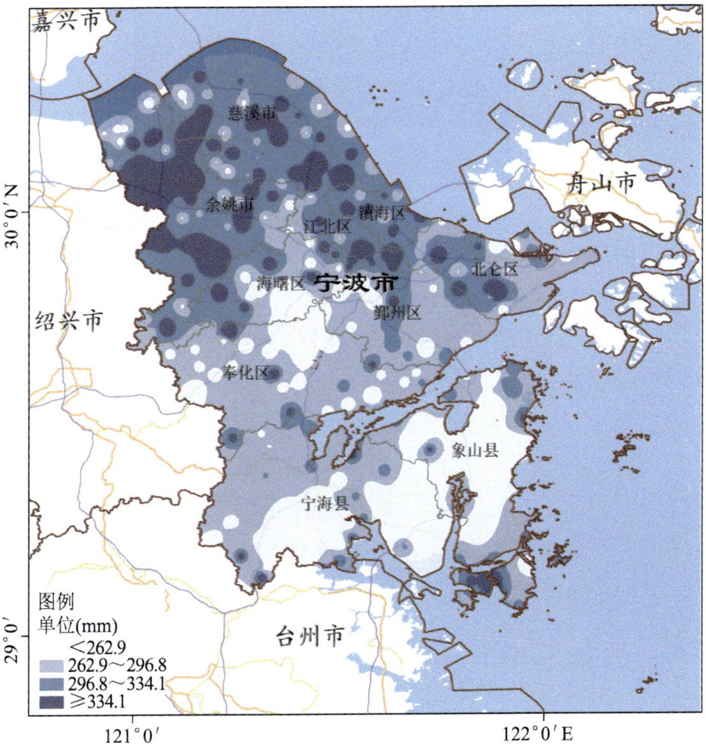

图 6.26 宁波市低温阴雨寡照过程累积降水历年最大值分布图

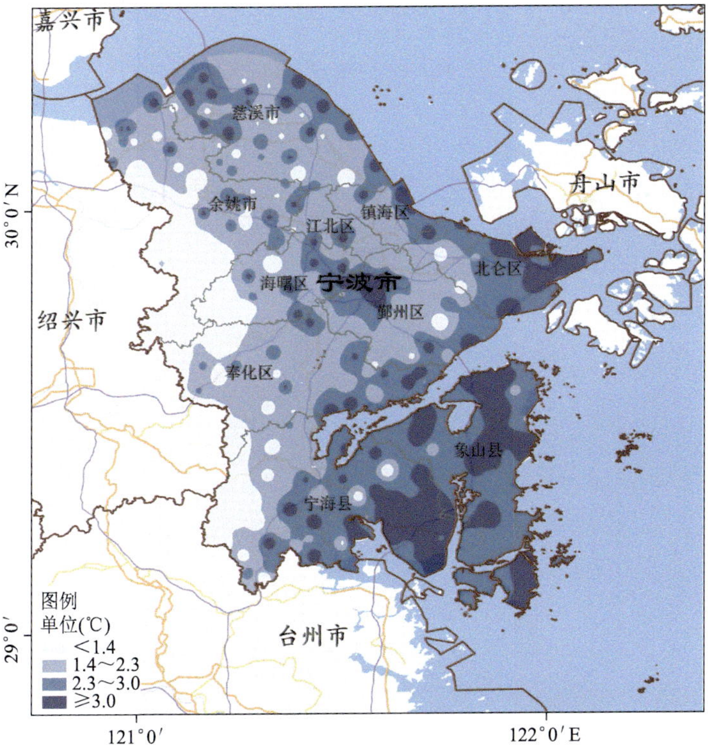

图 6.27 宁波市低温阴雨寡照过程日平均气温历年最小值分布图

6.2.2.1 方法概述

(1)冷空气

以过程持续时间、48 h 变温和日最低气温为主要因子，构建冷空气危险性指标如下：

$$H_{cold}=A\times D_{cold}+B\times \Delta T_{max}+C\times ET_{min} \tag{6.1}$$

式中，H_{cold} 为冷空气危险性指数，D_{cold}、ΔT_{max}、ET_{min} 分别为归一化的持续时间、过程 48 h 变温极值、过程日最低气温极值；A、B、C 为权重系数，分别为 0.1、0.5、0.4。

(2)霜冻

$$H_{frost}=A\times D_{frost}+B\times T_{ave}+C\times AT_{min} \tag{6.2}$$

式中，H_{frost} 为霜冻危险性指数；D_{frost}、T_{ave}、AT_{min} 分别是归一化后的霜冻日数、霜冻期平均气温、霜冻期平均最低气温；A、B、C 为权重系数，分别为 0.4、0.3、0.3。

(3)倒春寒

以过程平均气温和持续日数为主要因子，构建指标如下：

$$I_{CS}=A\times T_A+B\times D_S \tag{6.3}$$

式中，I_{CS} 表示倒春寒危险性指数；T_A、D_S 分别表示归一化的过程平均气温、过程持续日数；A、B 分别为权重系数，分别为 0.6528、0.3472。

(4)低温阴雨寡照

由于低温阴雨寡照灾害主要通过影响农作物光合作用而影响其生长，一般地，低温阴雨寡照持续时间越长，对农作物的损害越大。因而，选择满足定义限制条件下持续时间以及发生频次作为灾害危险性的表征指标。

$$H_{lowT}=A\times D_{lowT}+B\times P_{AS}+C\times T_{ave}+D\times P_{AP} \tag{6.4}$$

式中，H_{lowT} 表示低温阴雨寡照危险性指数；D_{lowT}、P_{AS}、T_{ave}、P_{AP} 分别表示归一化的灾害过程持续时间、过程平均日照时数、过程日平均气温、过程累积降水量；A、B、C、D 为权重系数，分别为 0.4、0.2、0.2、0.2。

(5)综合致灾危险性

低温灾害危险性计算公式如下：

$$H=A\times H_{cold}+B\times H_{frost}+C\times H_{VH}+D\times H_{lowT} \tag{6.5}$$

式中，H 为低温灾害综合危险性指数；H_{cold}、H_{frost}、H_{VH}、H_{lowT} 为归一化后的冷空气危险性指数、霜冻危险性指数、倒春寒危险性指数、低温阴雨寡照危险性指数；A、B、C、D 为权重系数，为 0.25、0.25、0.25、0.25。

(6)数据归一化方法

利用危险性指标，构建各子灾种危险性指数。鉴于各评价因子单位不同，为了消除各指标的量纲和数量级的差异，需要对每一个因子进行归一化处理。数据归一化处理方法见第 3.1.2.3 小节。

根据低温灾害危险性指标值分布特征，使用标准差、自然断点法等方法，将低温灾害危险性分为 4 级(表 6.2)。其中，H 为危险性指标值，ave 为区域内非 0 危险性指标值均值，σ 为区域内非 0 危险性指标值标准差。

表 6.2 低温灾害危险性等级划分标准

等级值	等级名称	标准
1	高危险性	$H \geqslant (\text{ave}+\sigma)$
2	较高危险性	$(\text{ave}+0.5\sigma) \leqslant H < (\text{ave}+\sigma)$
3	中危险性	$(\text{ave}-0.5\sigma) \leqslant H < (\text{ave}+0.5\sigma)$
4	低危险性	$H < (\text{ave}-0.5\sigma)$

6.2.2.2 冷空气危险性区划

2006—2020 年宁波市冷空气危险性空间分布(图 6.28)呈现西部山区高、北部和东部沿海地区低的趋势,其中从余姚市南部到宁海县西部的山区危险性大,为高等级;北部和东部沿海地区危险性较小,为较低等级,中间地带介于两者之间,为较高等级。

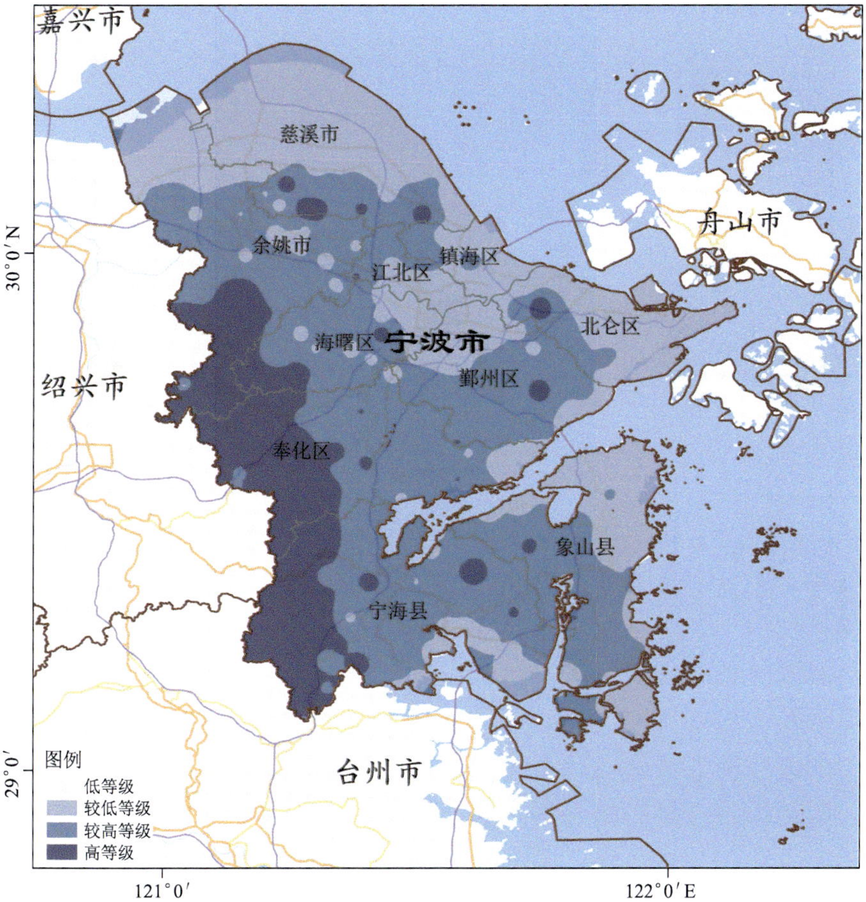

图 6.28 宁波市冷空气危险性分布图

6.2.2.3 霜冻危险性区划

2006—2020 年宁波市霜冻危险性空间分布(图 6.29)呈现出西部山区高、东部沿海地区低的趋势,其中从余姚市南部到宁海县西部的山区危险性大,为高等级;北仑东部和象山县及宁

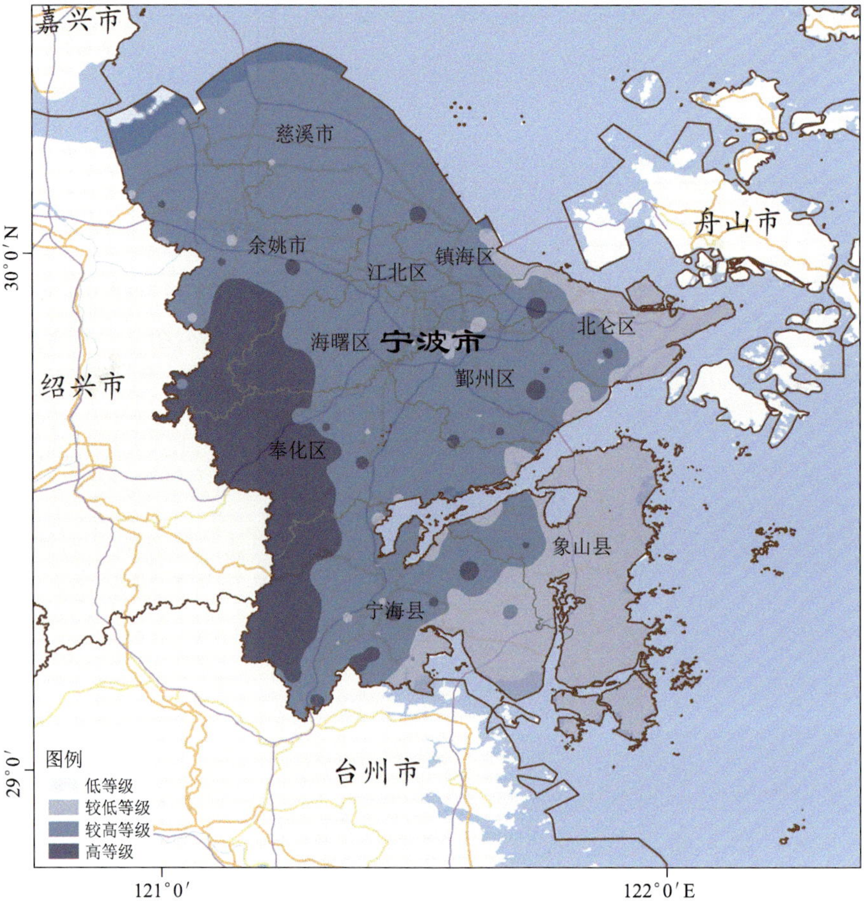

图 6.29 宁波市霜冻危险性分布图

海县东南部一带危险性较小，为较低等级，中间地带介于两者之间，为较高等级。

6.2.2.4 倒春寒危险性区划

2006—2020 年宁波市倒春寒危险性空间分布(图 6.30)呈现出西部山区高的趋势，其中余姚市南部、宁海县西部的山区各有 1 个高等级的中心，其周边地区为较高等级，其余地区为较低等级或低等级。

6.2.2.5 低温阴雨寡照危险性区划

2006—2020 年宁波市低温阴雨寡照危险性空间分布中(图 6.31)，北部的余姚市、慈溪市、镇海区、江北区及北仑区的部分地区危险性高，其余地区危险性普遍较低或低。

6.2.2.6 低温综合致灾危险性区划

2006—2020 年宁波市低温综合致灾危险性空间分布(图 6.32)呈现出西部山区危险性高、东部沿海地区危险性低的趋势，其中余姚南部、海曙西部、奉化西部到宁海西部的高海拔地区危险性高，北仑区东部、象山县和宁海县东南部一带危险性低，其余地区介于两者之间。

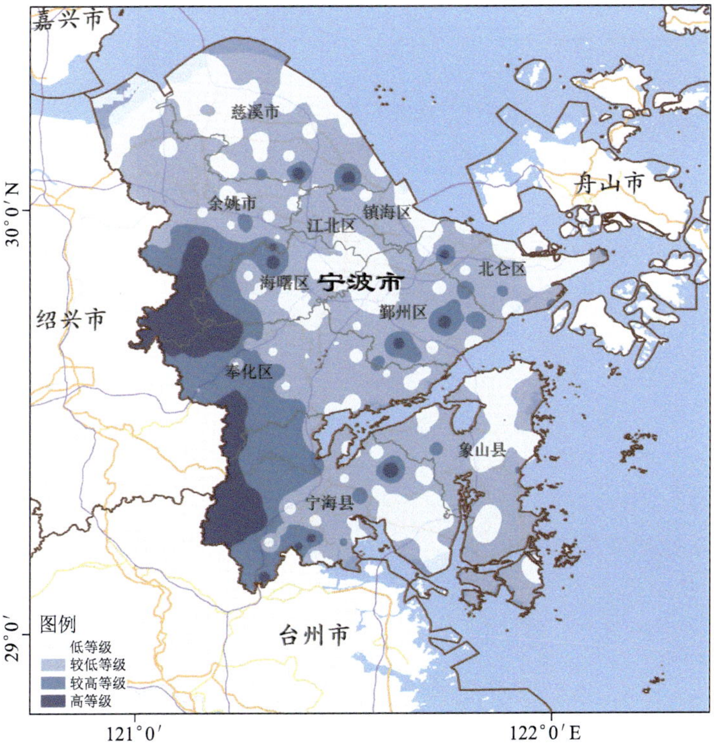

图 6.30 宁波市倒春寒危险性分布图

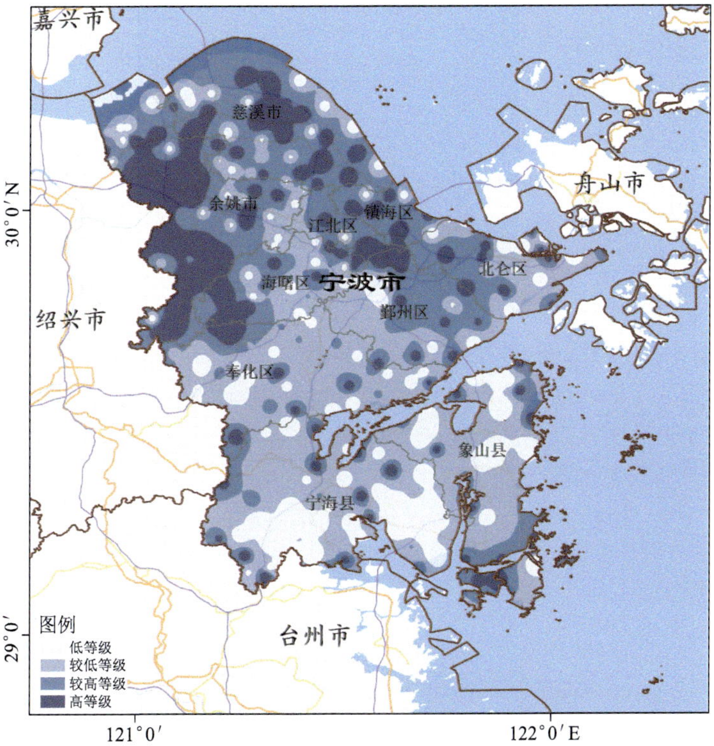

图 6.31 宁波市低温阴雨寡照危险性分布图

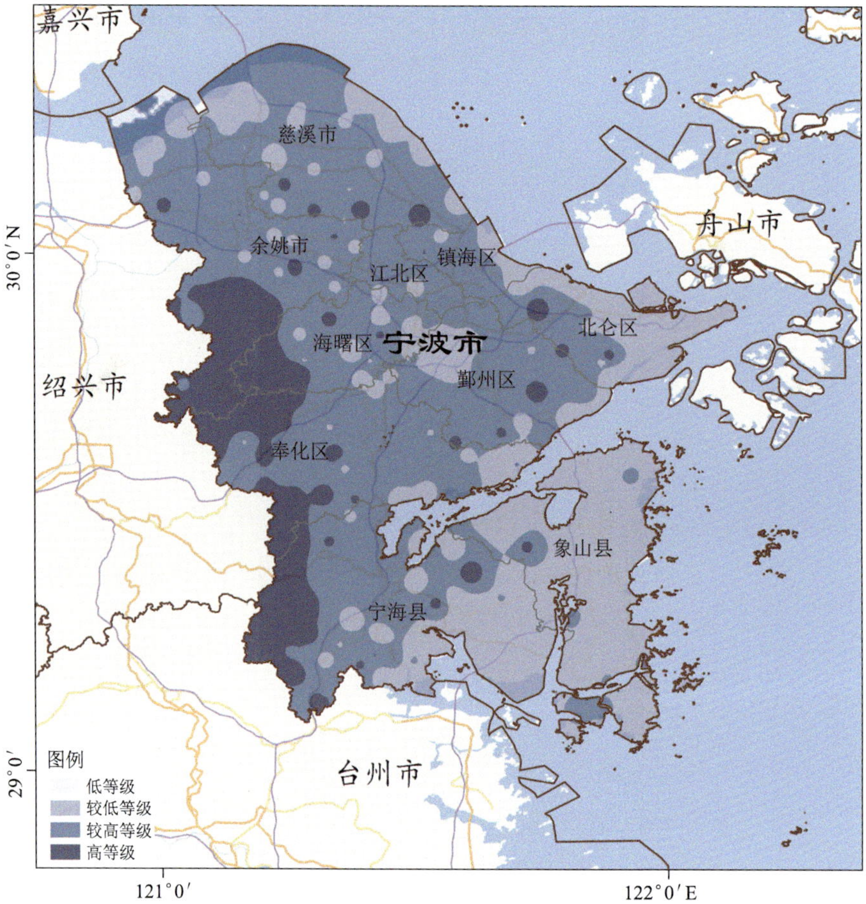

图 6.32 宁波市低温综合致灾危险性分布图

6.3 低温灾害风险评估与区划

6.3.1 承灾体暴露度评估

人口、经济承灾体暴露度评估详见附录 B。

6.3.2 承灾体脆弱性评估

6.3.2.1 人口脆弱性评估区划

随着社会经济发展，人们对低温灾害防御能力加强，假设各类人群在当前防御水平下，脆弱性均一，权重均一，即 V_{pop} 为 1。

6.3.2.2 经济脆弱性评估方法

假设经济综合脆弱性包含第一、二、三产业的经济脆弱性，且低温在对第一产业造成的损失很大程度上来源于种植业，近似以研究区内种植业生产总值与 GDP 的比值来表征第一产业经济脆弱性；假设灾害对第二、三产业的影响主要来源于对劳动力主体的直接或间接影响产生，近似以该地区标准化人口密度来表征第二、三产业经济脆弱性。计算公式见第 2.3.2 节式(2.8)～式(2.10)。

6.3.2.3　经济脆弱性评估区划

宁波市低温灾害 GDP 脆弱性空间分布(图 6.33)呈现城市中心低、山区等偏远地区高的趋势，与 GDP 暴露度空间分布呈反向，越远离城市中心的地区第一产业分布相对广泛，人口稀疏，脆弱性越强，灾害冲击下越难恢复，其中北部平原地区、各区(县、市)行政中心所在地的脆弱性最低，其余地区为中等级。

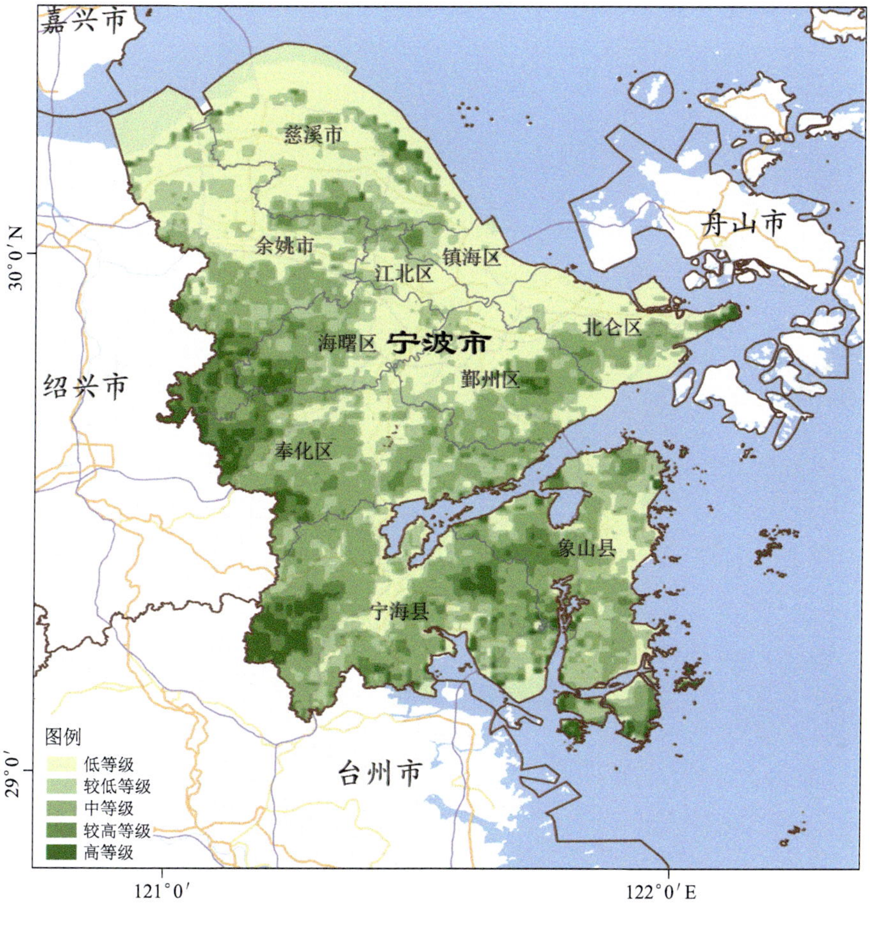

图 6.33　宁波市低温灾害 GDP 脆弱性分布图

6.3.3　风险评估

6.3.3.1　方法概述

由于低温灾害涉及冷空气(寒潮)、霜冻、低温阴雨寡照、倒春寒等灾害类型，根据本地实际情况选择不同种类低温灾害，结合对不同承灾体暴露度和脆弱性评估结果，基于低温灾害风险评估模型，分别对各类低温灾害开展风险评估工作，同时基于前述计算的考虑各类型低温灾害的危险性指数，对低温灾害整体开展风险评估工作。低温灾害风险评估模型如下：

$$R = H \times V \times E \tag{6.6}$$

式中，R 为特定承灾体低温灾害风险评价指数，H 为致灾因子危险性指数，E 为承灾体暴露度指数，V 为脆弱性指数。针对不同承灾体，V、E 分别用不同承灾体的相应指标 V_{GDP}、V_{pop}、E_{GDP}、E_{pop} 代替。

6.3.3.2 低温灾害人口风险评估与区划

宁波市低温灾害受灾人口综合风险空间分布（图 6.34）呈周边地区低、城市中心高的趋势，受低温灾害人口暴露度空间分布影响最大，城市边缘受低温综合致灾危险性影响，其中老三区、各区（县、市）行政中心所在地受灾人口综合风险最高，其余地区综合风险普遍为低等级。

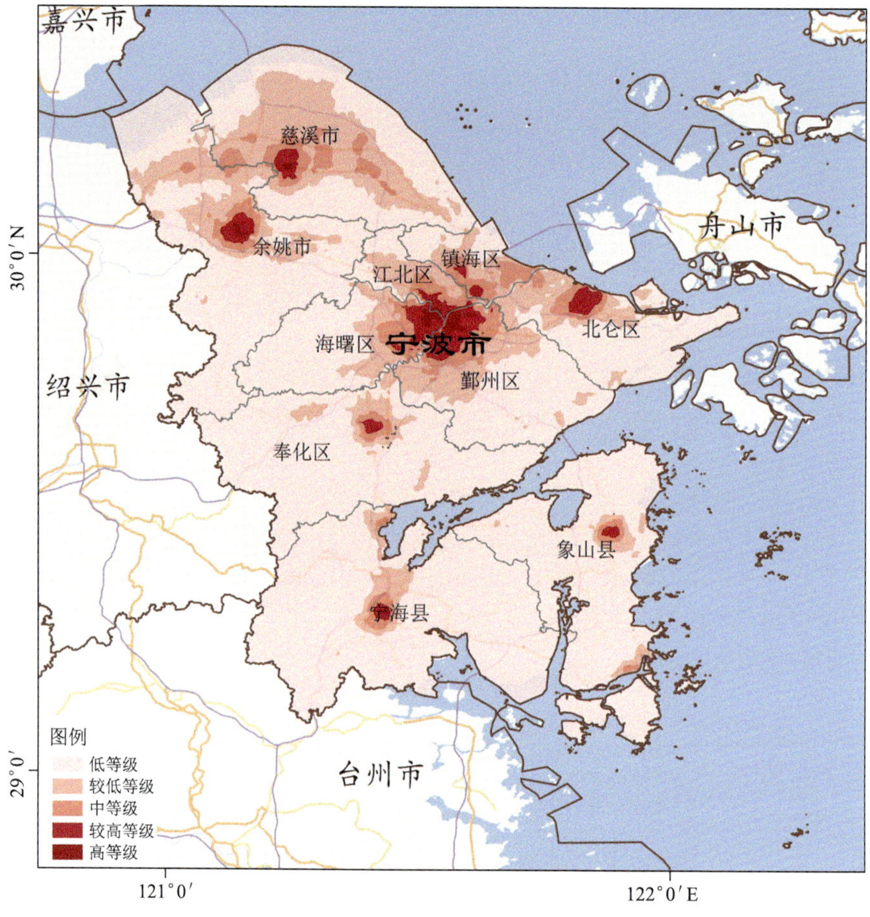

图 6.34 宁波市低温灾害受灾人口综合风险分布图

6.3.3.3 低温灾害 GDP 风险评估与区划

宁波市低温灾害 GDP 综合风险空间分布（图 6.35）也呈周边地区低、城市中心高的趋势，整体趋势受低温灾害 GDP 暴露度空间分布影响最大，城市边缘受到低温灾害 GDP 脆弱性、低温综合致灾危险性影响，其中老三区、各区（县、市）行政中心所在地综合风险最高，其余地区综合风险普遍为低等级。

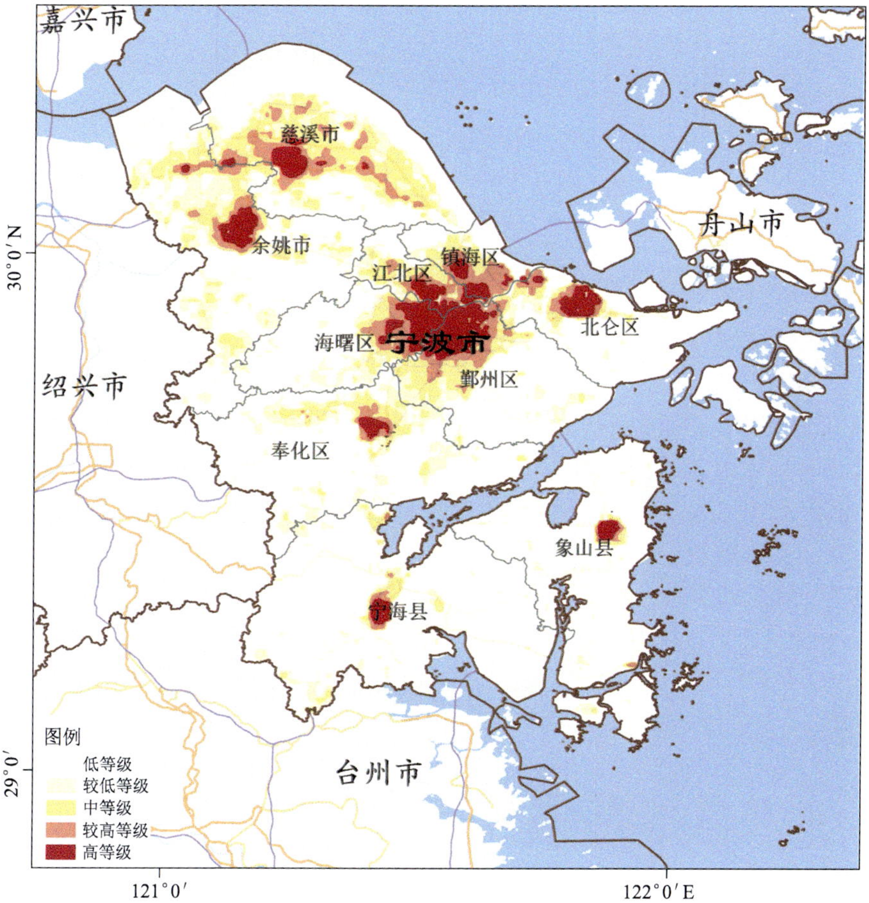

图 6.35　宁波市低温灾害 GDP 综合风险分布图

6.4　历史主要低温灾害事件

利用宁波市代表站鄞州国家气象站的致灾事件数据，根据 6.2.1 节中的致灾危险性评估方法，计算各类低温灾种的危险性指标，并根据表 6.2 对致灾事件进行等级划分。根据危险性指标排序，遴选出各灾种历史上 10 次相对较严重的灾害过程，并给出各次过程的气象统计特征值。

6.4.1　冷空气

利用鄞州国家气象站遴选出 1953—2020 年宁波市历史上 10 次相对较严重的冷空气灾害过程，表 6.3 为各次冷空气过程的气象统计特征值。

6.4.2　霜冻

利用鄞州国家气象站遴选出 1953—2020 年宁波市历史上 10 次相对较严重的霜冻灾害过程，表 6.4 为各次霜冻过程的气象统计特征值。

表 6.3 宁波市主要冷空气过程信息表

序号	开始时间	结束时间	冷空气持续时间/d	48 h 变温极值/℃	过程极端最低气温/℃	等级
1	1959-01-17	1959-01-18	2	9.6	−7.4	高危险性
2	1959-01-05	1959-01-06	2	8.9	−7.3	高危险性
3	2009-01-23	2009-01-25	3	11.2	−6.5	高危险性
4	1991-12-26	1991-12-30	5	8.0	−6.5	高危险性
5	2020-12-30	2021-01-01	3	9.5	−6.4	高危险性
6	1958-01-14	1958-01-16	3	11.4	−6.2	高危险性
7	1968-01-08	1968-01-09	2	11.7	−6.0	高危险性
8	1980-01-30	1980-01-31	2	14.2	−5.9	高危险性
9	1970-01-04	1970-01-05	2	12.4	−5.8	高危险性
10	1956-01-07	1956-01-08	2	9.6	−5.8	高危险性

表 6.4 宁波市主要霜冻信息表

序号	开始时间	结束时间	霜冻日数/d	霜冻期平均气温/℃	霜冻期平均最低气温/℃	等级
1	2016-01-23	2016-01-26	4	−1.0	−4.8	高危险性
2	1968-01-14	1968-01-16	3	1.3	−4.8	高危险性
3	1963-01-06	1963-02-06	32	1.2	−4.3	高危险性
4	1956-01-07	1956-01-15	9	0.7	−4.0	高危险性
5	1956-01-22	1956-01-29	8	0.8	−4.0	高危险性
6	1968-01-08	1968-01-09	2	0.7	−3.9	高危险性
7	1959-01-16	1959-01-24	9	1.3	−3.7	高危险性
8	2020-12-30	2021-01-03	5	0.8	−3.7	高危险性
9	1955-01-03	1955-01-24	22	0.3	−3.5	高危险性
10	1973-12-22	1974-01-09	19	2.3	−3.5	高危险性

6.4.3 倒春寒

利用鄞州国家气象站遴选出1953—2020年宁波市历史上10次相对较严重的倒春寒灾害过程，表6.5为各次倒春寒过程的气象统计特征值。

表 6.5 宁波市主要倒春寒过程信息表

序号	开始时间	结束时间	过程平均气温/℃	过程持续日数/d	等级
1	1972-04-01	1972-04-05	8.1	5	高危险性
2	1987-04-01	1987-04-03	7.3	3	高危险性
3	1969-04-04	1969-04-05	6.9	2	高危险性
4	1996-04-01	1996-04-05	8.3	5	高危险性
5	1991-04-01	1991-04-04	7.9	4	高危险性

续表

序号	开始时间	结束时间	过程平均气温/℃	过程持续日数/d	等级
6	1987-04-11	1987-04-16	8.8	6	高危险性
7	1962-04-03	1962-04-05	7.7	3	高危险性
8	1996-04-09	1996-04-15	9.6	7	高危险性
9	1970-04-01	1970-04-05	8.8	5	高危险性
10	1976-04-01	1976-04-05	8.9	5	高危险性

6.4.4 低温阴雨寡照

利用鄞州国家气象站遴选出 1953—2020 年宁波市历史上 10 次相对较严重的低温阴雨寡照灾害过程，表 6.6 为各次低温阴雨寡照过程的气象统计特征值。

表 6.6 宁波市主要低温阴雨寡照过程信息表

序号	开始时间	结束时间	持续时间/d	过程日平均气温/℃	过程平均日照时数/h	过程累积降水量/mm	等级
1	1984-01-15	1984-03-17	63	4.1	2.6	213.0	高危险性
2	2011-12-26	2012-02-21	58	5.4	2.4	170.3	高危险性
3	2000-01-06	2000-03-02	57	5.3	2.1	175.2	高危险性
4	1953-12-17	1954-02-10	56	6.3	3.0	162.8	高危险性
5	2005-01-19	2005-03-07	48	5.4	2.7	237.1	高危险性
6	1974-12-03	1975-01-18	47	5.9	2.9	130.0	高危险性
7	1990-12-27	1991-02-08	44	5.5	1.8	106.4	高危险性
8	1982-01-21	1982-03-03	42	5.6	2.5	92.8	高危险性
9	2008-01-12	2008-02-21	41	2.9	2.9	104.1	高危险性
10	1972-01-25	1972-03-04	40	3.2	2.9	144.3	高危险性

6.4.5 历史灾害事件

1958 年：5 月 1—23 日全市多阴雨，降水量北部 200 mm 左右，南部 250 mm，雨日为 15～17 d，气温比常年偏低 2 ℃以上，日照时数不足常年一半，全市早稻稻瘟病盛行，慈溪县苗瘟、叶瘟达 18.1%，穗发率 1.2%，损失 1020 t。

1970 年：8 月 29 日—9 月 10 日几乎天天有雨，气温偏高，晚稻病害重，慈溪市稻瘟病穗发率 36.4%～100%，中度瘟 0.93 万 hm^2，叶瘟 0.40 万 hm^2，冬糯稻、“农垦 58”发病严重，损失 2575 t；另外，棉花因阴雨多、日照少，烂铃率达 50%以上。

1975 年：4 月 5—20 日连续阴雨，特别是中旬连日无光照，油菜严重渍害单产低，早稻秧田板结移栽迟，麦类赤霉病大流行，大小麦严重减产。

1981 年：9 月 10—14 日低温连阴雨，连续 3 d≤20 ℃的秋季低温初日比历年提早 21 d，晚稻抽穗延迟、结实率降低，棉花烂铃，20～26 日连续阴雨寡照，粮棉作物受淹，全市因稻瘟病损失粮食 22185 t，慈溪市棉花烂铃 65.5%，并诱发 1.77 万 hm^2 棉花枯萎病。

1998年:1997年11月13日至1998年3月出现罕见的冬汛连春汛。1997年11月13日—12月7日,全市连续阴雨,总雨量平均为230.1 mm,临近隆冬的12月19日开始—1998年3月又是阴雨绵绵,日照极少,期间出现了5次长连阴雨间有大雨暴雨天气,1997年11月中旬—1998年2月中旬连续10旬雨水明显偏多,鄞县总雨量达615.7 mm,是常年的302%。罕见的冬汛、春汛使江河水位奇高,水库满蓄,全市24处千万立方米以上水库有10处超控制水位,余姚四明湖水库出现了自建库以来的最高水位,超出1994年6月24日梅涝洪水位1 cm;绝大多数平原地区严重积水,低洼地区形成水涝,不仅当年晚稻丰产不丰收,而且使得全市高标准海塘建设、修复等工程进度放慢,并造成橘子花芽分化不良,春花作物遭受严重渍害。

2014年:8月出现持续低温阴雨寡照天气,期间除少数时段出现短时间日照外,其余时段多为连阴雨,主要特点如下:①8月宁波的平均降水量317 mm,较常年偏多6.5成,为1956年以来第2多,其中鄞州破历史最多纪录;全市平均降水日数20 d,较常年偏多5 d,为历史排名第4多;②8月宁波平均日照时数109 h,仅为常年5成,为历史同期第2少。积温、日照均异常偏少造成晚稻生长量不足,7月底以后插种的双季晚稻分蘖偏少,适温高湿的气象条件较有利于“两迁”害虫和稻瘟病的暴发,单季晚稻病虫害局部大发生,且连续降水造成防治困难,部分田块绝收。

2016年:1月20—25日受“霸王级”寒潮影响,宁波市出现历史罕见的低温雨雪冰冻天气,整个过程0 ℃以下低温持续50 h以上,过程最低气温平原−8～−6 ℃,西部山区−14～−10 ℃,余姚、鄞州、奉化、宁海等部分山区积雪深度达20～50 cm,宁波沿海海面出现9～11级、沿海地区和杭州湾8～9级、内陆7～8级的西北大风,持续时间近60 h。受其影响,全市农、林、渔业不同程度受损,据不完全统计,全市农业受灾面积2773 hm^2,经济损失4960万元,林业受灾面积19673 hm^2,经济损失1.72亿元,水产养殖经济损失825万元。

第 7 章　冷空气大风

大风，是指由非台风天气系统导致的日极大风速达 17.2 m/s(8 级)及以上的风，包括冷空气大风、雷暴大风等。大风灾害破坏严重，直接危害包括房屋倒塌、建筑物受损，刮翻车辆、形成交通事故，威胁航道、导致船舶翻沉，以及作物倒伏、造成农业减产和绝收等；间接危害包括助长森林火灾、引起风暴潮等。本书中的冷空气大风是指由非台风天气系统、非强对流天气系统导致的日极大风速达 13.9 m/s(7 级)及以上的大风过程，一般发生在当年 10 月到次年 3 月(中国气象局，2017)。

7.1　调查方法及调查资料

7.1.1　数据来源

(1)气象观测数据：数据来源于浙江省气象信息网络中心，选取宁波市内国家气象站和所有乡镇代表站建站至 2020 年的最大风速和极大风速逐日数据，共普查 174869 条原始数据，按汇交要求共汇交 1142 条数据。

(2)其他：基础地理信息、社会经济数据等详见附录。

7.1.2　技术方法

7.1.2.1　日极大风速插补延长

宁波市除慈溪站、石浦站外，极大风观测都晚于 1990 年，因此，首先需要对日极大风速序列进行序列插补延长，本书中分析的冷空气大风时间段为 1971—2020 年。

最大风速是指在给定时段内的 10 min 平均风速的最大值，极大风速是指给定时段内的瞬时风速的最大值，而 10 min 平均风速是 10 min 瞬时风速的平均值。研究发现，最大风速与极大风速间有较好的线性关系，因此，本书基于建站至 2020 年 12 月 31 日的日大风观测资料，通过剔除日最大风速缺测资料等质控方法，利用单站日最大风速、日极大风速数据，建立一元线性拟合关系模型(如图 7.1)，实现日极大风速的插补延长，图中 x 为最大风速，y 为极大风速。

在延长之后的日极大风速数据基础上，剔除台风天气系统导致的过程，并根据人工观测雷暴日数据和 ADTD 闪电定位记录剔除强对流天气系统导致的过程，挑选日极大风速达 13.9 m/s(7 级)及以上的记录，最终得到各站点的冷空气大风数据。

7.1.2.2　数据归一化方法

数据归一化处理方法见第 3.1.2.3 小节。

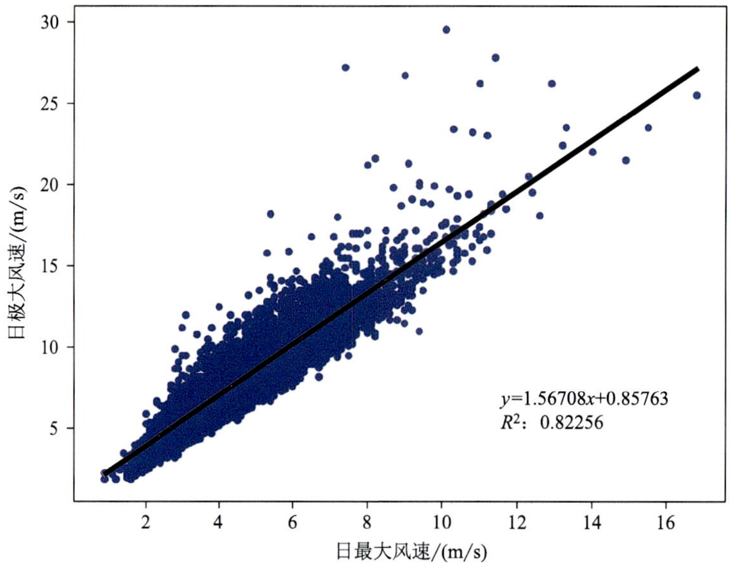

图 7.1　鄞州国家气象站日最大风速拟合日极大风速

7.2　致灾危险性调查与评估

7.2.1　基本气象特征分析

选取表 1.1 中宁波市内不晚于 1971 年建站的 7 个国家气象站(慈溪站、余姚站、鄞州站、北仑站、奉化站、宁海站、石浦站),经日极大风速插补延长后,根据冷空气大风各等级阈值指标,收集统计了各乡镇代表站建站以来的冷空气大风历史记录数据,分析年份为 1971—2020 年,结果如图 7.2～图 7.8 所示。

宁波市 7 个国家气象站冷空气大风日数按站点平均后年均 9.5 d(图 7.2),最多的 1974 年、1975 年为 14.0 d。

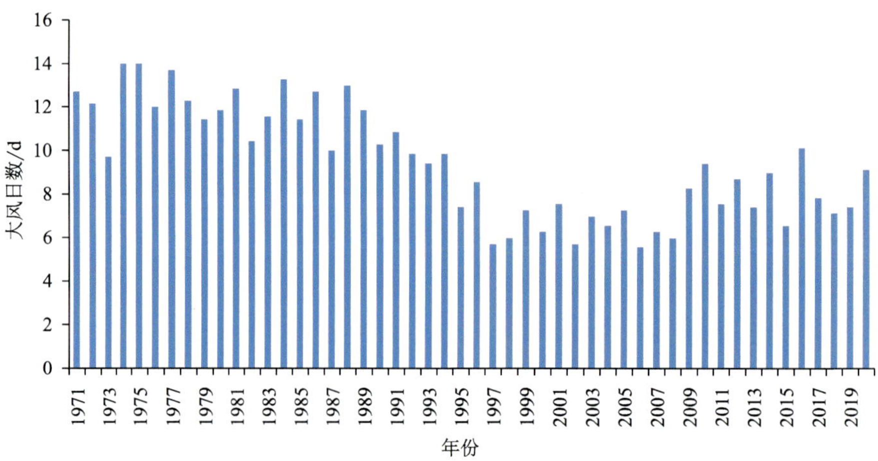

图 7.2　宁波市站均冷空气大风日数年际变化图

10 月至次年 3 月冷空气大风日数月际变化(图 7.3)表明,1 月最多为 1.74 d/(站·a),占全年的 18.4%,10 月最少为 1.56 d/(站·a),占全年的 16.5%。

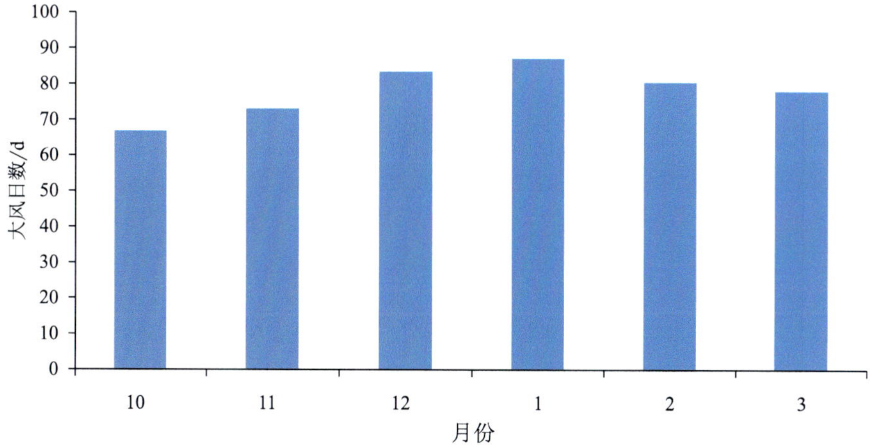

图 7.3　宁波市冷空气大风日数月际变化图

冷空气大风年极大风速极值年际变化在 19.1～33.9 m/s(图 7.4),总体呈减小趋势。

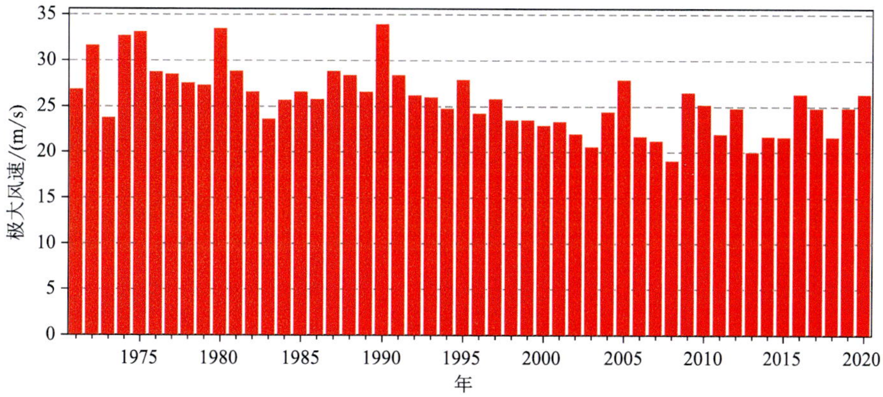

图 7.4　宁波市冷空气大风年极大风速极值年际变化图

从宁波市国家气象站冷空气大风风向玫瑰图(图 7.5)上可以看出,宁波市冷空气大风主导风向为北风(占比 30.0%)和北西北风(占比 25.7%)。

图 7.6 为宁波市 7 级冷空气大风年均日数分布图,东部沿海冷空气大风日数最多,其次是四明山高海拔地区,年均日数 19.8 d 以上的高值区为象山县鹤浦镇、石浦镇东部、象山中北部沿海和北仑沿海地区,高值区的附近地区、宁海县临近三门湾地区、余姚南部的四明山高海拔地区年均日数 10.9～19.8 d,上述地区的相邻地区年均日数 4.9～10.9 d,其余地区年均日数在 4.9 d 以下。

图 7.7 为宁波市 8 级冷空气大风年均日数分布图,与 7 级冷空气大风年均日数分布类似,年均日数 9.5 d 以上的高值区为象山县鹤浦镇、石浦镇东部、象山中北部沿海和北仑沿海的局部地区,高值区周边年均日数 4.4～9.5 d,上述沿海地区、宁海县临近三门湾地区、余姚南部的四明山高海拔地区年均日数 1.5～4.4 d,其余地区年均日数在 1.5 d 以下。

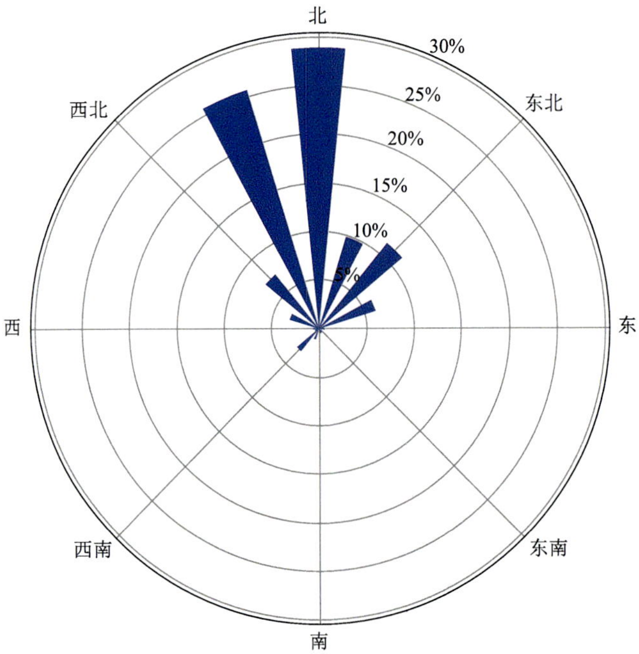

图 7.5　宁波市冷空气大风风向玫瑰图

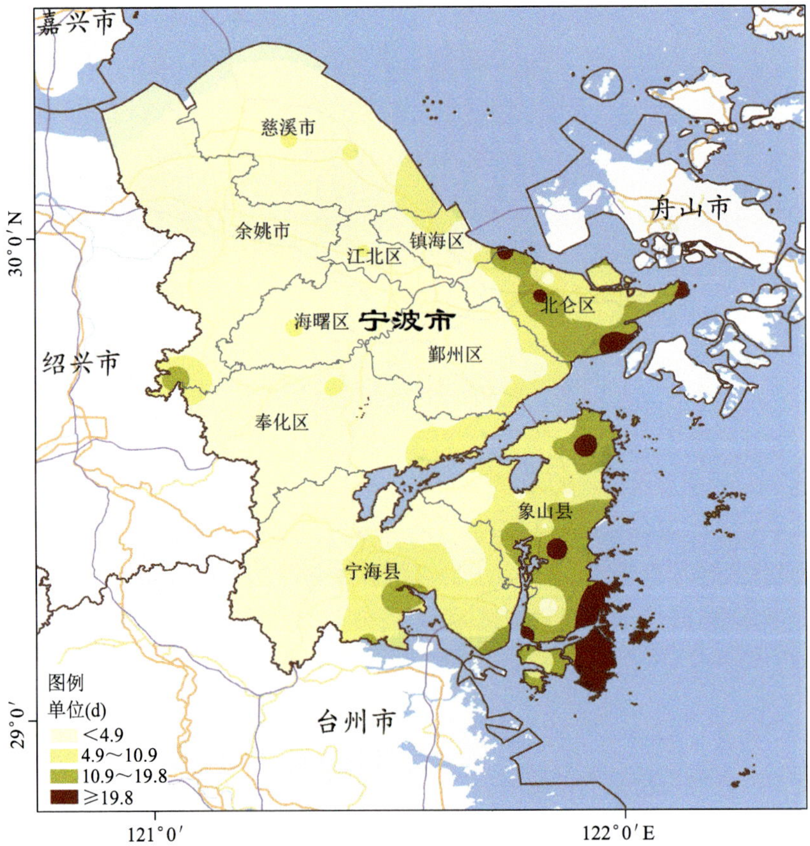

图 7.6　宁波市 7 级冷空气大风年均日数分布图

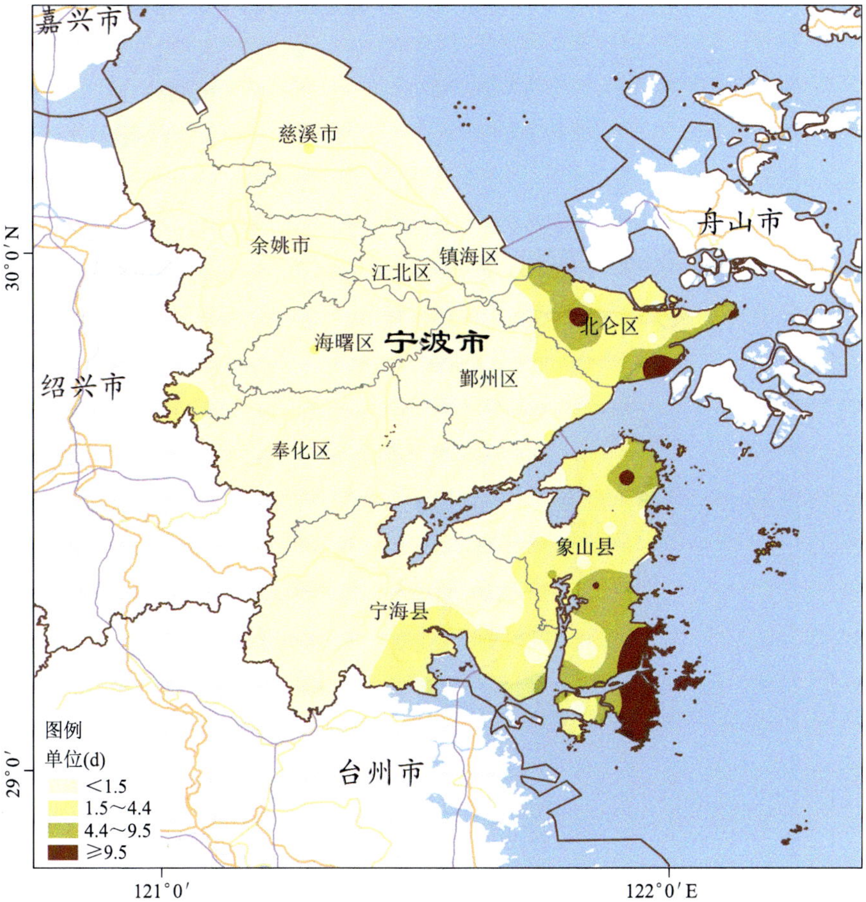

图 7.7　宁波市 8 级冷空气大风年均日数分布图

图 7.8 为宁波市 9 级及以上冷空气大风年均日数分布图，与 7 级、8 级冷空气大风年均日数分布类似，年均日数在 4.0 d 以上的高值区主要在象山县鹤浦镇、石浦镇东部、象山中北部沿海和北仑沿海区，高值区周边 0.6～4.0 d，其余地区在 0.6 d 以下。

7.2.2　致灾危险性区划与评估

7.2.2.1　方法概述

选择发生冷空气大风的年均日数（频次，d/a）和年极大风速极值均值（强度，m/s）来描述冷空气大风灾害致灾因子的危险性指数（H），H 可表示为：

$$H = w_G \times G + w_P \times P \tag{7.1}$$

式中，G 为冷空气大风强度；P 为冷空气大风频次；w_G 和 w_P 为各自的权重，采用层次分析法、专家打分法等方法对归一化处理后的冷空气大风频次和强度分别赋予权重，且 $w_G + w_P = 1$，本书中 w_G 和 w_P 分别为 0.4 和 0.6。

利用自然断点法等方法，将危险性评估结果划分为低等级、较低等级、较高等级和高等级 4 个等级。

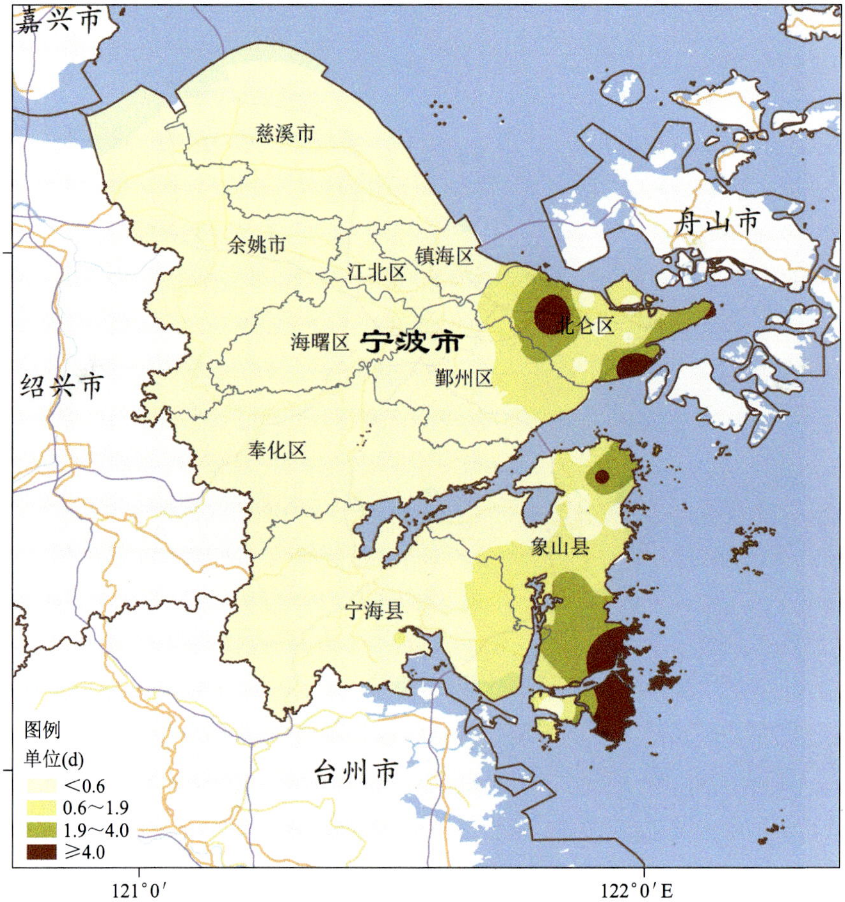

图 7.8　宁波市 9 级及以上冷空气大风年均日数分布图

7.2.2.2　冷空气大风危险性区划

宁波市冷空气大风频次分布如图 7.9 所示，高值区象山县鹤浦镇、石浦镇东部、象山中北部沿海和北仑沿海局部地区年均日数 32.6 d 以上，其附近地区、宁海县临近三门湾地区、余姚南部的四明山高海拔地区年均日数 6.7～32.6 d，其余地区年均日数在 6.7 d 以下。

图 7.10 为宁波市冷空气大风强度分布图，与冷空气大风频次分布类似，高值区在东部沿海的象山县鹤浦镇、石浦镇东部、象山中北部沿海和北仑沿海局部地区，中心值大于 21.1 m/s，其附近地区、宁海县临近三门湾地区、余姚南部的四明山高海拔地区极大风速 16.6～21.1 m/s，其余地区极大风速在 16.6 m/s 以下。

综合考虑冷空气大风频次和强度，对宁波市冷空气大风灾害危险性进行评估后发现，东部沿海的象山县鹤浦镇、石浦镇东部、象山中北部沿海和北仑沿海局部地区冷空气大风灾害危险性等级高(图 7.11)，其附近地区、宁海县临近三门湾地区、余姚南部的四明山高海拔地区危险性等级较高或较低，其余地区危险性等级为低。

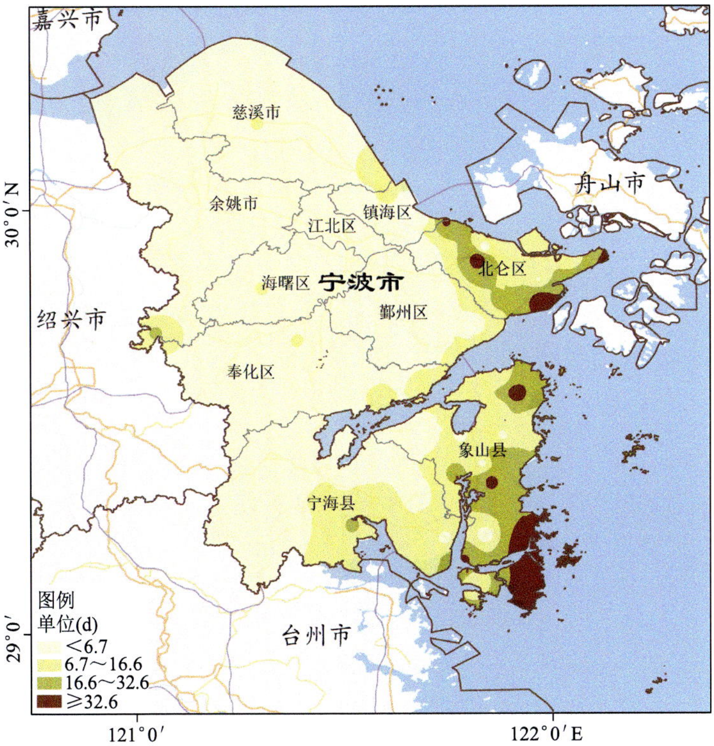

图7.9 宁波市冷空气大风年均日数分布图

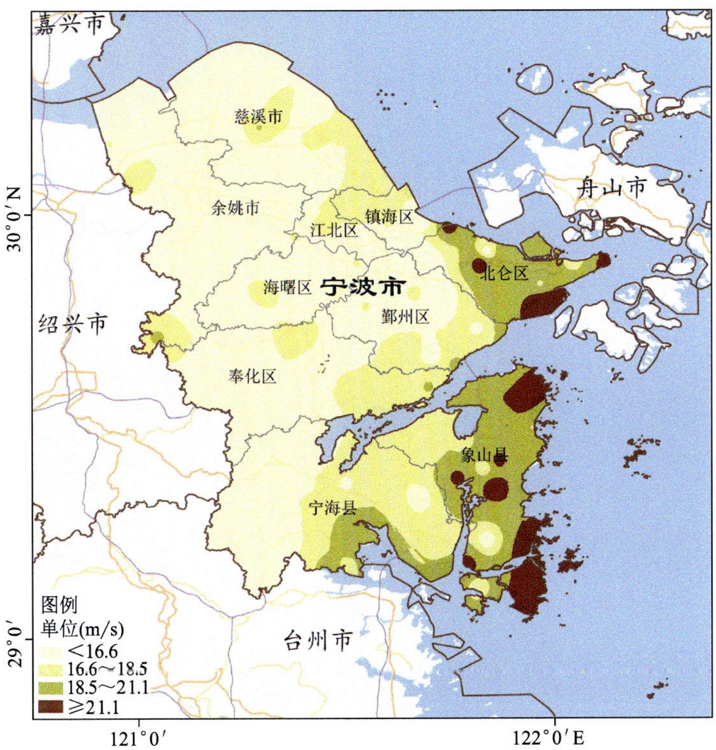

图7.10 宁波市冷空气大风极大风速分布图

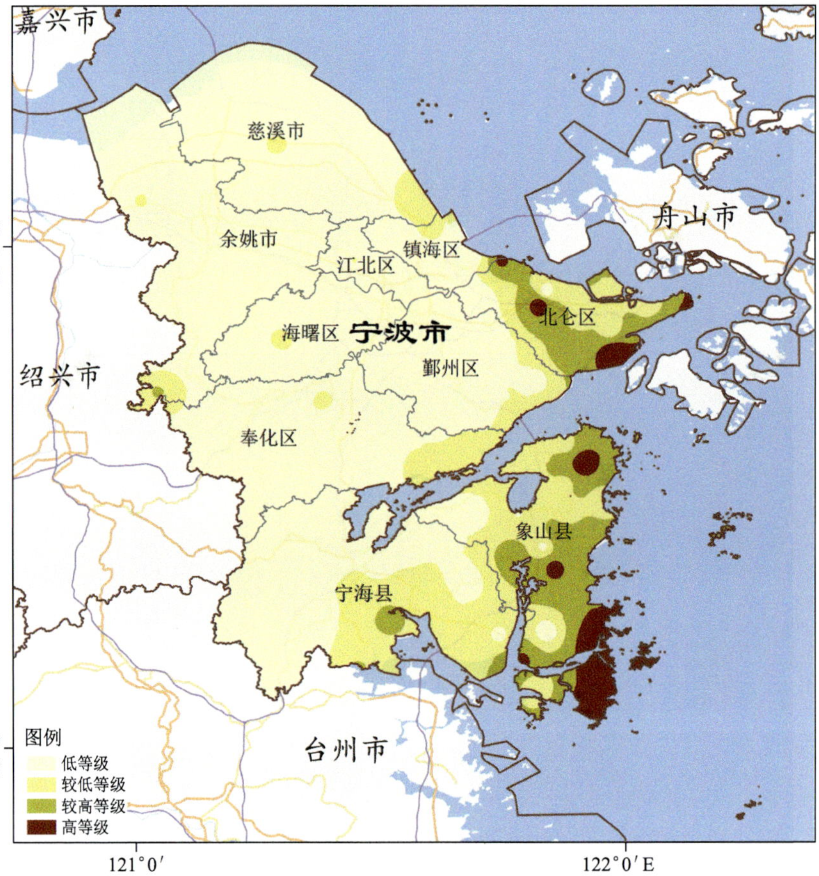

图 7.11 宁波市冷空气大风灾害危险性分布图

7.3 冷空气大风灾害风险评估与区划

7.3.1 方法概述

冷空气大风灾害风险评估方法分为基于风险指数的评估方法和基于灾损脆弱性曲线的评估方法。考虑宁波市灾情数据不足以支撑基于灾损脆弱性曲线的冷空气大风灾害评估方法，因此选择基于风险指数的冷空气大风灾害评估方法。根据风险＝致灾因子危险性×孕灾环境敏感性×承灾体脆弱性(暴露度和脆弱性)，确定风险评估指数。

(1)致灾危险性评估指标

详见 7.2.2.1 方法概述。

(2)孕灾环境敏感性评估指标

综合考虑海拔高度和植被覆盖度对宁波市孕灾环境的不同贡献程度，运用层次分析法、专家打分法等方法对归一化处理后的海拔高度指标和植被覆盖度指标设置相应的权重，权重之和为 1，加权求和得到孕灾环境敏感性评估指标(S)：

$$S = 权重1 \times 海拔高度指标 + 权重2 \times (1 - 植被覆盖度指标) \tag{7.2}$$

(3)风险评估指标

根据宁波市的实际情况，同时考虑所收集的承灾体信息，选择宁波市人口和经济两种承灾体分别进行冷空气大风灾害风险评估与区划。其中各承灾体脆弱性可使用承灾体暴露度和脆弱性共同表示，即 V(脆弱性)$=E$(暴露度)$\times F$(脆弱性)，或者仅使用承灾体暴露度表示。

① 人口影响风险指数

冷空气大风对人员安全的影响风险以人口作为主要的承灾体，根据承灾体及灾情信息收集情况，本书选择人口密度代表人口暴露度指标，同时仅使用人口暴露度来描述承灾体的易损状况，评估方程为：

$$R_P = H^{w_H} \times S^{w_S} \times V_P^{w_V} \tag{7.3}$$

式中，R_p 为冷空气大风灾害对人员安全影响的风险度；H 为冷空气大风危险性；S 为孕灾环境敏感性；V_P 为人口脆弱性，即人口暴露度；w_H、w_S、w_V 是各指标对应的权重。

将三个指标进行归一化后扩大 10 倍，同时根据各指标的贡献程度采用层次分析法、专家打分法等方法确定权重，权重系数之和为 1，其中 w_H、w_S、w_V 分别为 0.5、0.2、0.3，计算得到人口风险指数值，再利用自然断点法等方法划分低等级、较低等级、中等级、较高等级和高等级 5 个等级。

② 经济影响风险指数

根据承灾体及灾情信息收集情况，本书选择地均 GDP 代表经济暴露度指标，同时仅使用经济暴露度来描述承灾体的易损状况，评估方程为：

$$R_E = H^{w_H} \times S^{w_S} \times V_E^{w_V} \tag{7.4}$$

式中，R_E 为冷空气大风灾害对经济影响的风险度；H 为冷空气大风危险性；S 为孕灾环境敏感性；V_E 为经济脆弱性，即经济暴露度；w_H、w_S、w_V 是各指标对应的权重。

同样，将三个指标进行归一化后扩大 10 倍，w_H、w_S、w_V 分别取 0.5、0.2、0.3 计算得到经济风险指数值，再利用自然断点法等方法划分 5 个等级。

7.3.2　孕灾环境敏感性评估

综合考虑海拔高度(附图 A.1，宁波市海拔高度分布图)和植被覆盖度(附图 A.3，宁波市植被覆盖度分布图)等因子的影响，对宁波市冷空气大风灾害孕灾环境敏感性进行评估(图 7.12)后发现，宁波市孕灾环境敏感性分布与海拔高度相关性较高，整体呈高海拔地区高、平坦地区较高、其他地区低的特点。

7.3.3　承灾体暴露度评估

人口、经济承灾体暴露度评估详见附录 B。

7.3.4　风险评估

7.3.4.1　冷空气大风灾害人口风险评估与区划

综合考虑冷空气大风灾害危险性、孕灾环境敏感性和人口暴露度，宁波市冷空气大风灾害对人员安全的影响(图 7.13)整体表现出西部低东部高的特点，各区(县、市)行政中心所在地和北仑区、象山县的沿海地区为高等级，山区人口较少为低等级，其余区域介于两者之间。

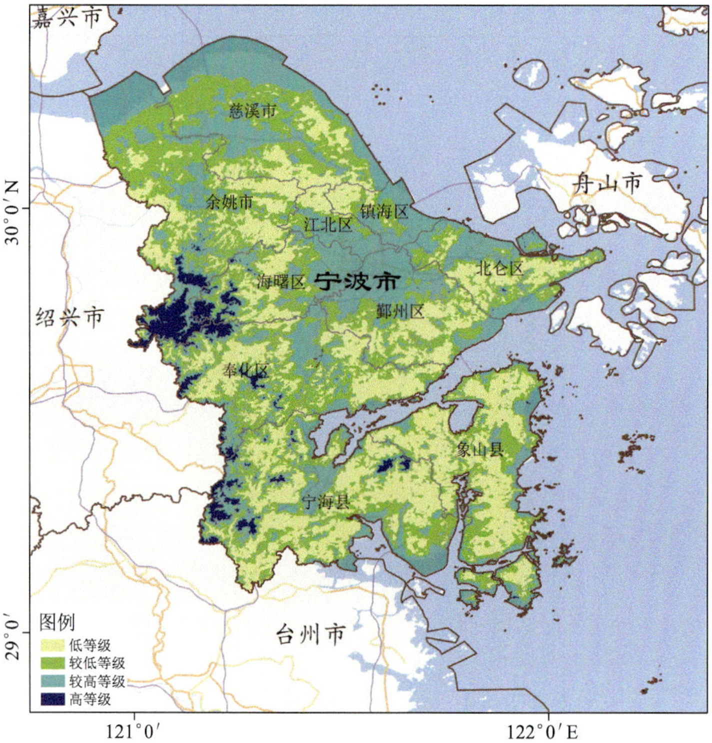

图 7.12　宁波市冷空气大风灾害孕灾环境敏感性分布图

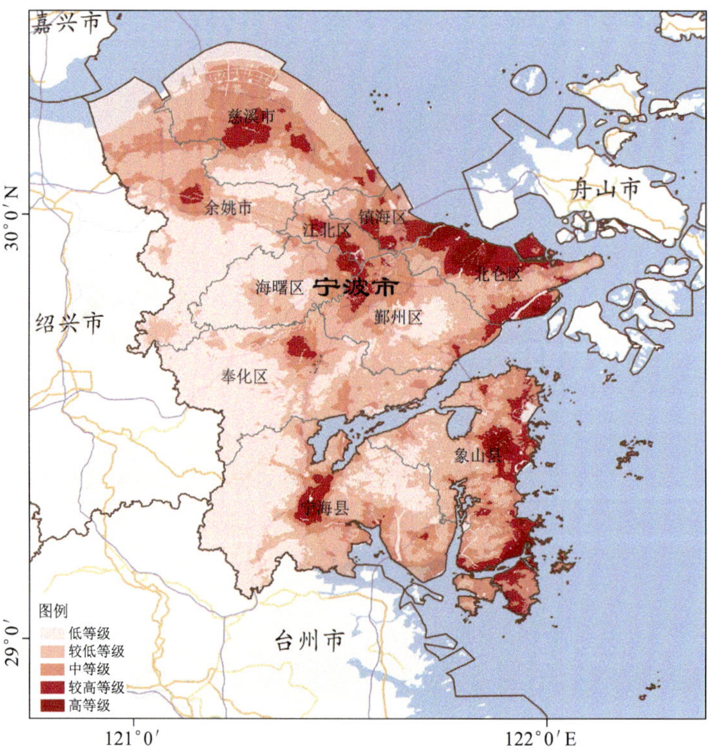

图 7.13　宁波市冷空气大风灾害受灾人口综合风险分布图

7.3.4.2　冷空气大风灾害GDP风险评估与区划

综合考虑冷空气大风灾害危险性、孕灾环境敏感性和GDP暴露度，宁波市冷空气大风灾害GDP综合风险(图7.14)高等级和较高等级出现在各区(县、市)行政中心所在地和北仑区、象山县沿海的少部分地区，其余大部分地区为较低等级。

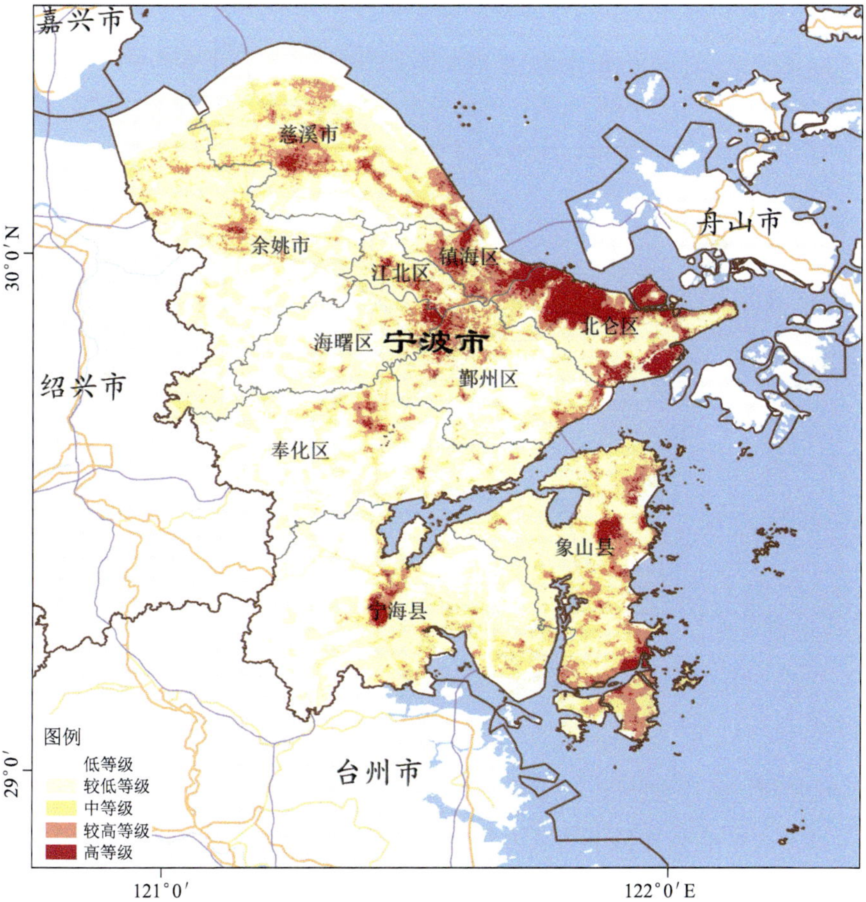

图7.14　宁波市冷空气大风灾害GDP综合风险分布图

7.4　冷空气大风历史灾害事件

1999年：12月17—22日的强冷空气带来偏北大风，加上低温影响，使海岸地区海沙大量翻起，海水变混影响鱼的呼吸，象山崇堍港海区越冬的养殖大黄鱼死亡率达40%以上。低温、干燥和大风天气使越冬作物、油茶树、蔬菜、柑橘等受到严重冻害，露天自来水管冻裂。

2005年：12月21日，受冷空气影响内陆出现8～9级大风，江北区车站路、人民路、新马路等路段有10余株行道树被狂风吹倒，还有一些树木被吹得东倒西歪；不少地方的广告牌被风吹倒；沿海风力达10级，严重影响宁波港船舶安全和港口生产作业，宁波至舟山客运航线停止营运，金塘大桥停止施工；宁波保税区一集装箱堆场上的空集装箱被风吹落，砸死一名经过的行人。低温大风对农业生产造成较大影响，仅慈溪市逍林镇破山村就有800多个大棚被大风刮倒，大风过后裸露在外面的茄子、青椒苗等蔬菜一天工夫就被冻坏，损失惨重。

2008 年：11 月 19 中午，受冷空气大风影响，江北区姚江倪家堰水域一艘约 60 t 位的运沙船沉入江中，造成船上 2 人遇难，据介绍，事发时倪家堰水域浪高有六七十厘米。12 月 21 日杭州湾跨海大桥上发生 3 起货物掉落事故，所幸未造成严重后果；民安路附近一块铁皮被大风吹落，一路人被砸伤。12 月 22 日，江东彩虹服饰广场裙楼的一块铝合金窗户突然坠落，楼前停着的一辆私家车挡风玻璃被砸出一个大窟窿。

2016 年：1 月 20—25 日受"霸王级"寒潮影响，宁波沿海海面出现 9～11 级，沿海地区和杭州湾 8～9 级，内陆 7～8 级的西北大风，持续时间近 60 h，宁波到舟山客运航线、宁海伍山到台宁航线停航，东钱湖、九龙湖、宁海白溪水库景区游船全部停开，余姚水上公交船停航，慈溪上林湖渡口停航。

第 8 章　雨雪冰冻

雨雪冰冻灾害主要发生在冬季，但秋冬交替和冬春交替之际偶尔也会出现，这种气象灾害是由降雪（或雨夹雪、霰、冰粒、冻雨等）或降雨后遇低温形成的积雪、结冰现象。雨雪冰冻灾害可能导致城镇大面积停电、停水、停气，造成路面封冻、交通中断，企业出现原料、燃料严重短缺或产成品严重积压，人民群众生活必需品因供应不足出现市场价格上涨过快或脱销等。

8.1　调查方法及调查资料

8.1.1　资料来源

（1）气象观测资料：以鄞州国家气象站为宁波市代表站，收集了鄞州国家气象站 1953—2020 年气象监测数据，统计气象要素包括日平均气温（T_Day_Mean）、日最低气温（T_Day_Min）、日白天降水量（Rx08_20）、日夜间降水量（Rx20_08）、日降水量（Rx_Day）、日积雪深度（Z_Depth）、日平均风速（F_Day_Mean）、日最大风速（F_Day_Max_Speed）、日最大风速风向（F_Day_Max_Dir）、日照时数（S）、日最低地表温度（D0_Day_Min）、天气现象码（weather-Code）等资料。以上数据作为宁波市气候时序图分析的主要数据源。

收集了宁波市周边地区的国家气象站 1953—2020 年和乡镇代表站 2006—2020 年数据。以上数据主要用于分析宁波市雨雪冰冻类灾害的空间分布。

（2）覆冰模拟资料：鉴于浙江省观冰资料缺乏，基于工作专班前期研究基础，收集了 NCEP 的 FNL 再分析资料，并结合常规中尺度站的 1 h 历史气象资料，利用综合考虑雨凇、雾凇覆冰增长及热力融冰和升华脱冰过程的覆冰气象模型，模拟 2006—2020 年冬季（12 月—次年 2 月）的标准冰厚数据，用于分析宁波市覆冰灾害危险性及风险区划。

（3）其他：基础地理信息、社会经济数据等详见附录。

雨雪冰冻类调查数据完成情况：根据《中国气象局雪灾调查与风险评估技术规范（灾害调查类）》和《浙江省气象灾害综合风险普查与评估技术细则》，收集了鄞州国家气象站 1953—2020 年气象监测数据，经调查和地市、省、国家三级审核，完成了宁波市雨雪冰冻类调查表格 20 张，统计分析数据包括雪灾 267 条和冰冻 240 条，统计物理量包括雪灾持续时间、累积降雪量、最大积雪深度、冰冻持续时间、冰冻过程日平均气温、冰冻过程累积降水量等。

8.1.2　致灾事件确定方法

雨雪冰冻灾害常具有气温低、有降水等特点，种类繁多，根据《浙江省气象灾害调查与风险评估实施技术细则》，结合宁波市实际，分析了雪灾、冰冻、覆冰等三种雨雪冰冻灾害，其致灾事件的确定方法如下：

（1）雪灾：定义日积雪深度＞0 cm 的过程为雪灾过程，其中，积雪深度≥5 cm 为大雪，积雪深度≥10 cm 为暴雪。统计分析中，可结合本地情况，选取累积降雪量、年最大积雪深度、暴雪日数中的一种或多种进行分析，其中累积降雪量是指一段时间内的降雪总量，年最大积雪深度是指一年内观测到的积雪深度的最大值，暴雪日数是指日降雪量≥10 mm 的降雪日数。

(2)冰冻过程：满足连续 3 d 及以上有降水，过程中最低平均气温≤1 ℃且最低气温≤0 ℃。

(3)覆冰(气象上亦称电线积冰)是指能满足以下条件之一的现象：1)区域内 10%以上的气象观测站连续 3 d 及以上满足日最低气温≤2 ℃，且日平均相对湿度≥80%或日降水量≥0.1 mm；2)区域内有 1 个或以上站点观测到雨凇或雾凇。该判别方法主要用于历史重大灾害过程识别，空间分析时可考虑应用数值模式模拟覆冰结果，将覆冰厚度>0.01 mm 的过程定义为覆冰过程。

本章以当年 7 月 1 日—次年 6 月 30 日为一个年度，记为当年数据。例如 2000 年数据，统计的时间段为 2000 年 7 月 1 日—2001 年 6 月 30 日。

8.1.3 危险性指标确定

根据上述资料和定义，提取宁波市各站点历次雨雪冰冻灾害过程，根据各灾种危险性指标(表 8.1)，结合本节各灾种危险性指数计算方法，对雪灾、冰冻、覆冰的危险性及雨雪冰冻综合危险性进行评价。

表 8.1 雨雪冰冻灾害致灾因子危险性指标

雨雪冰冻灾害类型	危险性指标
雪灾	过程积雪深度(S)、过程降雪量(P_{AS})、降雪日数(D_{pap})等
冰冻	冰冻过程持续日数(D_{frozen})、过程累积降水(P_{AP})、过程最低气温极值($\mathrm{Min}T_{min}$)、过程平均气温极值($\mathrm{Min}T_{mean}$)等
覆冰	覆冰厚度(I_{ice})、过程持续时间(D_{ice})等

8.2 致灾危险性调查与评估

8.2.1 基本气象特征分析

以宁波市除石浦站(海岛站)以外的国家气象站(表 1.1)为代表站点，对各雨雪冰冻灾害过程进行时间序列分析，对各灾种发生频数的年际变化、年代际变化和月际变化按参与站点取平均值，其他致灾因子按参与站点的数值取极值，分析年份为 1953—2020 年。

8.2.1.1 雪灾

宁波市 1953—2020 年雪灾发生频数年均 1.0 次(图 8.1)，发生频次最高的 1976 年为 4.5 次，其次是 1969 年，为 3.75 次，有 16 年未出现雪灾。图中起始年为 1952 年的原因是 1953 年 1—6 月的雪灾记入 1952 年度，见本章 8.1.2 小节的技术说明。

宁波市 1953—2020 年雪灾年代际发生频数总体呈下降趋势(图 8.2)，20 世纪 60 年代最多达 16 次，20 世纪 90 年代最少仅 4.1 次。

宁波市 1953—2020 年按年和站点平均后的月雪灾发生频数中(图 8.3)，1 月最多达 0.39 次，2 月次之为 0.34 次，3 月最少仅 0.05 次。

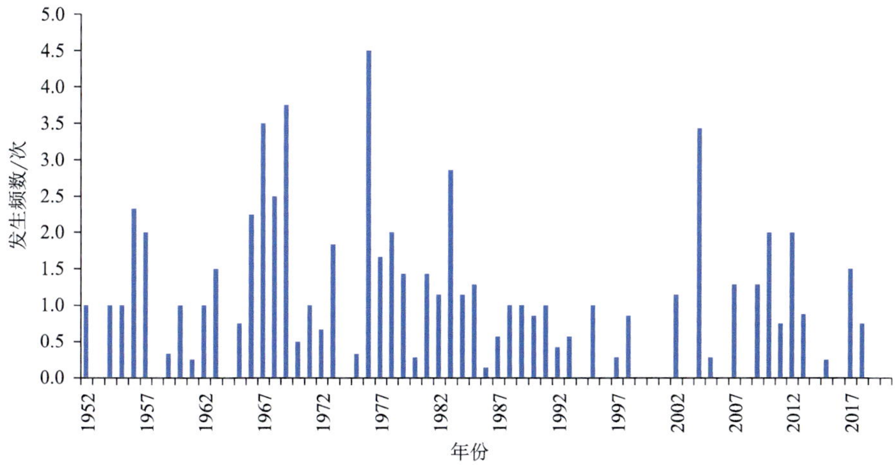

图 8.1　宁波市雪灾发生频数年际变化

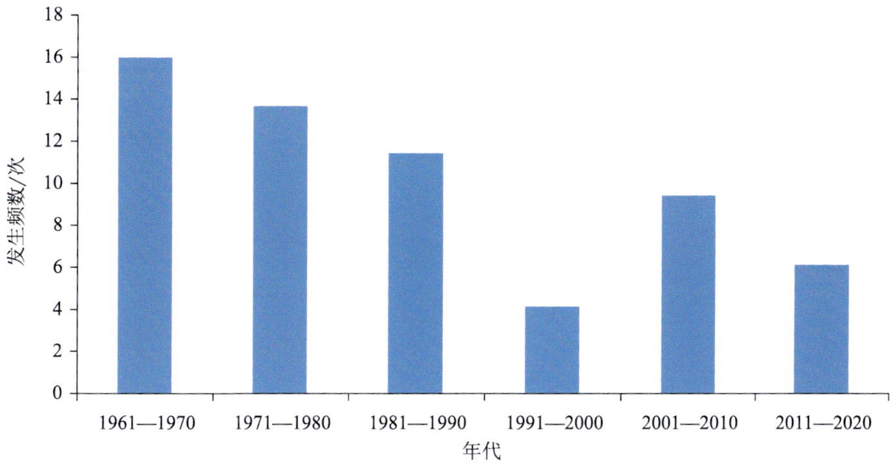

图 8.2　宁波市不同等级雪灾发生频数年代际变化

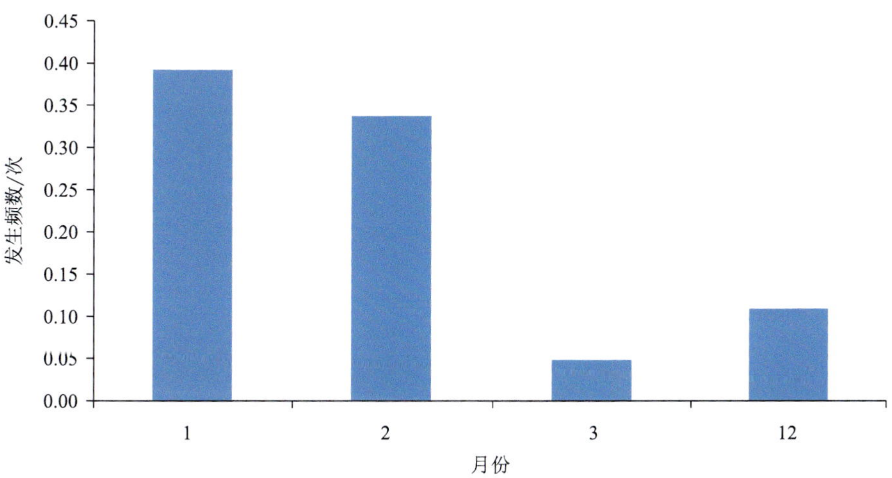

图 8.3　宁波市雪灾年站均发生频数月际变化

宁波市1953—2020年雪灾过程降雪日数极大值(图8.4)年均1.97 d,分布在1～8 d之间,其中1963年最长达8 d,1968年、1976年次之,为6 d。

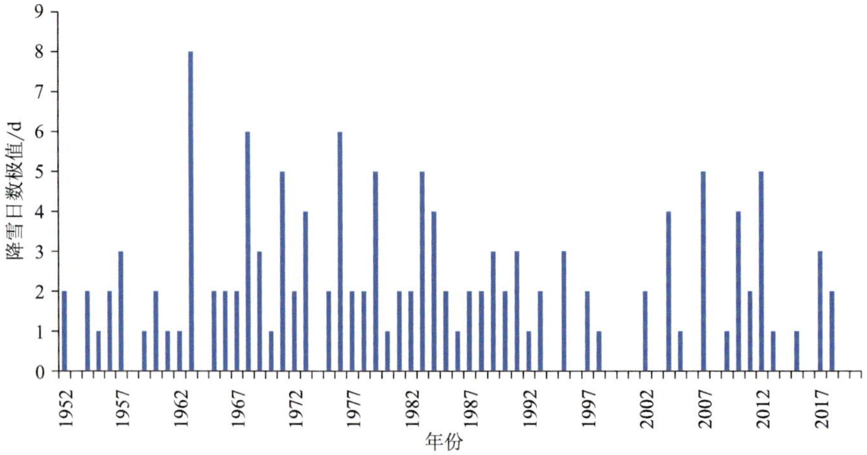

图8.4 宁波市雪灾过程降雪日数极大值年际变化

宁波市1953—2020年雪灾过程积雪深度极大值(图8.5)在1～50 cm,1960年最大为50 cm(宁海站),1971年次之为30 cm(余姚站),20世纪90年代以来呈波动下降趋势。

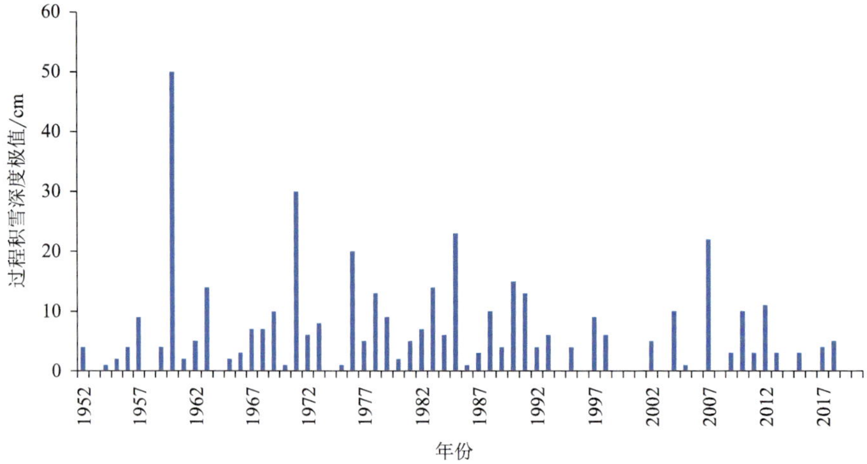

图8.5 宁波市雪灾过程积雪深度极大值年际变化

宁波市1953—2020年雪灾过程降雪量极大值(图8.6)1960年最大,为67.7 mm(宁海站),1963年次之,为65.5 mm(余姚站)。

8.2.1.2 冰冻

宁波市1953—2020年冰冻发生频数(图8.7)年均0.72次,1976年最高为4次,1968年次之为3.25次,1965、2012年为3次,有27年未出现冰冻。

宁波市1953—2020年冰冻发生频数表现出显著的年代际变化(图8.8),20世纪60—70年代最高,分别为11.5和11次,20世纪80年代开始下降,21世纪00年代最低为3次,21世纪10年代又有所上升。

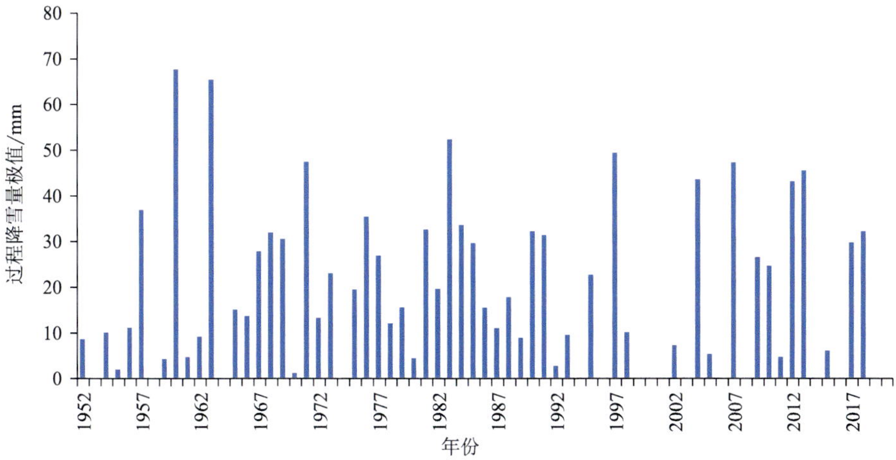

图 8.6　宁波市雪灾过程降雪量极大值年际变化

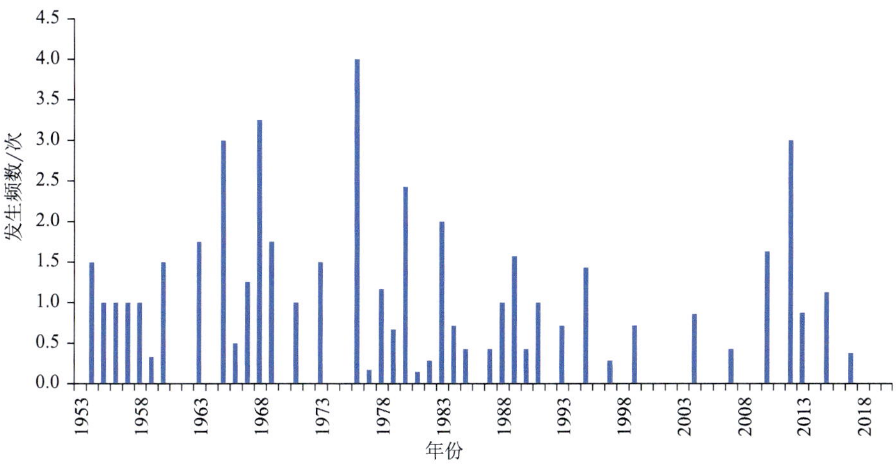

图 8.7　宁波市冰冻发生频数年际变化

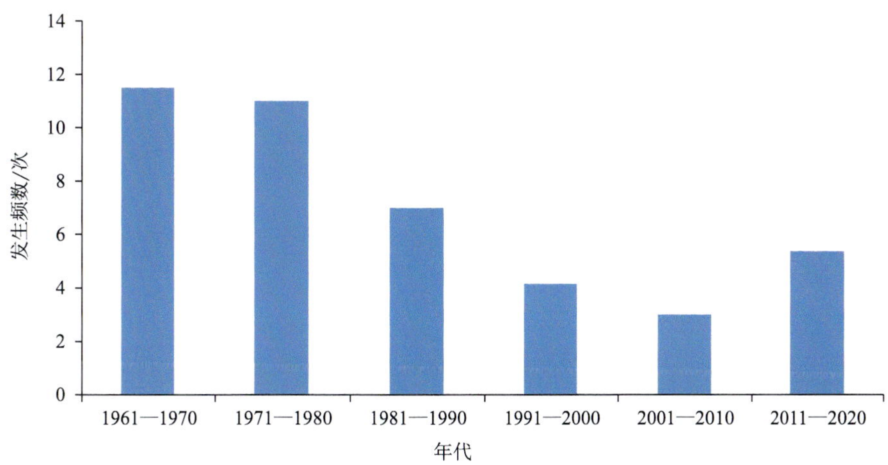

图 8.8　宁波市冰冻发生频数年代际变化

宁波市 1953—2020 年按年和站点平均后的各月累计冰冻发生频数中(图 8.9),1 月最多 0.32 次,2 月和 12 月较少,分别为 0.19 次和 0.13 次。

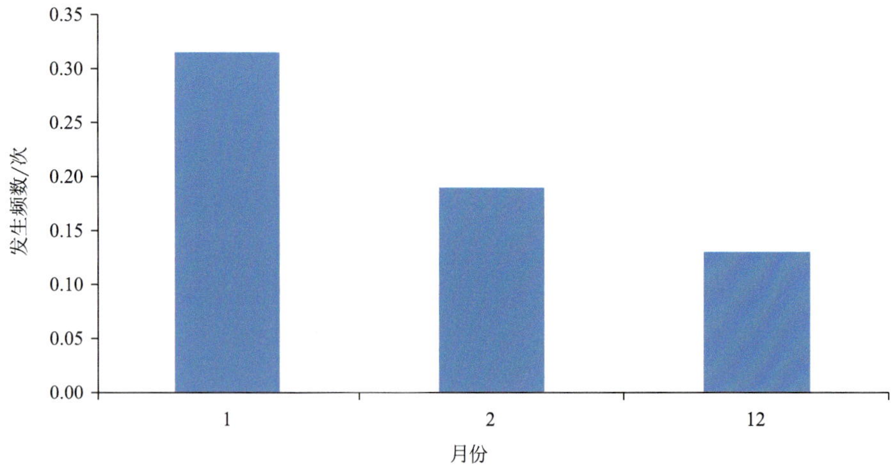

图 8.9 宁波市冰冻年站均发生频数月际变化

宁波市 1953—2020 年冰冻持续日数极大值(图 8.10)年均 4.5 d,1989 年最长为 14 d(宁海站),2004 年次之为 13 d(鄞州站)。

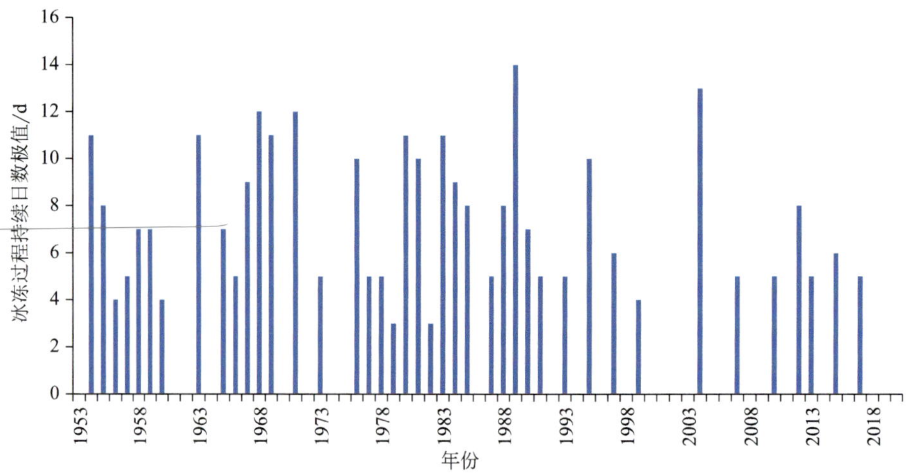

图 8.10 宁波市冰冻持续日数极大值年际变化

宁波市 1953—2020 年冰冻过程累积降水量极大值(图 8.11)年均 31.7 mm,1997 年最大达 134.6 mm(慈溪站),1969 年次之为 122.2 mm(宁海站),在发生冰冻的年份中,1978 年冰冻过程累积降水量极大值最小,为 14.6 mm。

宁波市 1953—2020 年冰冻过程最低气温极小值(图 8.12)和过程平均气温极小值(图 8.13)年变化均存在明显的上升趋势。冰冻过程最低气温极小值 1976 年最低,为−9.3 ℃(余姚站),1969 年次之,为−6.7 ℃(慈溪站、余姚站)。冰冻过程平均气温 1969 年最低,为−5.1 ℃(余姚站),1976 年次之,为−5.0 ℃(余姚站)。

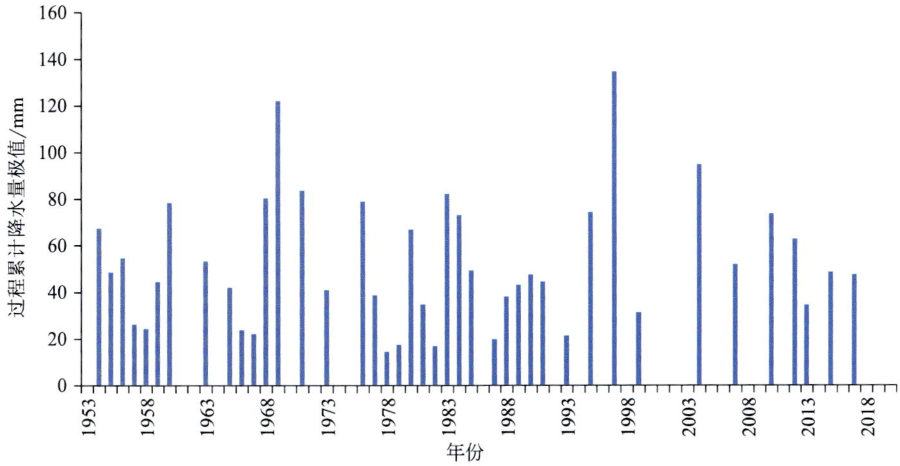

图 8.11　宁波市冰冻过程累积降水量极大值年际变化

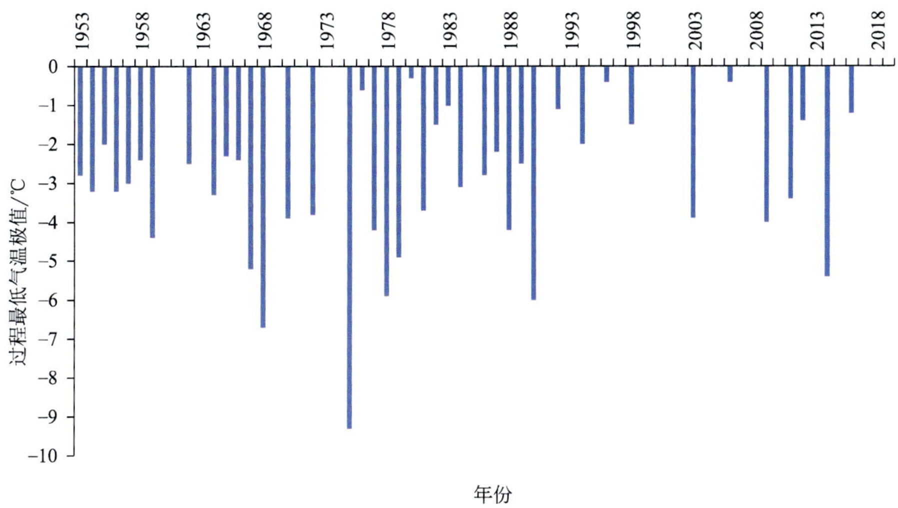

图 8.12　宁波市冰冻过程最低气温极小值年际变化

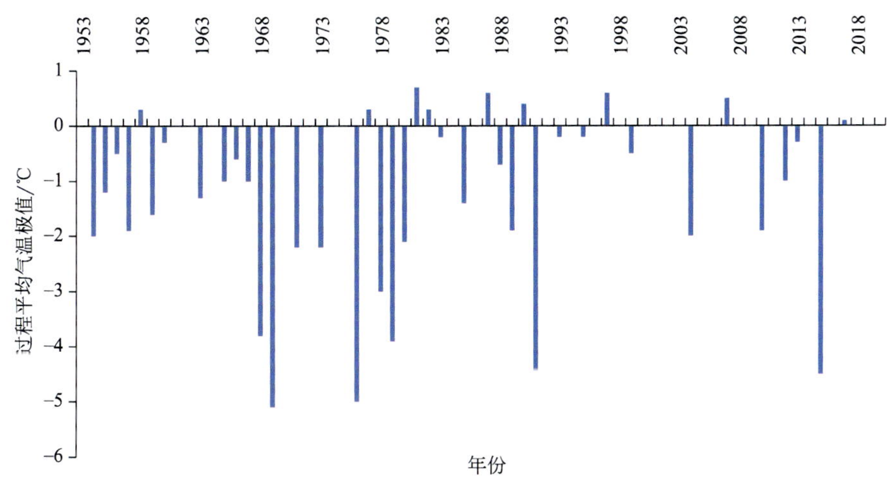

图 8.13　宁波市冰冻过程平均气温极小值年际变化

8.2.2 致灾危险性评估

8.2.2.1 方法概述

基于各类危险性指标，构建危险性指数，综合考虑行政区划（或气候区、流域等），对雨雪冰冻灾害危险性进行基于空间单元的划分，得到各类雨雪冰冻灾害的致灾危险性区划。

（1）雪灾危险性指数

以积雪厚度等为主要因子，雪灾危险性指数计算公式如下：

$$H_{snow}=A\times S+B\times P_{AS}+C\times D_{pap} \tag{8.1}$$

式中，H_{snow} 为雪灾危险性指数；S、P_{AS}、D_{pap} 为归一化的过程积雪深度、降雪量、降雪日数；A、B、C 为权重系数，分别为 0.6、0.2、0.2。

雪灾灾害中，S、P_{AS}、D_{pap} 均为正向指标。

（2）冰冻危险性指数

以过程持续时间、过程累积降水、过程日最低气温极值、过程日平均气温极值为主要因子，冰冻危险性指数如下：

$$H_{frozen}=A\times D_{frozen}+B\times P_{AP}+C\times \mathrm{Min}T_{min}+D\times \mathrm{Min}T_{mean} \tag{8.2}$$

式中，H_{frozen} 为冰冻危险性指数；D_{frozen}、P_{AP}、$\mathrm{Min}T_{min}$、$\mathrm{Min}T_{mean}$ 为归一化的持续日数、过程雨雪总量、过程日最低气温极值、过程日平均气温极值；A、B、C、D 为权重系数，分别为 0.3、0.3、0.2、0.2。

冰冻灾害中，指标归一化方案同前，其中 D_{frozen}、P_{AP} 为正向指标，$\mathrm{Min}T_{min}$、$\mathrm{Min}T_{mean}$ 为逆向指标。

（3）覆冰危险性指数

根据模型得到的覆冰厚度，可直接作为评价覆冰危险性大小的指数 H_{ice}。

（4）综合致灾危险性

雨雪冰冻灾害综合危险性计算公式如下：

$$H=A\times H_{snow}+B\times H_{frozen}+C\times H_{ice} \tag{8.3}$$

式中，H 为雨雪冰冻灾害综合危险性指数；H_{snow}、H_{frozen}、H_{ice} 为均一化后的雪灾危险性指数、冰冻危险性指数、覆冰危险性指数；A、B、C 为权重系数，参考值分别为 1/3、1/3、1/3。

各灾种的致灾危险性指数，均为正向指标，其归一化方案同前。

（5）数据归一化方法

鉴于各评价因子单位不同，为了消除各指标的量纲和数量级的差异，需要对每一个因子进行规范化处理。数据归一化处理方法见第 3.1.2.3 小节。

根据危险性指标分布特征，利用标准差方法将危险性分为 4 个等级，分别为高危险性、较高危险性、中危险性、低危险性，划分标准如下（表 8.2）。

表 8.2 雨雪冰冻致灾危险性等级划分标准

等级值	等级名称	划分标准
1	高危险性	$H\geqslant(\mathrm{ave}+\sigma)$
2	较高危险性	$(\mathrm{ave}+0.5\sigma)\leqslant H<(\mathrm{ave}+\sigma)$

续表

等级值	等级名称	划分标准
3	中危险性	$(ave-0.5\sigma)\leqslant H<(ave+0.5\sigma)$
4	低危险性	$H<(ave-0.5\sigma)$

其中，H 为危险性指标值，ave 为区域内非 0 危险性指标值均值，σ 为区域内非 0 危险性指标值标准差。

8.2.2.2　雪灾危险性区划

2006—2020 年宁波市雪灾致灾因子中，雪灾过程积雪深度历年最大值(图 8.14)空间分布呈现出西北部大、东南部小的趋势，其中余姚市和慈溪市西北部一带积雪深度相对较大，大于 17 cm，向东南部逐级递减，老三区和镇海区、象山县南部积雪深度相对较小，小于 9.8 cm，其余地区积雪深度中等偏低；雪灾过程降雪量历年最大值(图 8.15)空间分布与积雪深度类似，呈现出西北部大、东南部小的趋势，其中余姚市和慈溪市西北部一带降雪量相对较大，镇海区、宁海县和象山县大部降雪量相对较小，其余地区降雪量中等。

图 8.14　宁波市雪灾过程积雪深度历年最大值分布图

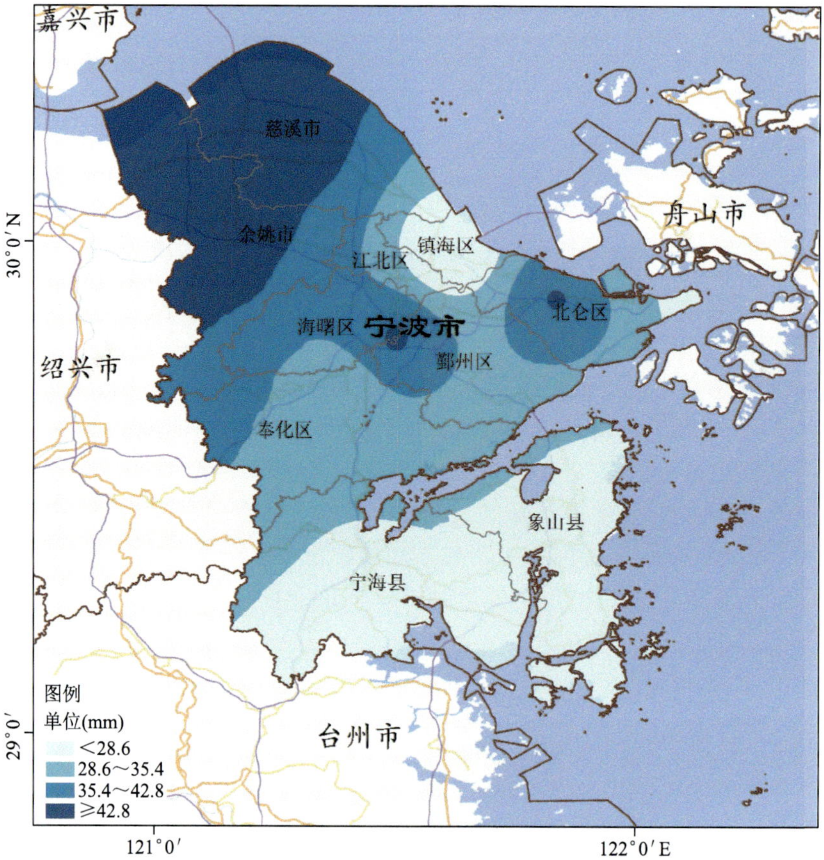

图 8.15　宁波市雪灾过程降雪量历年最大值分布图

2006—2020 年宁波市雪灾危险性空间分布(图 8.16)呈现西北部高、东南低的趋势，由西北向东南方向危险性递减，其中余姚、慈溪的北部为高等级，镇海区及周边、宁海县、象山县为低等级，其余地区介于两者之间。

8.2.2.3　冰冻危险性区划

2006—2020 年宁波市冰冻致灾因子中，冰冻过程累积降水历年最大值(图 8.17)空间分布呈现出西部山区降水量大、东部沿海降水量小的趋势，其余地区介于两者之间；冰冻过程最低日平均气温历年最小值(图 8.18)空间分布呈现出西部山区气温低、东部沿海气温高的趋势，其余地区介于两者之间。

2006—2020 年宁波市冰冻危险性分布(图 8.19)西部山区危险性高，其余地区为较高或较低等级交错，少部分地区为低等级。

8.2.2.4　覆冰危险性区划

受覆冰模型输入条件影响，模拟时段为 2006—2020 年。2006—2020 年宁波市覆冰致灾因子(覆冰厚度历年最大值)的空间分布(图 8.20)呈现出与海拔高度的高相关性，海拔越高覆冰厚度越大，最大超过 15.2 mm，低海拔地区覆冰厚度小于 3.4 mm。

宁波市覆冰危险性空间分布(图 8.21)与覆冰厚度相同，海拔越高覆冰危险性越大，低海拔地区危险性小。

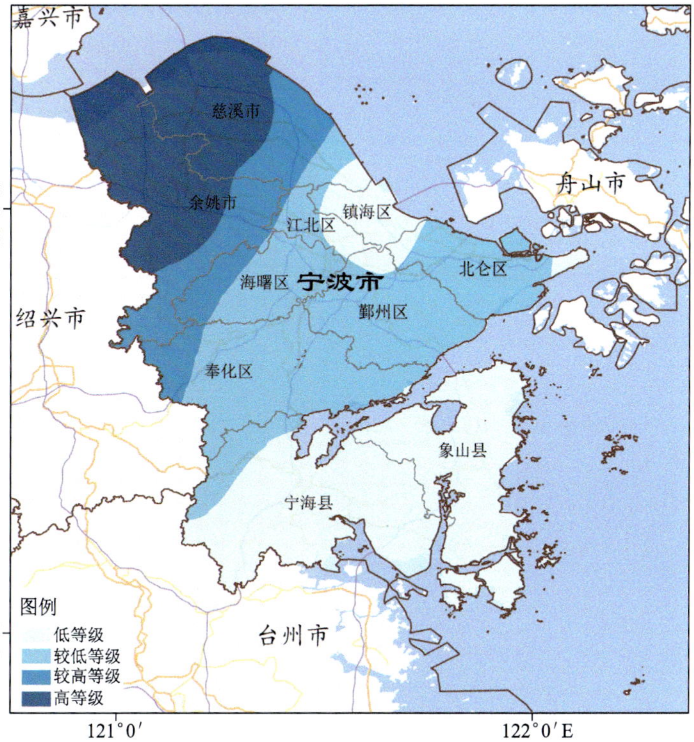

图 8.16　宁波市雪灾危险性分布图

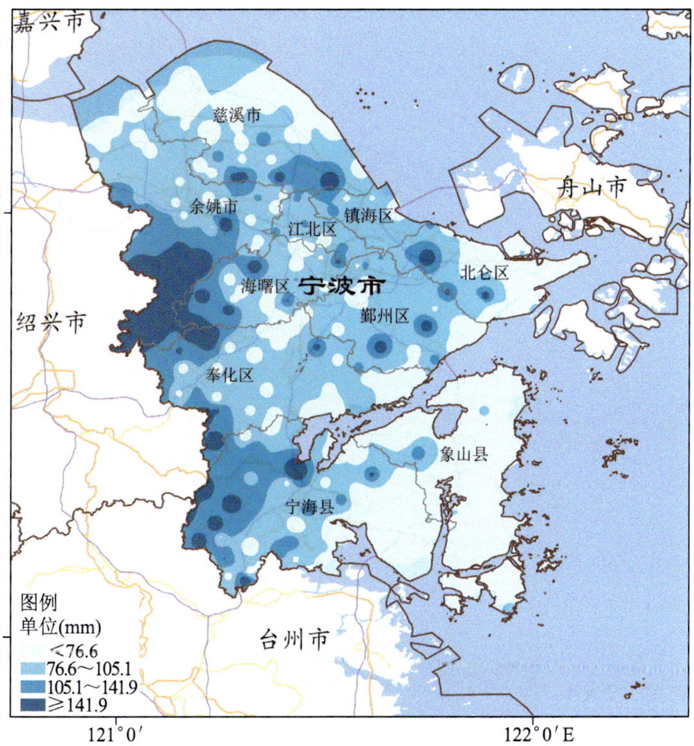

图 8.17　宁波市冰冻过程累积降水历年最大值分布图

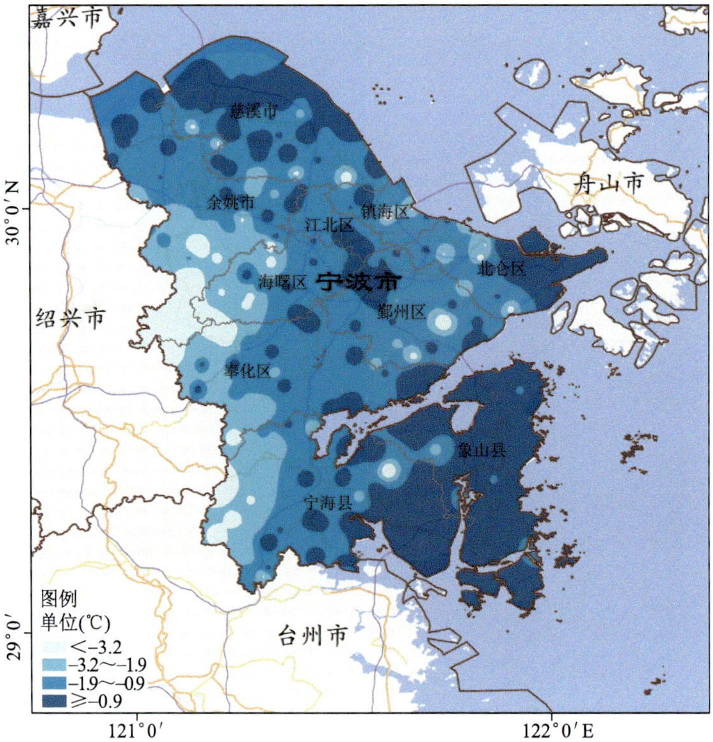

图 8.18 宁波市冰冻过程最低日平均气温历年最小值分布图

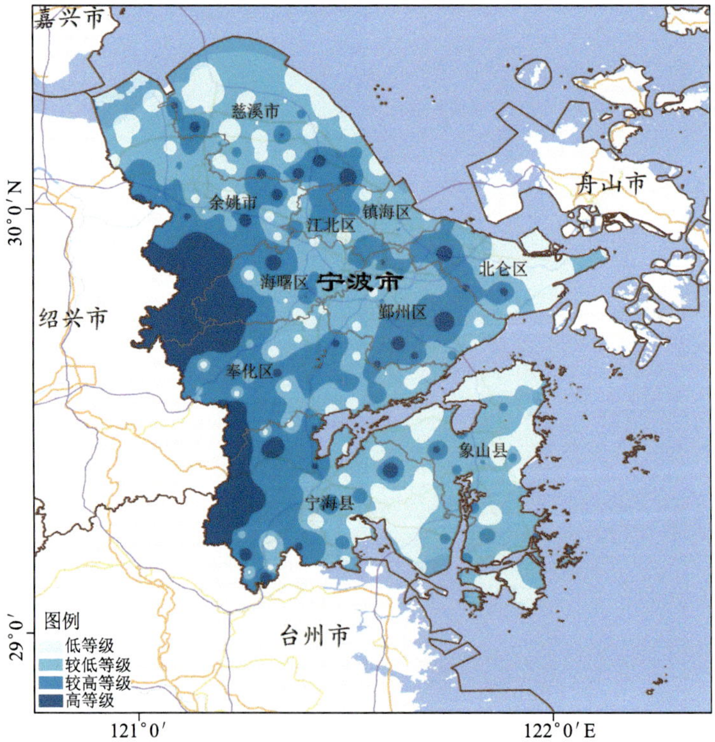

图 8.19 宁波市冰冻危险性分布图

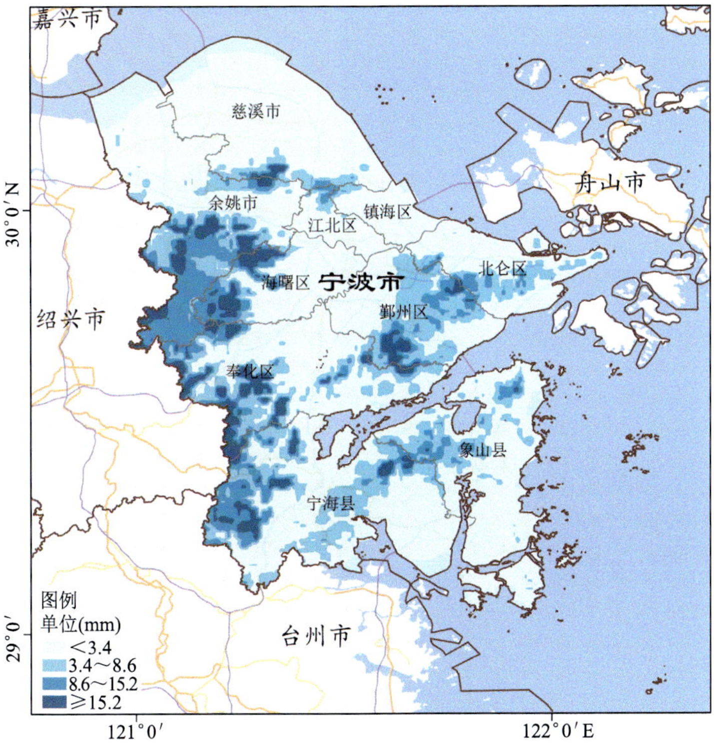

图 8.20　宁波市覆冰厚度历年最大值分布图

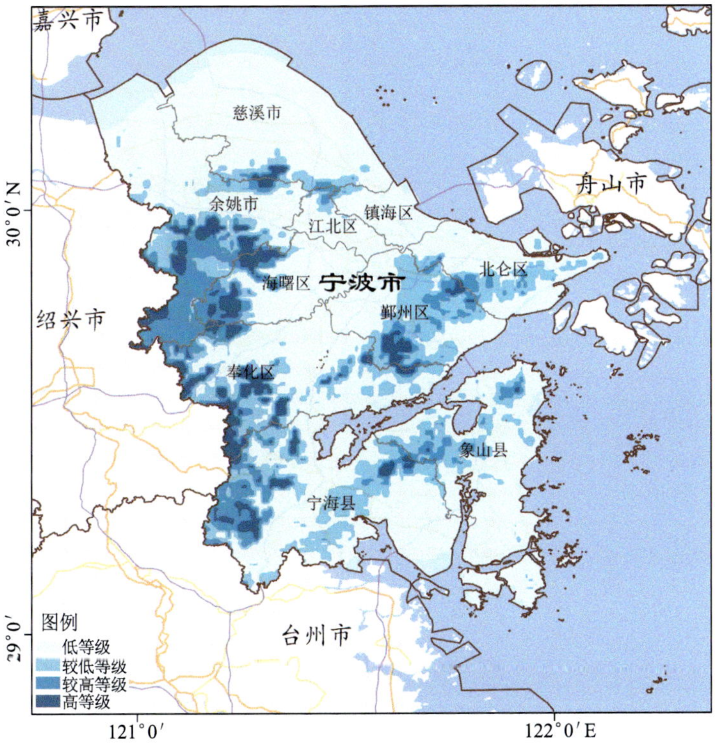

图 8.21　宁波市覆冰危险性分布图

8.2.2.5 综合致灾危险性区划

2006—2020 年宁波市雨雪冰冻综合致灾危险性空间分布(图 8.22)与海拔高度相关性高,海拔越高危险性越大,低海拔地区为较低等级。

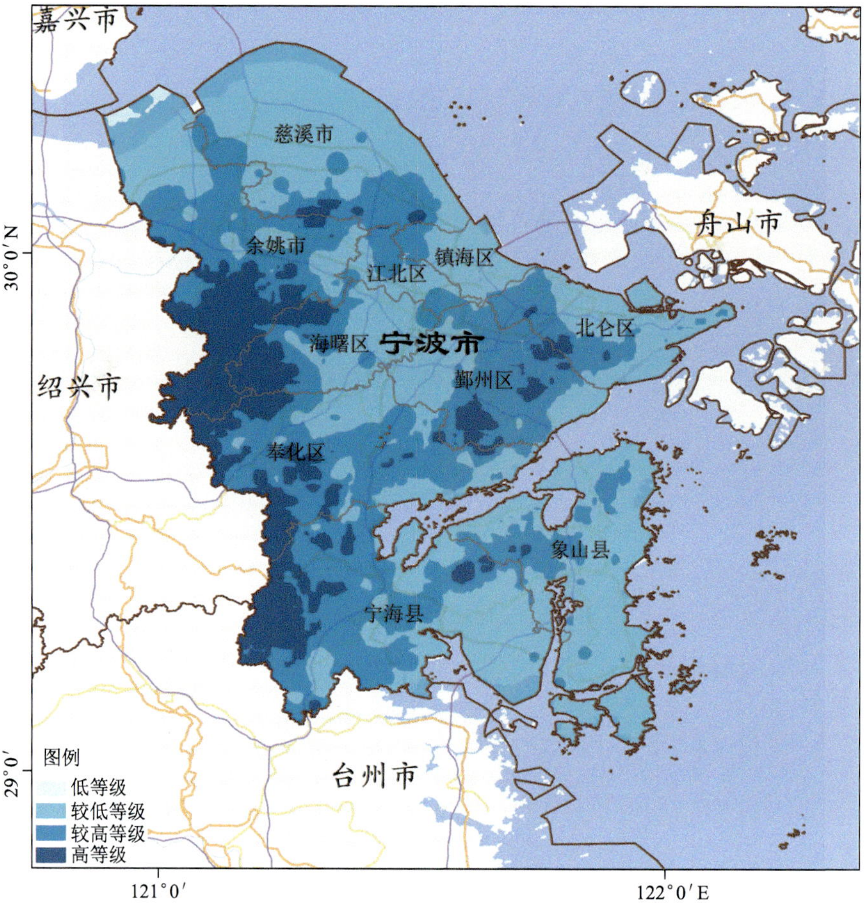

图 8.22 宁波市雨雪冰冻综合致灾危险性分布图

8.3 雨雪冰冻灾害风险评估与区划

8.3.1 承灾体暴露度评估

人口、经济承灾体暴露度评估详见附录 B。

8.3.2 承灾体脆弱性评估

8.3.2.1 人口脆弱性评估区划

随着社会经济发展,人们对雨雪冰冻灾害防御能力加强,假设各类人群在当前防御水平下,脆弱性均一,权重均一,即 V_{pop} 为 1。

8.3.2.2 经济脆弱性评估方法

假设经济综合脆弱性包含第一、二、三产业的经济脆弱性，且雨雪冰冻在对第一产业造成的损失很大程度上来源于种植业，近似以研究区内种植业生产总值与 GDP 的比值来表征第一产业经济脆弱性；假设灾害对第二、三产业的影响主要来源于对劳动力主体的直接或间接影响产生，近似以该地区标准化人口密度来表征第二、三产业经济脆弱性。计算公式见 2.3.2 节式(2.8)～式(2.10)。

8.3.2.3 经济脆弱性评估区划

宁波市雨雪冰冻灾害 GDP 脆弱性空间分布(图 8.23)呈现高海拔地区高、平原地区低，城市中心低、城市边缘高的趋势，与 GDP 暴露度空间分布成反向，越远离城市中心的地区第一产业分布相对广泛，人口稀疏，脆弱性越强，灾害冲击下越难恢复。

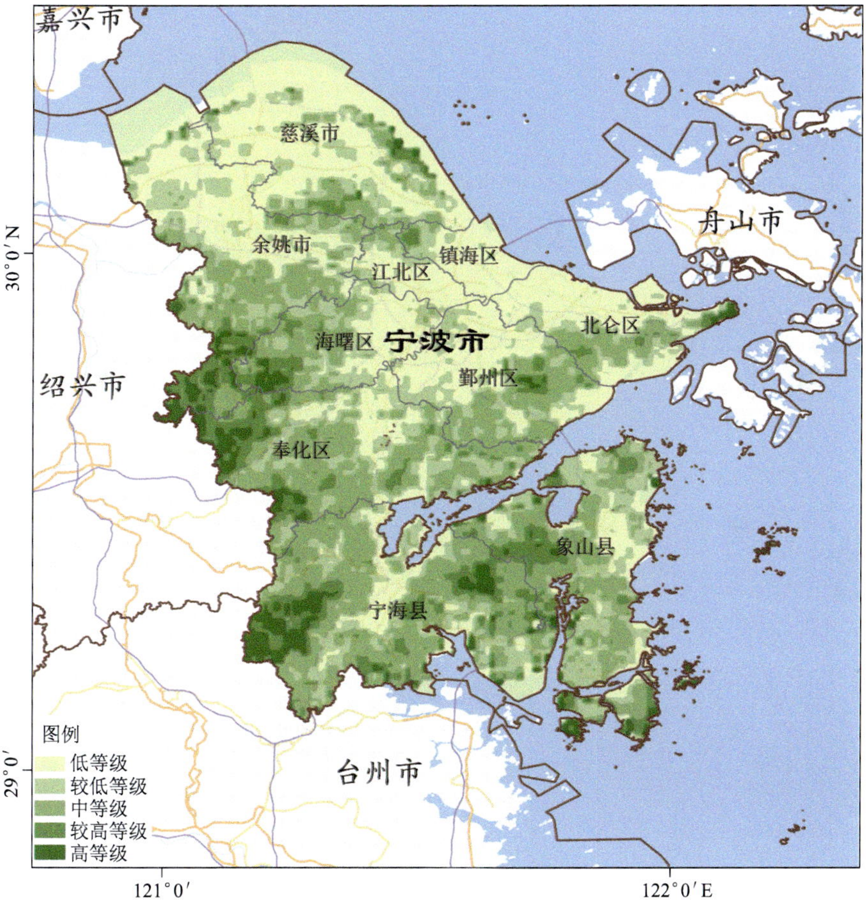

图 8.23 宁波市雨雪冰冻灾害 GDP 脆弱性分布图

8.3.3 风险评估

8.3.3.1 评估方法

基于雨雪冰冻灾害综合致灾危险性(H)、经济承灾体暴露度(E)以及经济承灾体脆弱性

(*V*)，根据区域灾害学理论，建立经济雨雪冰冻灾害风险评估模型，具体如下：

$$R=H\times V\times E \tag{8.4}$$

式中，R 为经济雨雪冰冻灾害综合风险；H、V、E 分别为归一化的雨雪冰冻综合致灾危险性指数、脆弱性指数、暴露度指数。针对不同承灾体，V、E 分别用不同承灾体的相应指标 V_{GDP}、V_{pop}、E_{GDP}、E_{pop} 代替。

8.3.3.2 雨雪冰冻灾害人口风险评估与区划

宁波市雨雪冰冻灾害受灾人口风险空间分布（图 8.24）呈周边地区低、城市中心高的趋势，受雨雪冰冻灾害人口暴露度空间分布影响最大，城市边缘受到雨雪冰冻综合致灾危险性影响，其中老三区和各区（县、市）的行政中心所在地受灾人口综合风险最高，其周边地区逐渐降至较低等级，其余地区普遍为低等级。

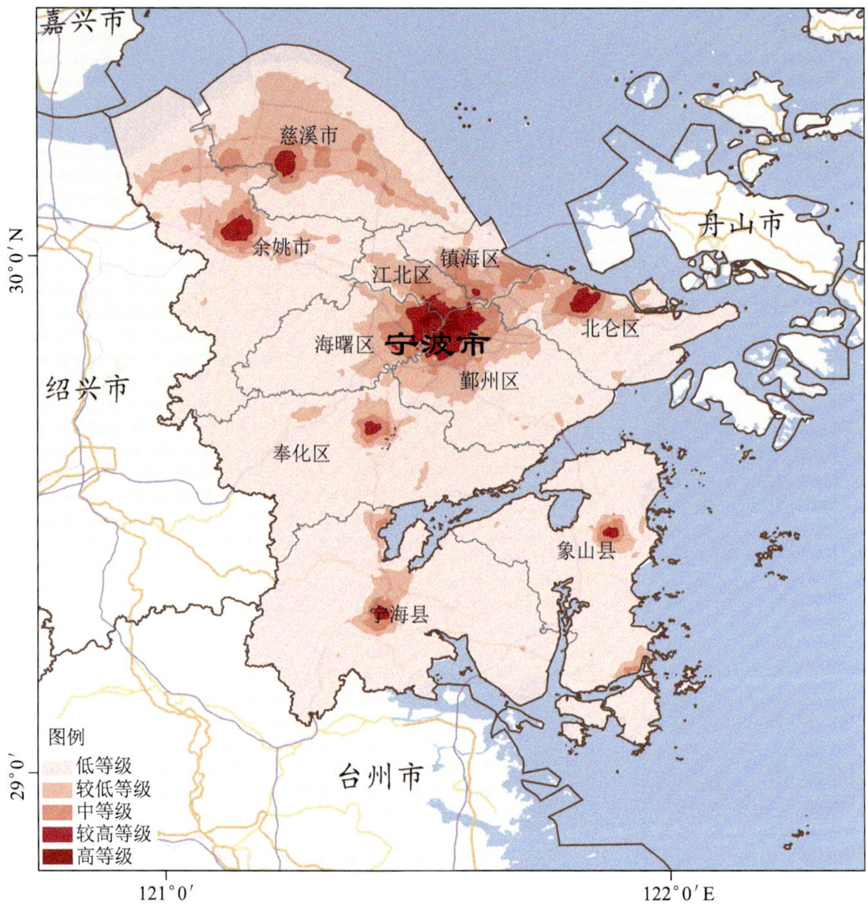

图 8.24 宁波市雨雪冰冻灾害人口综合风险分布图

8.3.3.3 雨雪冰冻灾害 GDP 风险评估与区划

宁波市雨雪冰冻灾害 GDP 风险空间分布（图 8.25）呈周边地区低、城市中心高的趋势，受雨雪冰冻灾害 GDP 暴露度空间分布影响最大，城市边缘受到雨雪冰冻灾害 GDP 脆弱性、雨雪冰冻综合致灾危险性影响，其中老三区和各区（县、市）中心区最高，其余地区综合风险普遍较低。

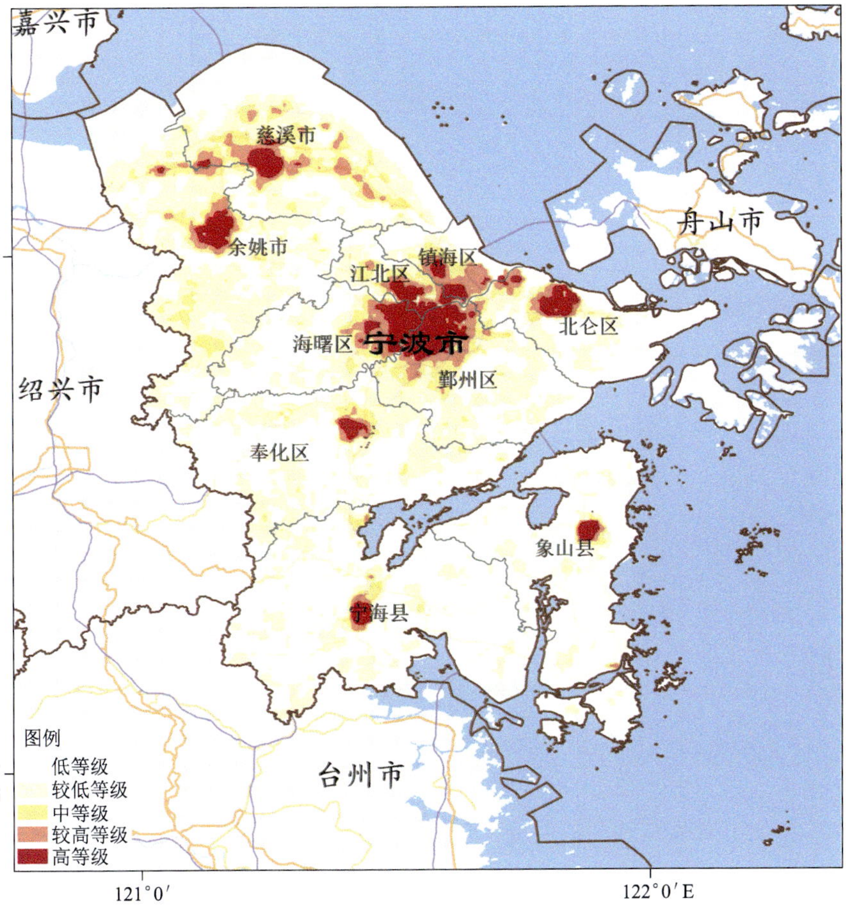

图 8.25　宁波市雨雪冰冻灾害 GDP 风险分布图

8.4　历史主要低温灾害事件

利用宁波市代表站鄞州国家气象站的致灾事件数据，根据 8.2.2 节中的致灾危险性评估方法，计算各类低温灾种的危险性指标，并根据表 8.2 对致灾事件进行等级划分，根据危险性指标排序，遴选出各灾种历史上 10 次相对较严重的灾害过程，并给出各次过程的气象统计特征值。

8.4.1　雪灾

利用鄞州国家气象站遴选出 1953—2020 年宁波市 10 次相对较严重的雪灾灾害过程，表 8.3 为各次雪灾过程的气象统计特征值。

表 8.3　宁波市主要雪灾过程信息表

序号	开始时间	结束时间	最大积雪深度/cm	过程降雪量/mm	降雪日数/d	等级
1	1977-01-28	1977-02-03	20	21	4	高危险性

续表

序号	开始时间	结束时间	最大积雪深度/cm	过程降雪量/mm	降雪日数/d	等级
2	1972-02-06	1972-02-10	18	17.3	4	高危险性
3	1985-12-10	1985-12-13	15	16.8	2	高危险性
4	1961-02-15	1961-02-17	11	33.6	2	高危险性
5	1964-02-18	1964-02-25	10	58.6	7	高危险性
6	1977-02-09	1977-02-10	10	30.5	1	高危险性
7	1977-01-04	1977-01-07	10	11.6	4	高危险性
8	1989-01-13	1989-01-14	10	10.8	2	高危险性
9	1970-01-07	1970-01-10	10	5.6	3	高危险性
10	2013-01-04	2013-01-06	9	15.7	3	高危险性

8.4.2 冰冻

利用鄞州国家气象站遴选出1953—2020年宁波市历史上10次相对较严重的冰冻灾害过程，表8.4为各次冰冻过程的气象统计特征值。

表8.4 宁波市主要冰冻过程信息表

序号	开始时间	结束时间	冰冻持续日数/d	过程累积降水量/mm	过程最低气温极值/℃	过程平均气温极低值/℃	等级
1	1977-01-01	1977-01-10	10	58.1	−6.2	−2.7	高危险性
2	1972-01-31	1972-02-09	10	74.6	−2.3	−0.3	高危险性
3	2016-01-21	2016-01-24	4	36.1	−5	−4.2	较高危险性
4	2010-12-12	2010-12-16	5	73.8	−2.6	−0.6	较高危险性
5	1991-12-25	1991-12-28	4	36.6	−5.1	−3.6	较高危险性
6	1981-02-27	1981-03-04	6	58.5	−2.4	−0.7	较高危险性
7	1977-01-28	1977-01-31	4	22.3	−6.6	−2.9	较高危险性
8	1976-12-22	1976-12-27	6	30.7	−3.6	−2.1	较高危险性
9	2013-01-02	2013-01-08	7	46.3	−1.1	0.5	中危险性
10	2012-12-26	2012-12-30	5	51.8	−1.5	−0.1	中危险性

8.4.3 历史灾害事件

1964年：2月17—25日平均气温维持在−0.9～1.8 ℃，连续9 d降雪（雨）天气，其中19日下午开始全市普降暴雪，鄞县、余姚、奉化降雪量分别为28.5 mm、26.9 mm、23.1 mm，其他各县12～20 mm，全市积雪日数北部9～11 d，南部5～6 d，最大积雪深度8～14 cm，造成春花作物及山林特产、毛竹受到严重影响，电杆折断致停电、停通信，交通一度中断，其中余姚县房屋倒掉3421间，死牛54只、猪185只、羊324只；大豆损失较严重，其中临山大队折断压伤占35%，林特产、毛竹影响占80%，全县7500 t毛竹受损失，对果树、茶树也有不同程度影响；电话线断杆54根，倒杆484根，断线500多档区，县到区9条线路7条不通，50%公社电话不通，县至区有 20 档左右广播线中断，汽车运输停业一天。

1984 年：1 月 15 日—2 月 10 日，宁波市北部降雪(雨)达 17～21 d，南部 15 d，平原积雪深度 10 cm，最大奉化 14 cm，山区积雪 10～30 cm，局部达 45～100 cm，余姚平原交通中断半天，山区中断一月有余，大批毛竹被压断，压断电杆 615 根，造成全县停电、停通信、停广播，严重影响工农业生产和人民生活。鄞县因大雪压塌新旧房屋 321 间，猪牛舍 820 间，牛羊猪压死、饿死、冻死 86 只，压断小竹、毛竹约 50 万株，因房子压倒受灾人口 1052 人，“三线”中断 39 条，高压线中断电源的就有 26 条，公路交通也有中断发生。

1998 年：3 月 19—21 日出现的寒潮，市区 48 h 降温达 13.8 ℃，全市出现了大范围的降雪、雷暴、冻雨天气，受此影响，交通事故突增，部分山区因电线电杆被压断使供电中断达 3 d 之久，这种春分边上的强降温，导致榨菜根茎膨大受阻，竹笋春发困难，油菜结实率下降，樱桃、梨、李、桃等花瓣被冻伤，山区毛竹部分被压断，全市有 2000 只蔬菜大棚被雪压塌，明前茶损失一半以上。

2008 年：1 月 13 日—2 月中旬宁波出现罕见的低温雨雪冰冻天气，1 月 13 日—2 月 20 日、2 月 24—28 日 400 m 以上高山均出现持续低温冰冻，2 月 13 日四明山最低气温达－10.0 ℃，其他海拔较高的山区也在－7 ℃以下。1 月 28 日夜里到 29 日各地山区出现冻雨，2 月 1—2 日部分山区出现冻雨，各地出现大雪，四明山区积雪深度达 40 cm，部分地区厚达 1 m，四明山镇冰封达 33 d。这次低温雨雪冰冻灾害影响范围大，持续时间长，破坏的严重程度历史罕见，尤以电力、交通、农业为最。据民政部门统计，全市共有受灾人口 46 万，以山区为主，农作物受灾面积 6.6 万 hm^2，其中成灾 1.9 万 hm^2，农业经济损失达 2.3 亿元。

2016 年：1 月 20—25 日受“霸王级”寒潮影响，0 ℃以下低温持续 50 h 以上，过程最低气温平原－8～－6 ℃，西部山区－14～－10 ℃，余姚、鄞州、奉化、宁海等部分山区积雪达 20～50 cm。

第9章 风 雹

风雹指伴有冰雹和雷暴大风的强对流天气过程,这两种天气现象经常相伴出现。由于受到高空切变、地面冷空气和不稳定能量等条件的共同影响,风雹天气具有社会危害性极大、突发性强、预报难度大的特点,其来势迅猛,使庄稼轻则减产,重者绝收,造成巨大的农业损失。因此,雷暴大风和冰雹的天气预报一直是气象部门关注的焦点。

9.1 调查方法与调查资料

9.1.1 冰雹资料获取及处理

冰雹一般指降落于地面的直径大于5 mm的固体降水,冰雹资料来源于宁波市普查上报的冰雹数据。根据雹日的规定,一天内只要出现冰雹过程,不论次数多少、降雹时间长短,均记为1个雹日。1个雹日可能出现多次降雹过程,降雹持续时间和冰雹直径取1个雹日当中的最大值(赵文慧 等,2019)。

降雹时间的质量控制上,一次降雹过程一般持续1~15 min,少数在30 min或以上,如果记录中出现降雹时间超过15 min的,需与观测记录核对,如无法确认则只记录雹日,不记录持续时间。

冰雹特征分析利用宁波市普查上报的冰雹数据统计,冰雹灾害危险性评估利用全省国家气象站冰雹数据统计结果插值得出。

9.1.2 雷暴大风资料获取及处理

根据定义,雷暴大风是指极大风速大于17.2 m/s(8级)且伴有雷电的天气,因此,通过极大风速及雷电发生情况来判别雷暴大风事件。极大风速资料来自宁波市(表1.1)建站以来的日极大风速数据及宁波市内所有乡镇代表站建站至2020年的小时极大风速数据,数据来源于浙江省气象信息网络中心。雷电资料选取宁波市建站至2013年人工观测雷暴记录(2014年起停止此项观测)及浙江省ADTD闪电定位系统监测的闪电数据,数据分别来源于浙江省气象信息网络中心及浙江省气象安全技术中心。

9.1.2.1 雷暴大风事件提取方法

一是剔除台风天气系统导致的过程;二是有小时记录之前,用宁波市日极大风速记录及人工观测雷暴日记录判别;三是有小时记录当日起,若该日期为2007年之前,则默认4—9月乡镇代表站观测的小时极大风速大于17.2 m/s的过程均为雷暴大风;四是有小时记录当日起,若该日期为2007年1月1日之后,则通过乡镇代表站极大风速小时记录和ADTD闪电定位记录来判别。

综上所述,2003年前通过宁波市日观测资料获得雷暴大风频次;台站观测仪器升级,通过该站小时风速记录获得雷暴大风频次,或通过宁波市其他乡镇代表站小时风速资料获得雷暴大风频次。

9.1.2.2 数据选取原则

雷暴大风年际变化、月际变化利用宁波市 1971—2003 年日极大风速记录及 2004—2020 年小时极大风速记录分析;雷暴大风日变化利用该站小时极大风速记录分析。

雷暴大风灾害危险性评估利用 2006—2020 年全市乡镇代表站小时极大风速记录及 ADTD 闪电定位数据来分析。

9.1.2.3 指标数据归一化处理方法

为了消除各指标的量纲和数量级差异,采用 max-min 标准化方法对各评估单元间的评估指标进行归一化处理,将有量纲的数值转化为无量纲的数值,处理方法见第 3.1.2.3 小节。

9.2 致灾危险性调查与评估

9.2.1 基本气象特征分析

以宁波市除石浦站以外的国家气象站(表 1.1)为代表站点,对冰雹灾害过程进行时间序列分析,对冰雹发生频数的年际变化、月际变化和各区(县、市)分布按参与站点取平均,冰雹的分析年份为 1953—2020 年;雷暴大风因大多数国家气象站从 20 世纪 70 年代才有最大风观测,其分析年份为 1971—2020 年。

9.2.1.1 冰雹特征分析

年际变化:通过调查,宁波市全部站点 1953—2020 年共观测到降雹总次数为 72 次,2020 年最多,为 6 次,2009 年次之,为 5 次;从每年按站点平均后冰雹次数的年际变化来看(图 9.1),1960 年最多为 1 次,1977 年次之,为 0.67 次;有 32 a 未出现冰雹。

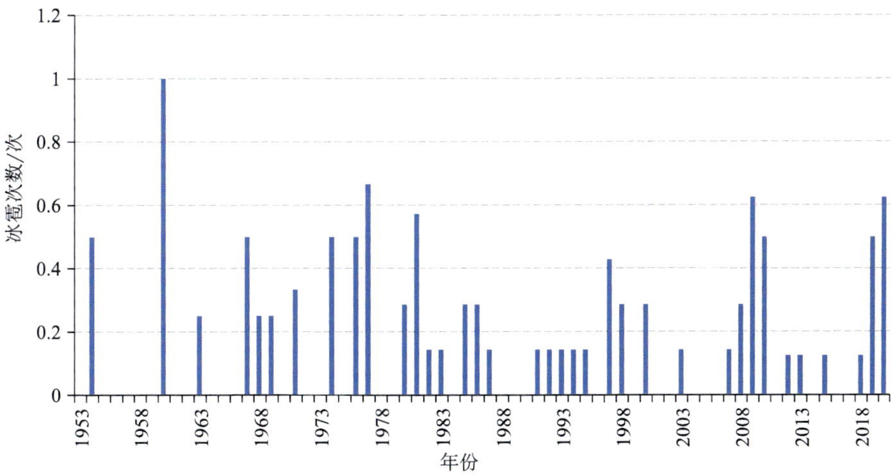

图 9.1 宁波市站均冰雹次数年际变化

月际变化:图 9.2 为 1953—2020 年宁波市雹日站点均值的月际变化,冰雹主要发生在春夏两季,其中 3 月最多 0.035 次/(站·a),5 月次之 0.034 次/(站·a)。

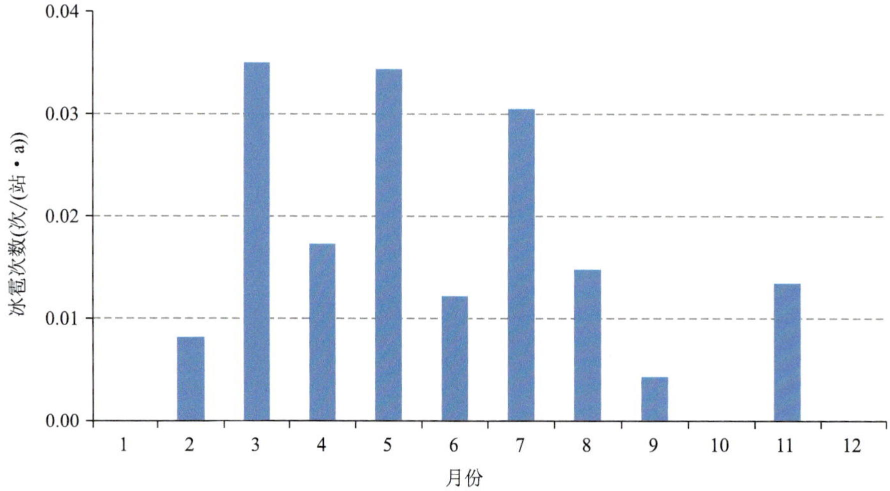

图 9.2 宁波市站均冰雹次数月际变化

1953—2020 年宁波市年均冰雹次数的地区分布(图 9.3)上，北仑区最多为 0.28 次/a，鄞州区次之为 0.24 次/a，象山县最少为 0.07 次/a。海曙区、江北区因没有国家气象站，无冰雹记录，可以参考周边的区(县、市)。

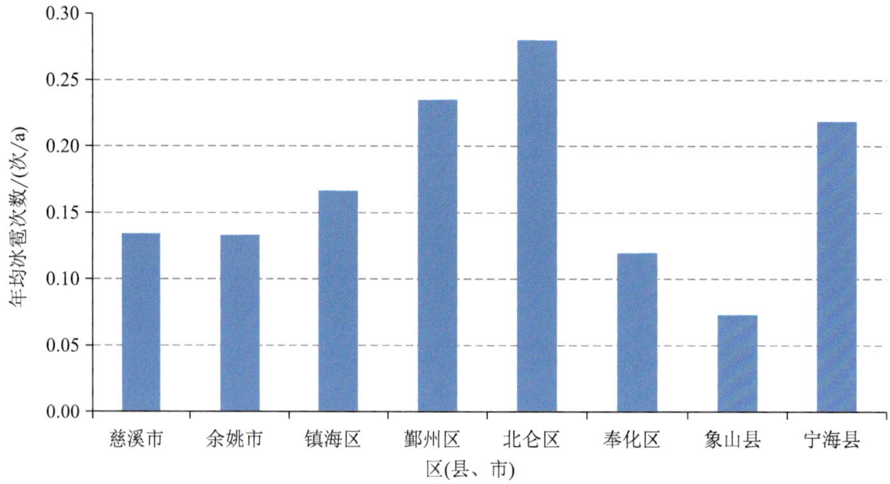

图 9.3 宁波市各区(县、市)年均冰雹次数

9.2.1.2 雷暴大风特征分析

年际变化：从宁波市雷暴大风频次年际变化来看(图 9.4)，1971—2020 年共监测到雷暴大风 310 次，平均 6.2 次/a，频次最高的 2006 年达 17 次，其次是 1980 年的 14 次，2007 年后频次较低，平均 3.6 次/a。

宁波市雷暴大风强度没有明显的年际变化趋势(图 9.5)，年极大风速极值 2007 年最大，达 36.9 m/s，其他年份在 18.2～33.4 m/s。

月际变化：宁波市雷暴大风月累计频次最高的 4 月为 58 次(图 9.6)，占总数的 20.8%，其次 8 月为 43 次，占总数的 15.4%，这与宁波市春、夏季为强对流的高发季节一致。从雷暴大

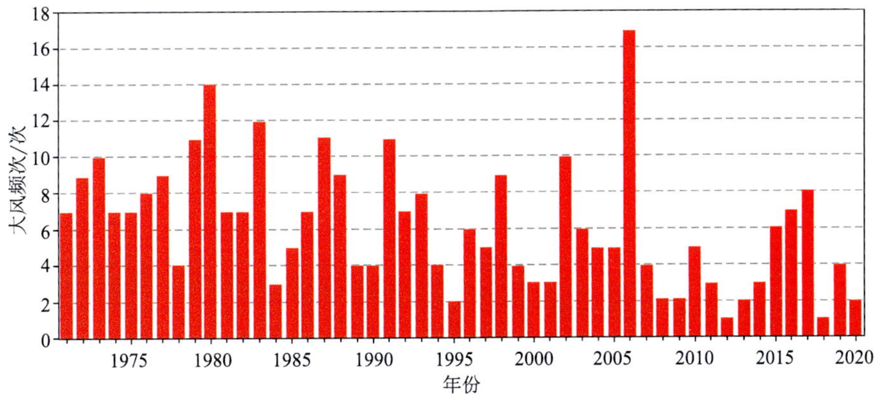

图 9.4　宁波市雷暴大风频次年际变化

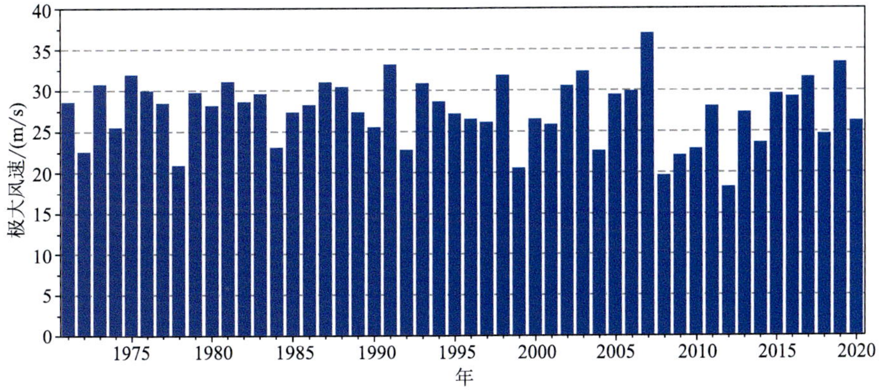

图 9.5　宁波市雷暴大风强度年际变化

风强度来看(图 9.7),8 月强度最高,月极大风速极值达 36.9 m/s,1 月强度最低,月极大风速极值为 20.0 m/s。

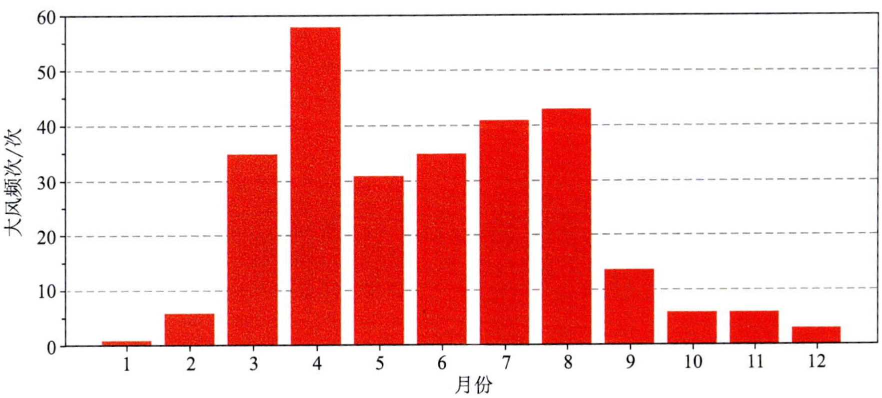

图 9.6　宁波市雷暴大风累计频次月际变化

日变化:宁波市雷暴大风频次具有明显的日变化特征(图 9.8),午后至前半夜为雷暴大风的高发时段,频次最高出现在 15 时、20 时,04—12 时雷暴大风事件较少,其中,07 时、09—11 时未出现雷暴大风。从雷暴大风强度日变化来看(图 9.9),午后至前半夜强度大于 23 m/s,其

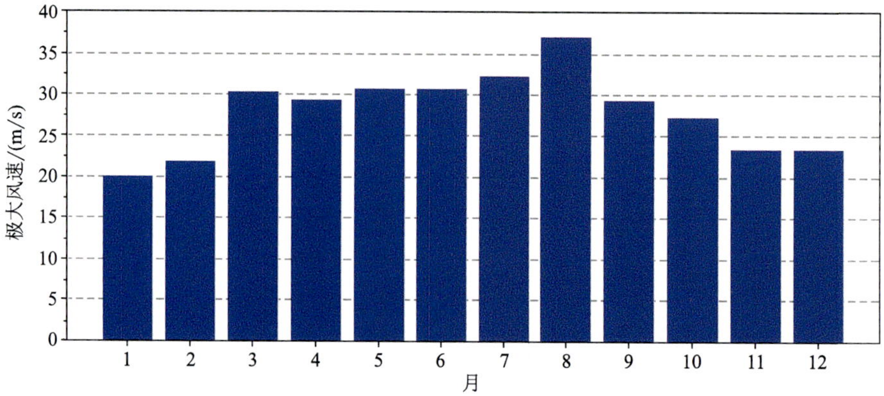

图 9.7　宁波市雷暴大风强度月际变化

中 15 时最强，极大风速为 36.9 m/s，20 时次之，为 31.7 m/s。

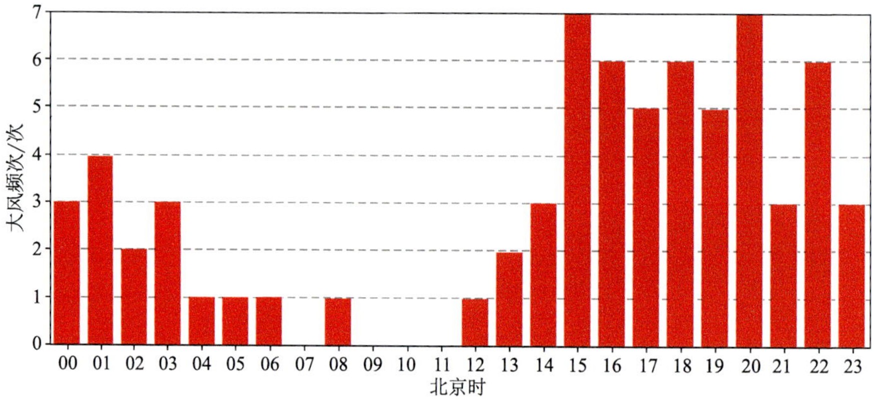

图 9.8　宁波市雷暴大风频次日变化

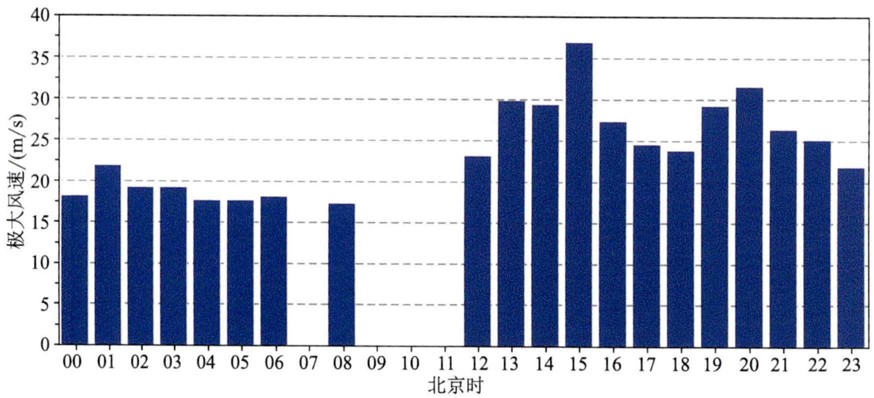

图 9.9　宁波市雷暴大风强度日变化

9.2.2　致灾危险性评估及区划

根据风雹灾害特点，确定致灾因子并建立危险性指数，利用自然断点等方法将灾害危险性划分为低危险性、较低危险性、较高危险性和高危险性 4 个等级。

9.2.2.1　冰雹灾害危险性评估

根据《浙江省气象灾害调查与风险评估实施技术细则》之 12.3.2“风雹灾害风险评估及区划”，冰雹灾害危险性评估有两种方法。

方法一：

$$H_1 = 0.5X_G + 0.5X_R \tag{9.1}$$

式中，H_1 为冰雹灾害危险性指数；X_G 为冰雹强度指数样本平均值，通过灾损指数确定的冰雹致灾因子加权求和得到；X_R 为雹日样本累计值。计算前各因子先进行空间范围的归一化处理。

方法二：直接选用最大冰雹直径、降雹持续时间、雹日作为冰雹灾害致灾因子来计算冰雹灾害危险性指数：

$$H_1 = w_D \times X_D + w_T \times X_T + w_R \times X_R \tag{9.2}$$

式中，H_1 为冰雹灾害危险性指数；X_D 为最大冰雹直径样本平均值；X_T 为降雹持续时间样本平均值；X_R 为雹日样本累计值。计算前各因子在空间范围内进行归一化处理。w_D、w_T、w_R 分别为三个因子的权重系数，$w_D + w_T + w_R = 1$。

1953—2020 年宁波市国家基本气象站共观测到冰雹记录 72 条。利用全市国家气象站数据，采用插值方法得到的宁波市年均雹日分布表明(图 9.10)，空间上整体呈现中间多、西北和东南少的趋势，老三区、北仑区、宁海县中部最高，年均值高于 0.2 d，象山县中部和南部最低，

图 9.10　宁波市年均雹日分布图

小于 0.11 d,其余地区介于两者之间。

采用方法二计算宁波市冰雹灾害危险性指数,根据专家打分法,w_D、w_T、w_R 权重比设为 2∶2∶6。从宁波市冰雹灾害致灾因子危险性分布图(图 9.11)上看,冰雹灾害危险性与年均雹日相关性高,也呈现中间多、西北和东南少的分布趋势,北仑区和宁海县中部危险性等级高,象山县中部、南部和慈溪市城区为低等级,其余地区介于两者之间。

图 9.11 宁波市冰雹灾害危险性分布图

9.2.2.2 雷暴大风灾害危险性评估

根据《浙江省气象灾害调查与风险评估实施技术细则》,采用雷暴大风的年平均次数 G(频次,次/年)和极大风速 P(强度,m/s)计算雷暴大风灾害危险性指数。

$$H_2 = w_G \times G + w_P \times P \tag{9.3}$$

式中,H_2 为雷暴大风灾害危险性指数;G 为雷暴大风频次;P 为雷暴大风强度;w_G、w_P 分别为各因子的权重,权重比设为 4∶6。

利用全省乡镇代表站 2007—2020 年雷暴大风小时记录,采用插值方法得到宁波市雷暴大风频次及强度分布,发现宁波市雷暴大风主要集中在邻近三门湾地区、东部沿海地区、奉化区西北部山区、余姚市西北部、慈溪市北部,超过 2.1 次/年(图 9.12),其余大部分地区雷暴大风频次均较低,低于 0.6 次/年;雷暴大风强度总体呈散点状分布的趋势,余姚市中部、海曙区与奉化区交界处、象山县南部、象山港两岸的局部地区雷暴大风强度强,超过 21.7 m/s(图 9.13),雷暴大风强度低的地区小于 19.4 m/s。

图 9.12 宁波市雷暴大风年均频次分布图

图 9.13 宁波市雷暴大风极大风速分布图

雷暴大风灾害危险性呈分散分布特征(图 9.14),高危险性区主要出现在余姚市西部、奉化区、宁海和象山县南部靠近三门湾地区、象山港两岸,其他地区为较低危险性区或较高危险性区。

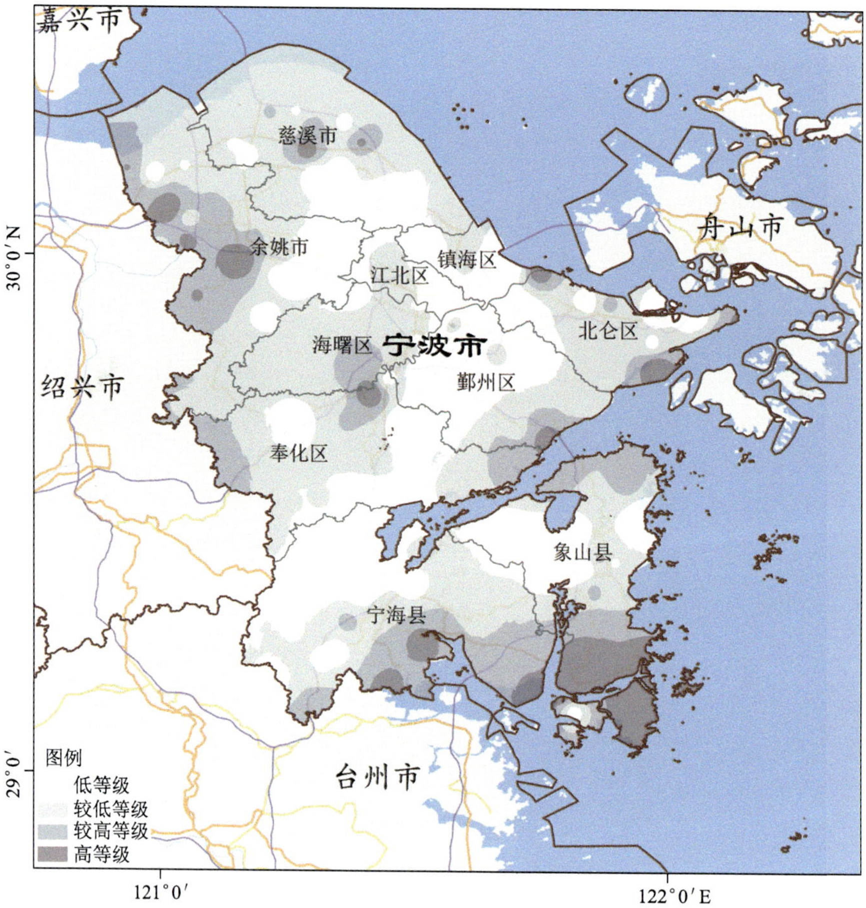

图 9.14 宁波市雷暴大风灾害危险性分布图

9.2.2.3 风雹灾害危险性评估

对雷暴大风、冰雹危险性指数累积加权得到风雹灾害综合危险性指数,采用专家打分法确定权重系数:

$$H = w_1 \times H_1 + w_2 \times H_2 \tag{9.4}$$

式中,H 为风雹灾害综合危险性指数;H_1 为冰雹灾害危险性指数;H_2 为雷暴大风灾害危险性指数;w_1、w_2 为冰雹和雷暴大风的权重系数,分别取 0.3、0.7。计算前 H_1、H_2 先在空间样本中进行归一化处理。

宁波市风雹灾害高危险性区出现在余姚市西部、奉化区、宁海和象山县南部靠近三门湾地区、象山港两岸(图 9.15),慈溪市南部、余姚市东部、江北区、镇海区、鄞州区和象山县为低或较低等级。

图 9.15　宁波市风雹灾害危险性分布图

9.3　风雹灾害风险评估与区划

9.3.1　孕灾环境敏感性

冰雹灾害是强对流云团发生、发展和快速移动的产物，地表海拔高度对冰雹云的形成有重要影响，同时，海拔高度与雷暴大风的关系密不可分，一般来说，风速随高度增加而递增，高海拔地区无遮挡物，因此，地势高的地区更容易遭受大风侵袭，即海拔高度越高，雷暴大风危险性越大。

此外，雷暴大风灾害和当地的地表覆盖类型、覆盖度紧密相关，大风的产生和发展受森林的影响巨大，成群的林木是天然的防风屏障，森林覆盖密度越高，大风致灾作用越弱，反之则致灾作用越明显，故应考虑到植被覆盖密度在雷暴大风孕灾环境中的重要性。

因此，风雹灾害孕灾环境主要考虑海拔高度、植被覆盖度等。综合考虑各影响因子对调查区域孕灾环境敏感性的不同贡献度，运用层次分析法和专家打分法设置相应的权重，加权求和计算得到孕灾环境敏感性评估指标。

$$S = w_H \times 海拔高度 + w_V \times (1 - 植被覆盖度) \tag{9.5}$$

式中，S 为孕灾环境敏感性评估指标；w_H、w_V 为海拔高度和植被覆盖度的权重系数，分别取 0.6、0.4。计算时海拔高度和植被覆盖度先在空间样本中进行归一化处理。

从图 9.16 可以看出，宁波市风雹孕灾环境敏感性整体上高海拔山区为高等级，平坦地区为较高等级，其余地区为较低或低等级。

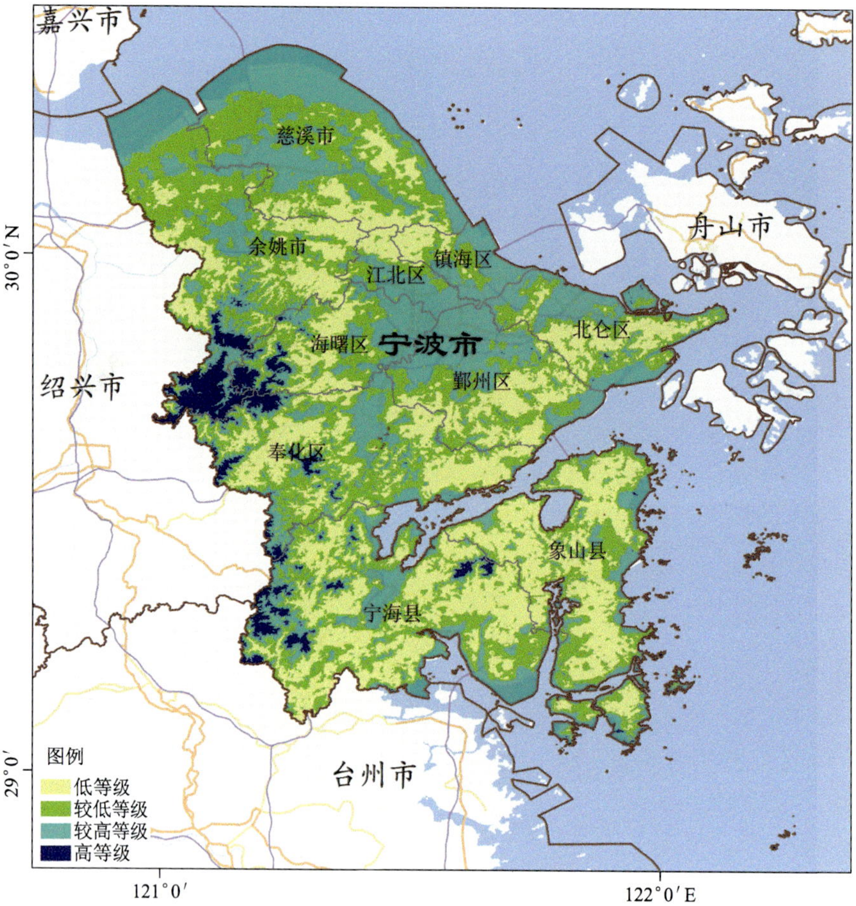

图 9.16　宁波市风雹灾害孕灾环境敏感性分布图

9.3.2　承灾体易损性

承灾体易损性(S)通常表示为承灾体的暴露度(D)×脆弱性(F)。人口和经济的暴露度分别用人口密度和地均 GDP 表示；脆弱性分别使用人员伤亡数占人口的比重和直接经济损失占 GDP 的比重表示。由于宁波市人口和经济的灾损数据缺乏，因此，使用人口暴露度表征人口易损性 V_P，使用 GDP 暴露度表征经济易损性 V_E。人口、经济承灾体暴露度评估详见附录 2。

9.3.3　风雹风险评估与区划

结合致灾因子危险性指数、孕灾环境敏感性指数、承灾体脆弱性指数，采用加权求积的方法，分别得到评估区域内的风雹灾害人口影响及经济影响风险评估指数。

$$人口影响风险指数 R_P = H^{w_H} \times S^{w_S} \times V_P{}^{w_V} \tag{9.6}$$

$$经济影响风险指数 R_E = H^{w_H} \times S^{w_S} \times V_E{}^{w_V} \tag{9.7}$$

式中，R_P 为风雹灾害人口影响风险指数；R_E 为风雹灾害经济影响风险指数；H 为致灾因子危险性指数；S 为孕灾环境敏感性指数；V 为承灾体脆弱性指数，其中 V_P 为人口易损性，V_E 为经济易损性；w_H、w_S、w_V 分别为 H、S、V 的权重，利用专家打分法分别赋值 0.5、0.2 和 0.3，当权重越大时各指数影响反而越小，因此，计算时需先将 w_H、w_S、w_V 扩大 10 倍。

利用自然断点等方法，将风雹灾害对不同承灾体的风险划分为低风险、较低风险、中风险、较高风险和高风险 5 个等级，绘制评估区域的风雹灾害风险区划图，其中，宁波市风雹灾害受灾人口综合风险（图 9.17）高等级区域主要在老三区、北仑区到镇海区的北部沿海、慈溪市主城区及部分地区，余姚市、奉化区、宁海县的主要城区，象山县中心城区、石浦镇的局部地区，其余乡（镇、街道）风险等级为中或较低；宁波市风雹灾害 GDP 风险高等级区域为各区（县、市）的中心城区（图 9.18），其余乡（镇、街道）风险等级为中或较低。

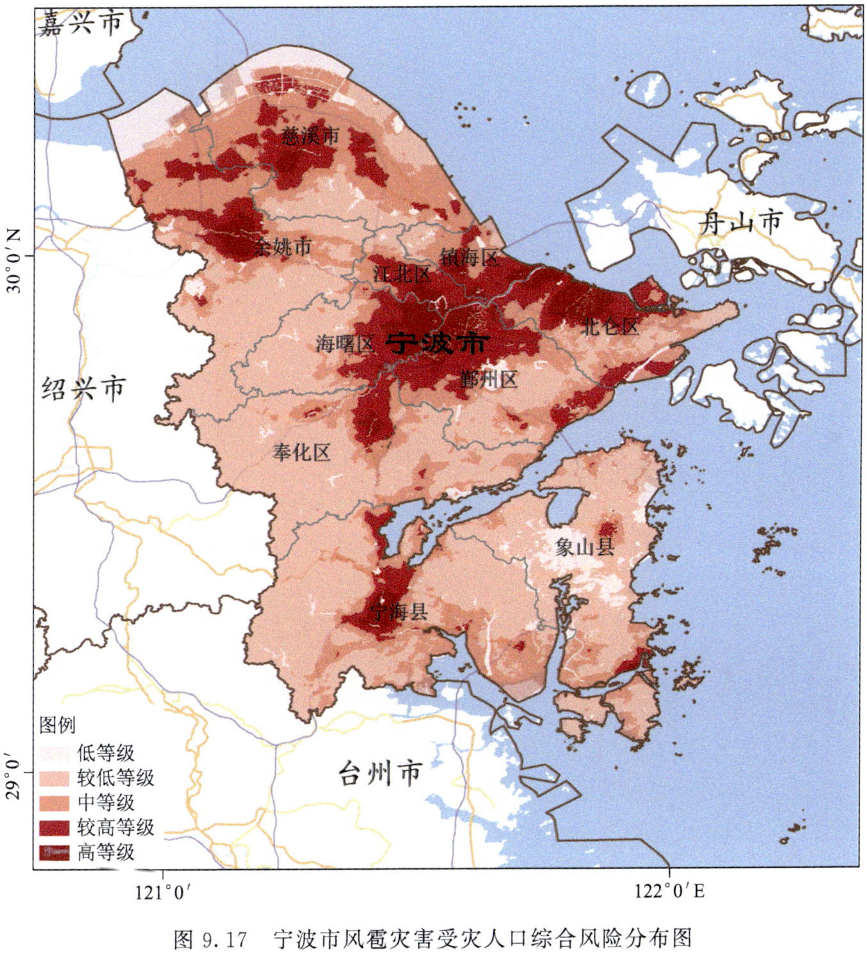

图 9.17 宁波市风雹灾害受灾人口综合风险分布图

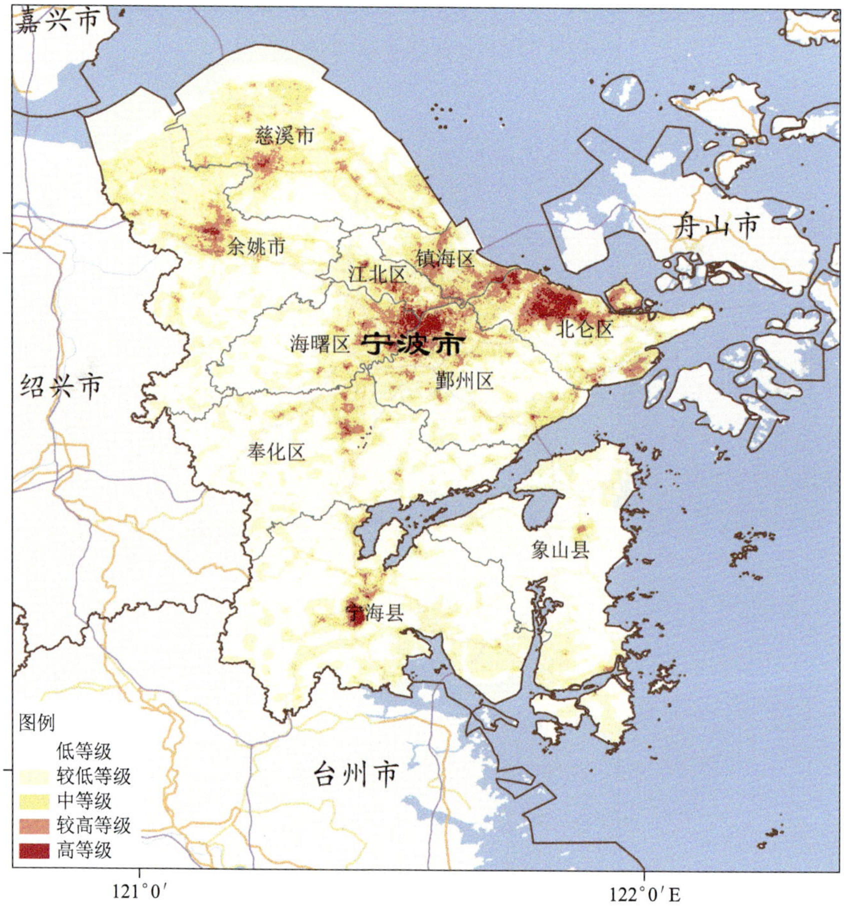

图 9.18 宁波市风雹灾害 GDP 综合风险分布图

9.4 风雹历史灾害事件

1953 年:5 月 7 日 00 时左右,余姚庵东、泗门、周朝、浒山、周巷、横河、城北等 7 个区的 28 个乡遭冰雹侵袭,最大雹径达 33 cm,一般若鸡蛋,小者如花生米,全县倒塌瓦房 22 间,草房 17 间,倒墙 4 户,伤 4 人,打破盐板 4 块,春花作物受灾 0.29 万 hm^2,其中绝收 0.2 万 hm^2。

1956 年:7 月 8 日 18 时,余姚县从临山乡自西北向东南 9 个乡、镇部分地区突遭 9 级以上大风和冰雹、暴雨侵袭,东西长达 40 km、南北约 15 km,大风冰雹成带形,受灾户非常集中,全县 17 个乡受灾,倒坍瓦、草房 444 间,损坏 2000 余间,死 1 人,重伤 18 人,轻伤 34 人,损失粮食 5300 t。

1963 年:5 月 8 日 18 时冰雹袭击慈溪市,测站测得冰雹直径一般为 2 cm,最大直径 4 cm,也有片状的(球形),极大风速为 14.7 m/s,冰雹主要降在自小安乡向东至观城歧山公社,历时 1 h,共毁损房屋 627 间,损害棉花 0.27 万 hm^2,春花作物 0.37 万 hm^2,损失原盐 24 t,伤 2 人。

1973 年:6 月 27 日慈溪庵东、长河、浒山、双城、龙山一带遭龙卷和冰雹袭击,损失盐板

13590 块及风车、水车、卤缸、盐仓等，损失原盐 363.5 t，瓦房 1908 间，草房 1530 间，12 人受伤，有 2 万 hm^2 棉花叶子受损伤。7 月 10 日 15 时 15—45 分，约 30 min 内，慈溪市泗门、万胜、曹娥、镇海和庵东区的西三等 5 个公社在同一时段内遭两股龙卷严重侵袭，损失严重，经调查，受灾社员 53 户 291 人，被风卷走和吹倒房屋 145 间，房屋受损 179 间，卷走盐板 480 块，被旋风卷起摔伤或压伤 87 人，其中重伤 31 人、轻伤 56 人，死亡 1 人。

1977 年：4 月 24 日余姚县黄明、梁辉等 12 个公社的 34 个大队遭冰雹袭击，测得冰雹有重 0.85、3.2、3.65 kg 的，受灾 2800 户，雷击死 2 人，重伤 4 人，轻伤 115 人，大小麦、油菜、绿肥严重受损；镇海县从西北角汶溪开始，一直到峙头有 20 个乡也遭冰雹袭击，受害面积 0.13 万 hm^2；慈溪市盐区 5 个公社 20 个大队同时受灾。

1983 年：9 月 16 日慈溪、余姚遭雷雨大风，精忠、云城、五洞闸等公社并下冰雹，雹径 3～4 cm，2 个龙卷进入慈溪市，一个龙卷从杭州湾进入余姚县万圣、镇海经慈溪市精忠、云城、至潭南和余姚历山交界消失，另一个龙卷从杭州湾进入慈溪市新浦公社，经附海、五洞闸至沿海公社入海，龙卷直径估计 200～300 m，移动路径长 20 km，风力 11 级以上，伴下雹，所经之处棉花仆地、电杆摧折，危害慈溪 13 个公社 34 个大队，尤以精忠、云城、潭南 3 个公社 18 个大队最重，全县整幢房屋倒 451 间，211 户无家可归，倒墙、断梁、揭顶致无法居住的有 2700 户计房屋 5029 间，还有 13 个单位的 115 间房屋倒塌并严重损坏，死 9 人，重伤 76 人，轻伤 189 人，房屋家具损失 100 万元，棉花损失 50 万元；同日余姚万圣、曹娥、朗海、镇海等 4 个公社遭龙卷袭击损失也很惨重，坍民房 1518 间，揭顶倒墙 3509 户计 8312 间，死 10 人，重伤 69 人，折损稻棉 306.67 hm^2。

1995 年：8 月 7 日 16 时左右，余姚泗门镇所属北部 4 个办事处属地遭冰雹袭击，夹塘村最重，致棉花花铃击落，叶片击破，棉花株害率达 20%左右，塘后办事处约 266.7 hm^2 棉花受害，种植的黄花梨被打碎。

2000 年：5 月 12 日，象山、宁海、奉化、余姚等地遭雷雨大风、冰雹袭击，象山损失最重，西周、下沈的南部，泗洲头的北部，茅洋、东陈的中北部近 50 个村出现罕见冰雹，持续时间约 10 min，冰雹大如乒乓球和鸡蛋，小如鱼丸和黄豆，平均积雹 7～10 cm，全县农作物重灾面积 566.7 hm^2，其中经济作物绝收面积逾 333.3 hm^2，直接经济损失超 250 万元，受灾最重的芭蕉村仅毛竹一项就损失 30 万元；同日 21 时宁海局部地区降雹并伴有偏北大风，大佳何袁村、高湖塘等灾情明显，该地养殖海塘、毛竹及茶叶等遭到严重影响，经济损失 220 万元。

2003 年：7 月 10 日 16 时许，奉化出现雷暴天气，有 5 人遭遇雷击，其中 3 人身亡，2 人昏迷。

2006 年：6 月 10 日受飑线系统影响，宁波 114 个中尺度自动站中有 86 个出现 8 级以上大风，其中 17 个站 10 级以上，最大余姚芝山达 32.8 m/s，余姚、东钱湖、北仑等地出现冰雹，个别有鸡蛋大小。9 月 1 日，余姚临山镇和黄家埠镇遭雷击，多处房屋屋顶被击坏，击毁电视机 39 台、电脑 5 台、空调 1 台及一些网络设备。

第10章 雷 电

雷电是自然界最壮观和重要的大气现象之一，往往伴有声、光、电等，是世界十大自然灾害之一。由于雷电释放的能量巨大，再加上强烈的冲击波、剧变的静电场和强大的电磁辐射，常常造成人畜伤亡、建筑物损毁，甚至引发火灾、爆炸，造成电力、通信和计算机系统的瘫痪，危及航空安全等，给国民经济和人民生命财产带来巨大的损失。

10.1 调查方法与调查资料

10.1.1 普查资料

(1)雷暴日人工观测资料：宁波市最早建站的鄞州国家气象站自1953年开始有人工观测雷暴日记录，2013年末所有测站人工观测雷暴日终止。对辖区内气象台站人工观测雷暴日资料进行普查，获取1953—2013年宁波市雷暴日观测数据共5732条。

(2)闪电定位资料：宁波市2007年起有ADTD闪电监测。对行政区划内ADTD闪电定位资料进行普查，获取2007—2020年宁波市地闪监测数据共645090条，每条数据记录信息包括地闪发生时间、地点、雷电流幅值、陡度等。浙江省ADTD闪电定位站点分布如图10.1所示。

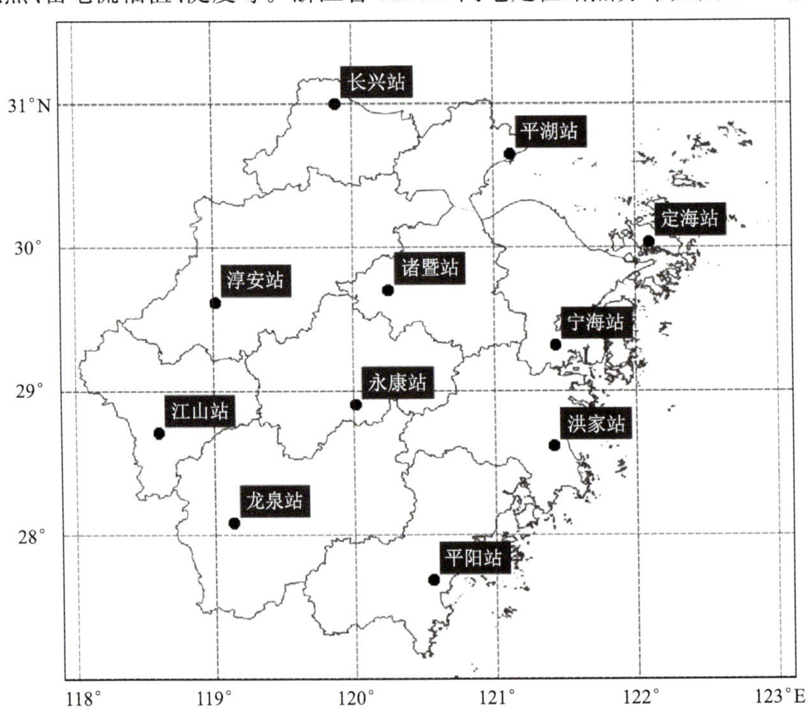

图10.1 浙江省ADTD闪电定位站点分布

(3)历史雷电灾害资料:宁波市1998年起有雷电灾害资料。对行政区划内由各级气象主管机构认定或符合《雷电灾害调查技术规范》(QX/T 103—2017)中9.3.1要求的雷电灾害事例资料进行普查,获取1998—2020年宁波市雷电灾害记录数据共587条,每条数据记录信息包括雷灾发生时间、地点、灾情描述、损失信息、受灾单位、受灾环境等。

(4)易燃易爆场所资料:对行政区划内易燃易爆场所资料进行普查,获取宁波市易燃易爆场所信息数据共462条,每条数据记录信息包括易燃易爆场所名称、地点、责任人信息等。

10.1.2 特征分析方法

基于上述数据资料,对宁波市雷电及其灾害特征进行统计分析,其中雷电定位资料按《雷电灾害风险区划技术指南》(QX/T 405—2017)中5.2.2的要求进行数据质量控制,并按下式进行归一化处理:

$$D=0.5+0.5\times\frac{A-A_{min}}{A_{max}-A_{min}} \tag{10.1}$$

式中,D为归一化后的指标;A为地闪密度、地闪强度、年平均雷电灾害次数、年平均雷击造成人员伤亡数、年平均雷击造成直接经济损失、土壤电导率等雷电定位资料及雷电灾害特征指标值;A_{max}、A_{min}分别为A的最大值和最小值。

10.2 致灾危险性调查与评估

10.2.1 基本气象特征分析

10.2.1.1 雷暴日特征分析

统计1953—2013年宁波市雷暴日数据,分析雷暴日数的年变化和月变化特征。宁波市年平均雷暴日36.6 d,年际变化总体呈下降趋势(图10.2),最多的1963年为64.8 d,最少的1978年为20.8 d。雷暴日数的月际变化呈明显的单峰分布(图10.3),主要出现在3—9月,其中7—8月占全年的48.5%,7月占25.3%。

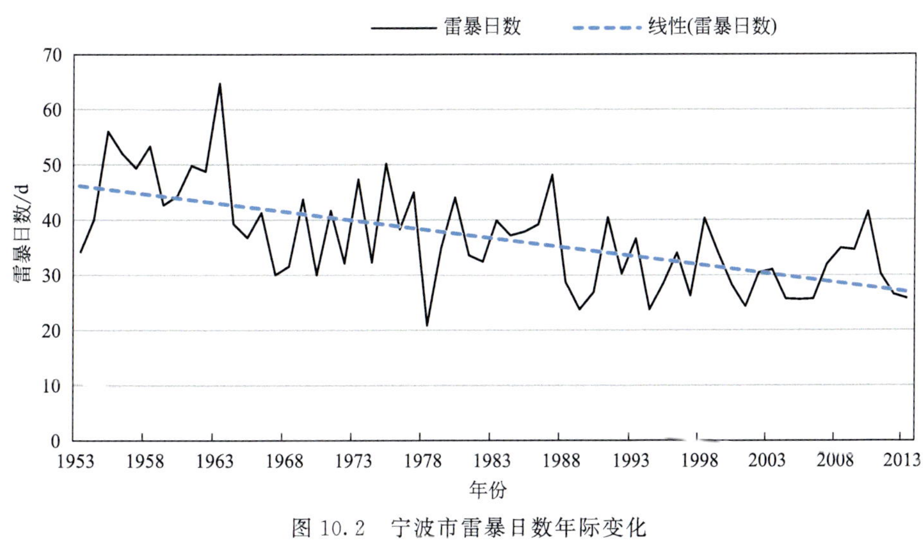

图10.2 宁波市雷暴日数年际变化

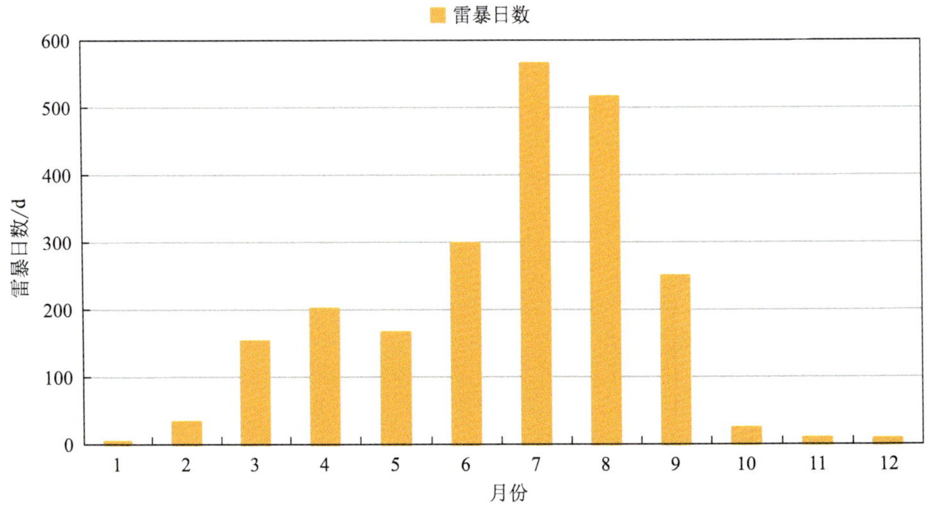

图 10.3　宁波市雷暴日数月际变化

10.2.1.2　地闪特征分析

统计宁波市 ADTD 闪电监测数据，分析地闪的年际变化、月际变化、日变化特征及雷电流幅值特征。2007—2020 年宁波市共监测到地闪 606116 次，其中负地闪 560031 次，占比 92.4%，正地闪 46085 次，占比 7.6%。平均地闪强度 31.5 kA。

宁波市地闪频次的年际差异显著，2009—2011 年、2016—2018 年地闪频次普遍较高，最高的 2011 年地闪频次达 62703 次；年平均地闪强度的年际变化与地闪频次年际变化无明显相关性(图 10.4)，地闪强度年际变化呈多峰分布，主要波动范围为 25～38 kA，最高的 2008 年地闪强度达 38.1 kA，次高为 2009 年的 37.2 kA。

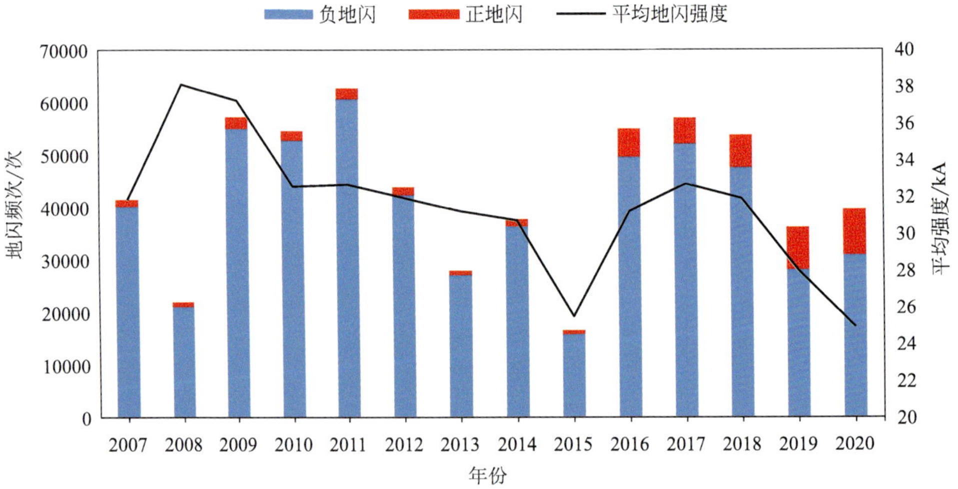

图 10.4　宁波市地闪频次及强度年际变化

宁波市地闪活动月际差异显著(图 10.5)，地闪频次月变化呈单峰分布，6—9 月占全年的

90.3%,7 月最多占全年的 32.4%;月平均地闪强度的主要波动范围为 10～36 kA,2 月最高,为 36.0 kA,1 月最低,仅 10.0 kA。

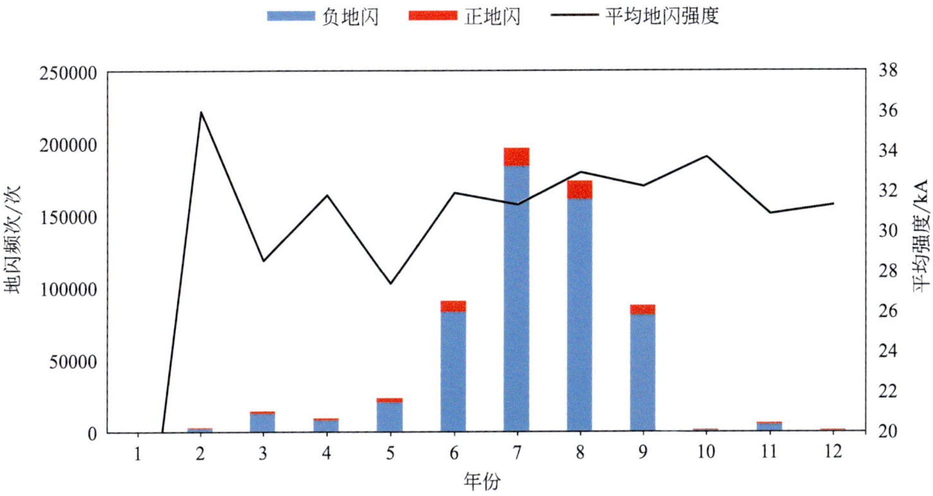

图 10.5 宁波市地闪频次及强度月际变化

地闪主要发生于午后及傍晚(图 10.6),13—20 时占总数的 74.7%,15 时最多;地闪强度主要波动范围为 29～36 kA,其中 09 时最高,平均强度 36.1 kA,12 时最低,平均强度 29.1 kA。

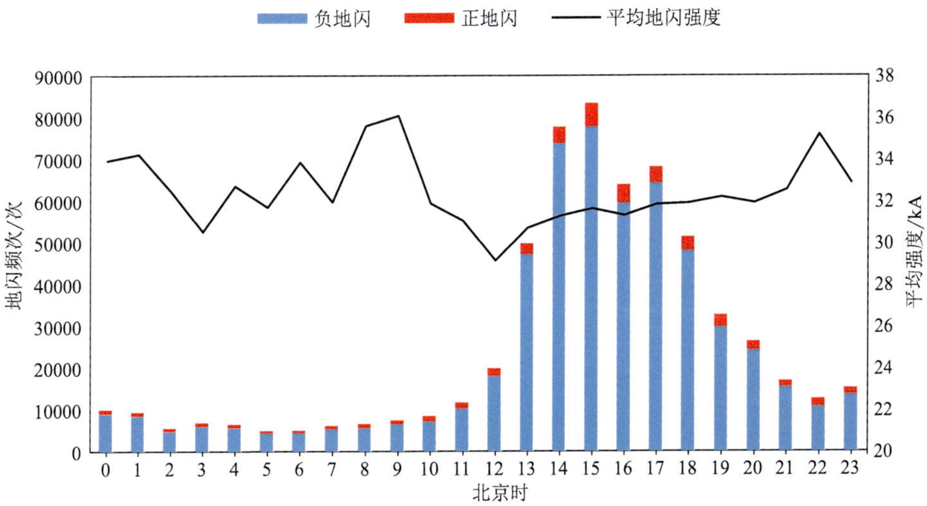

图 10.6 宁波市地闪频次及强度日变化

雷电流幅值的累积概率分布是表征雷电流活动强弱的重要特征参数,对于防雷装置设计、计算输电线路雷电绕击与反击等具有重要参考意义。宁波市正地闪雷电流幅值主要分布于 0～60 kA(图 10.7),其中 0～50 kA 的分布概率为 90.1%,0～30 kA 的分布概率达 74.1%;负地闪雷电流幅值主要分布于 10～50 kA(图 10.8),分布概率为 87.5%,其中 10～30 kA 的分布概率达 57.5%。总体而言,正地闪的雷电流幅值分布较为分散,负地闪雷电流幅值分布较为集中，100 kA 以上大电流占比少于前者。

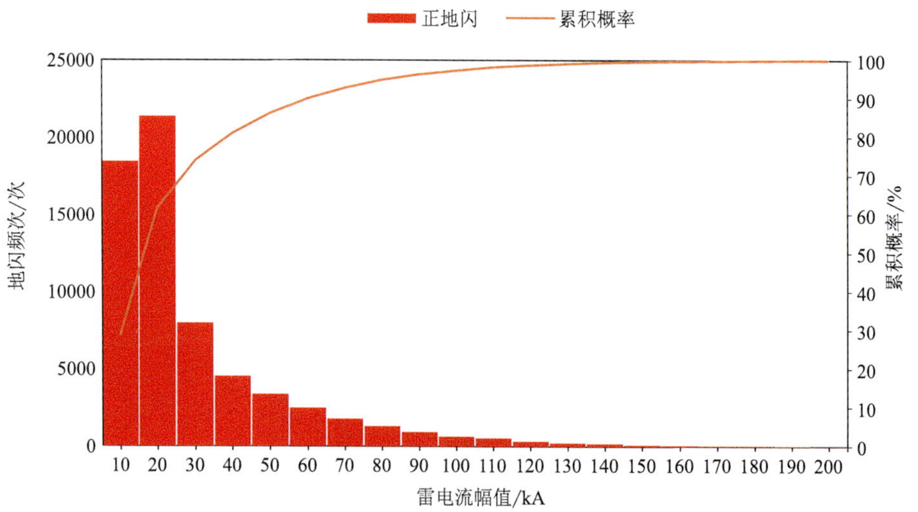

图 10.7 宁波市正地闪雷电流幅值分布

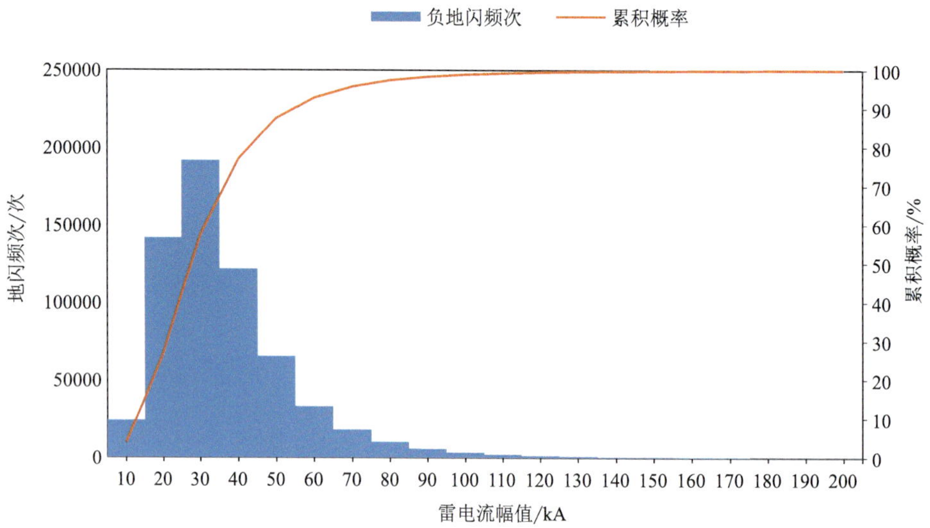

图 10.8 宁波市负地闪雷电流幅值分布

10.2.1.3 雷电灾害特征分析

宁波市 1998—2020 年共有雷电灾害记录 523 起，合计造成 28 人死亡、36 人受伤，直接经济损失 2317.8 万元。依据《雷电灾情统计规范》(QX/T 191—2013)对雷电灾害分级的相关规定，将雷电灾害分为特大雷灾、重大雷灾、较大雷灾和一般雷灾 4 类，经统计，其发生数分别为 0、0、43、475 起。从雷灾个数的年际变化来看(图 10.9)，2005—2016 年较多，其中 2014 年最多，达 102 起；较大及以上雷灾数最多的是 2007 年，达 8 起。近年来，随着各项雷电防护措施逐步完善，公众防雷意识及防灾水平逐步提高，雷电灾害个数总体呈下降趋势。

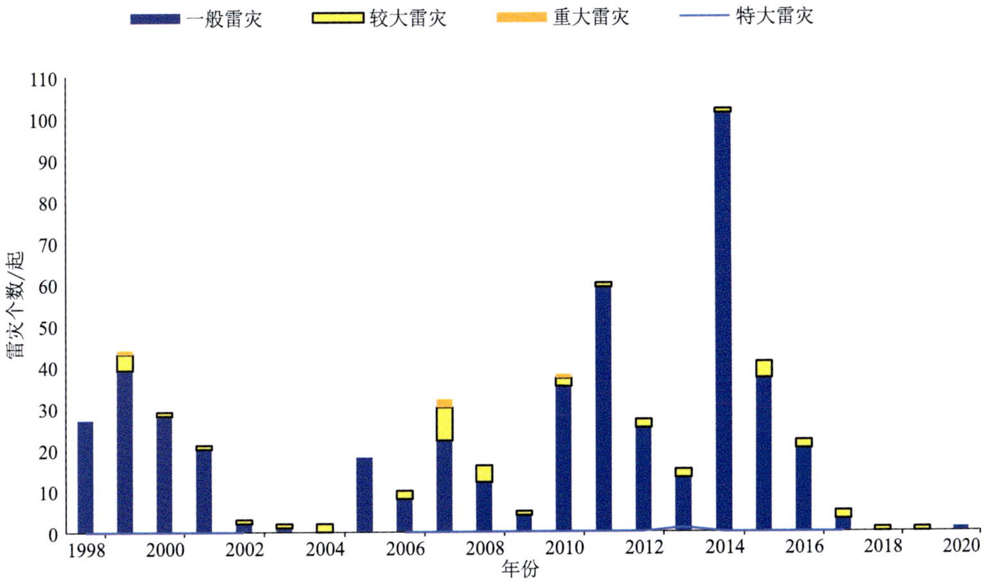

图 10.9　宁波市雷电灾害年际变化

雷电灾害的月际变化(图 10.10)与雷电活动的月际变化趋势一致，其中 6—9 月合计 458 起，占全年雷灾个数的 87.6%，最多的 8 月达 186 起。从各级雷灾的月际变化来看，夏季不仅是雷电高发季节，也更容易发生较严重的雷电灾害，雷灾事故中较大及以上雷灾数 6—8 月较多，其中 8 月发生较大雷灾 18 起、重大雷灾 1 起，为全年最多。

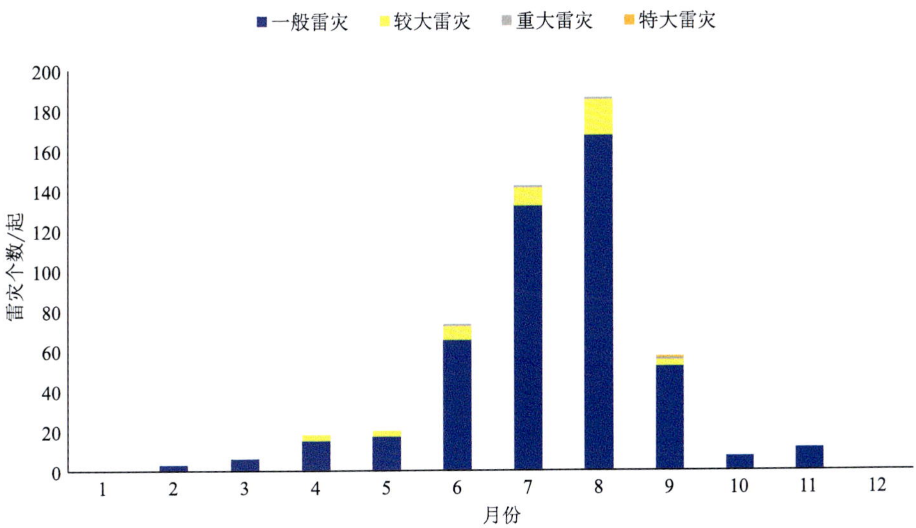

图 10.10　宁波市雷电灾害月际变化

雷电灾害造成的损失主要包括人员伤亡和经济损失，从雷灾损失的年际变化来看(图 10.11)，2007 年死亡 7 人，其次是 2008 年死亡 4 人，其余年份伤亡 0～2 人；2017 年雷电灾害造成 17 人受伤，其他年份 0～3 人。直接经济损失随着每年雷灾个数不同而变化，2007 年雷灾造成的直接经济损失最多，为 370.1 万元。

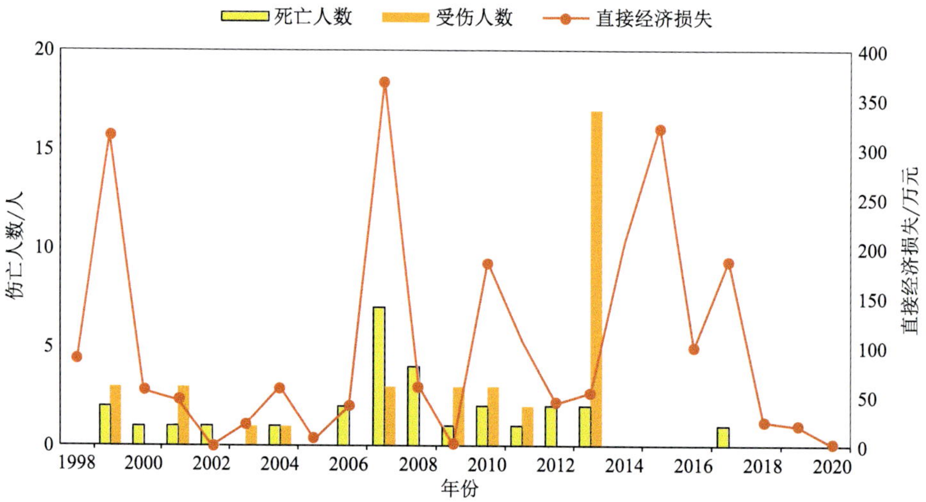

图 10.11　宁波市雷电灾害损失年际变化

雷电灾害损失的月际变化(图 10.12)与雷电灾害个数的月际变化总体趋势一致,夏季和初秋雷灾较多,损失也更严重,除了 4 月有 1 人死亡外,雷灾伤亡全部集中在 6—9 月;8 月雷灾死亡最多,为 12 人,占死亡总人数的 42.9%;6—9 月雷灾共造成直接经济损失 1976.8 万元,占全年的 85.3%。

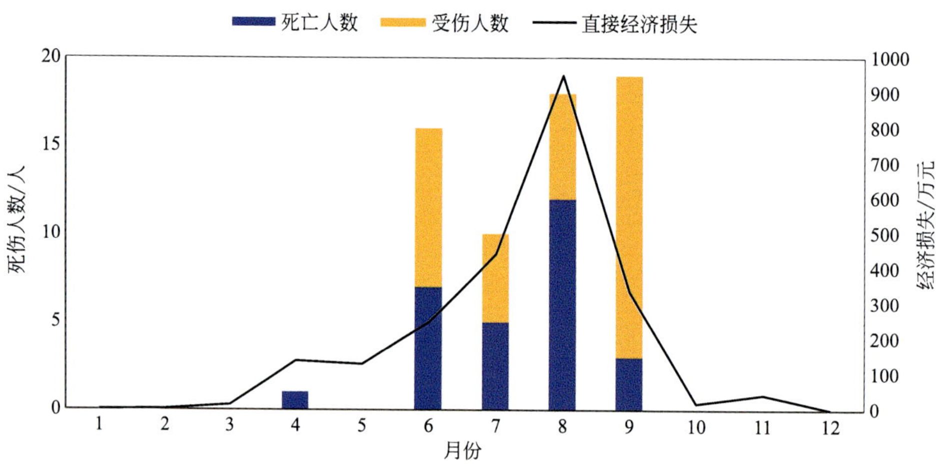

图 10.12　宁波市雷电灾害损失月际变化

依据《雷电灾情统计规范》(QX/T 191—2013)中对雷电灾害受灾行业的相关规定,结合浙江省雷灾主要受灾行业分布情况,将受灾行业分为电力、通信、制造业、旅游休闲、石油化工、医药、农居房、其他及伤亡雷灾共 9 类,统计分析各受灾行业的雷电灾害情况,可以看出(图 10.13),宁波市雷电灾害的主要受灾行业为农居房、制造业、电力、通信、石油化工和旅游休闲,其中,农居房、制造业、电力行业受灾占比分别为 29.3%、19.9%、4.8%。

雷电灾害频次(图 10.14)与雷电灾害直接经济损失(图 10.15)空间分布总体趋同,各区(县、市)的中心城区雷电灾害频次较高,直接经济损失一般也较高,空间分布与人员活动、经济发展等因素相关,总体呈片状聚集。

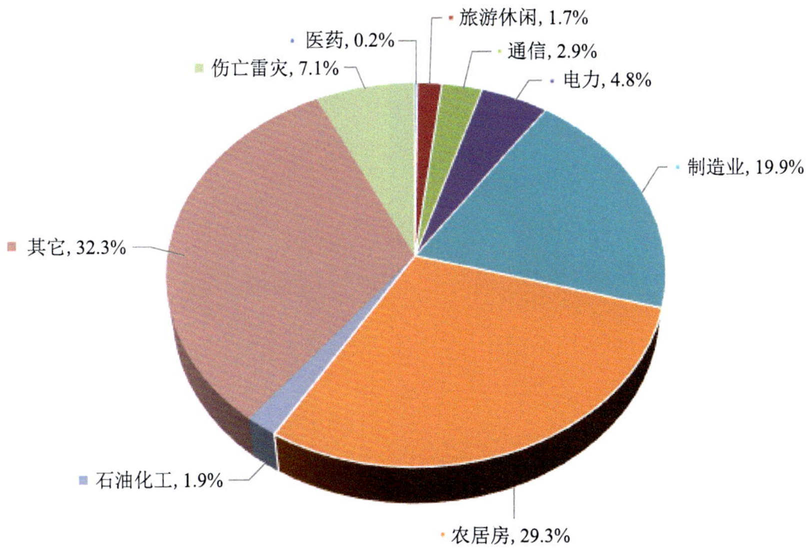

图 10.13　宁波市雷电灾害受灾行业分布图

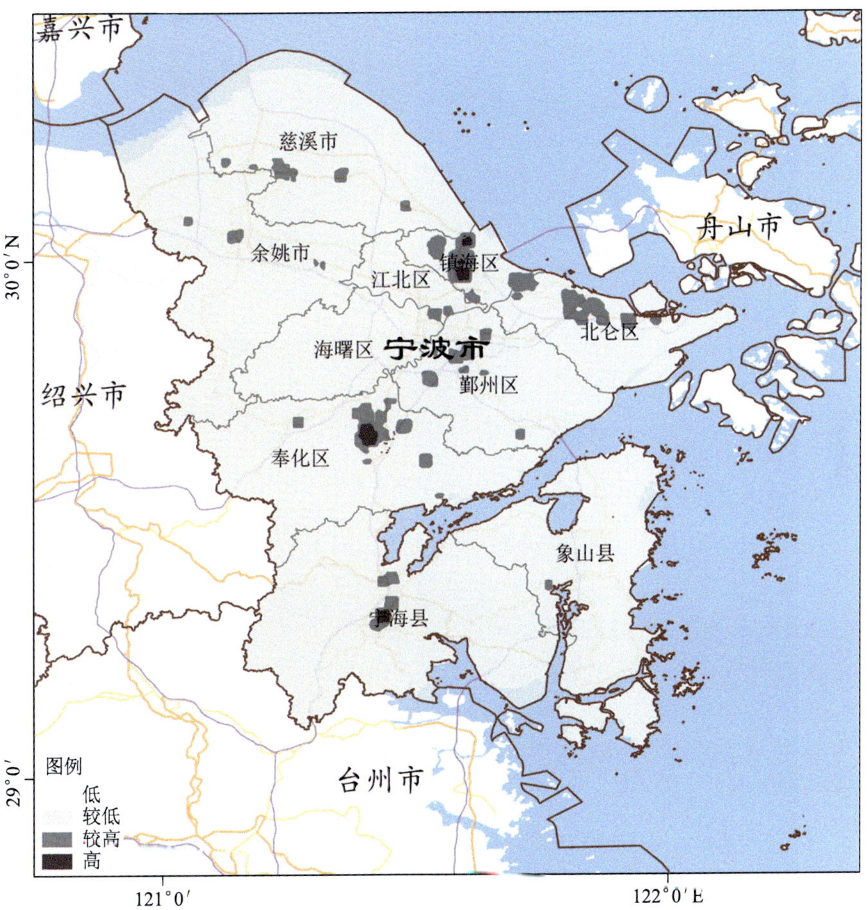

图 10.14　宁波市雷电灾害频次分布图

图 10.15 宁波市雷电灾害直接经济损失分布图

10.2.2 致灾危险性评估及区划

10.2.2.1 方法概述

雷电灾害危险性评估模型由雷电灾害危险性指数计算(式(10.2))和雷电灾害危险性等级划分组成,其中雷电灾害危险性指数计算包括致灾因子分析和孕灾环境分析。方法为,根据ADTD闪电定位数据统计各网格雷击点密度,并进行归一化处理;将雷电强度按百分位数法划分等级,统计各网格内不同雷电流幅值等级的雷击频次,并进行归一化处理,计算各网格内的地闪强度;孕灾环境影响因子包括海拔高度、地形起伏度、土壤电导率,分别进行归一化处理;根据致灾因子和孕灾环境影响因子,按照层次分析法确定权重系数,根据致灾危险性指数模型进行计算。

$$R_H=(L_d\times w_d+L_n\times w_n)+(S_c\times w_s+E_h\times w_e+T_r\times w_t) \tag{10.2}$$

式中,R_H 为致灾危险性指数;L_d 为雷击点密度;w_d 为雷击点密度权重;L_n 为地闪强度;w_n 为地闪强度权重;S_c 为土壤电阻率;w_s 为土壤电阻率权重;E_h 为海拔高度;w_e 为海拔高度权重;T_r 为地形起伏;w_t 为地形起伏权重。

根据致灾危险性指数计算结果，按照自然断点法划分危险性等级，并绘制致灾危险性分布图，完成危险性评估。

10.2.2.2 雷电危险性区划

雷电灾害危险性评估主要包括致灾因子指数和孕灾环境指数的分析计算，其中致灾因子指数的影响因子包括雷击点密度和地闪强度两个方面。按前文所述方法，统计得到雷击点密度栅格数据，从雷击点密度的空间分布来看(图 10.16)，余姚市、慈溪市西部和东北部、北仑区、鄞州区南部和象山县雷击密度较低，其他地区雷击密度较高。

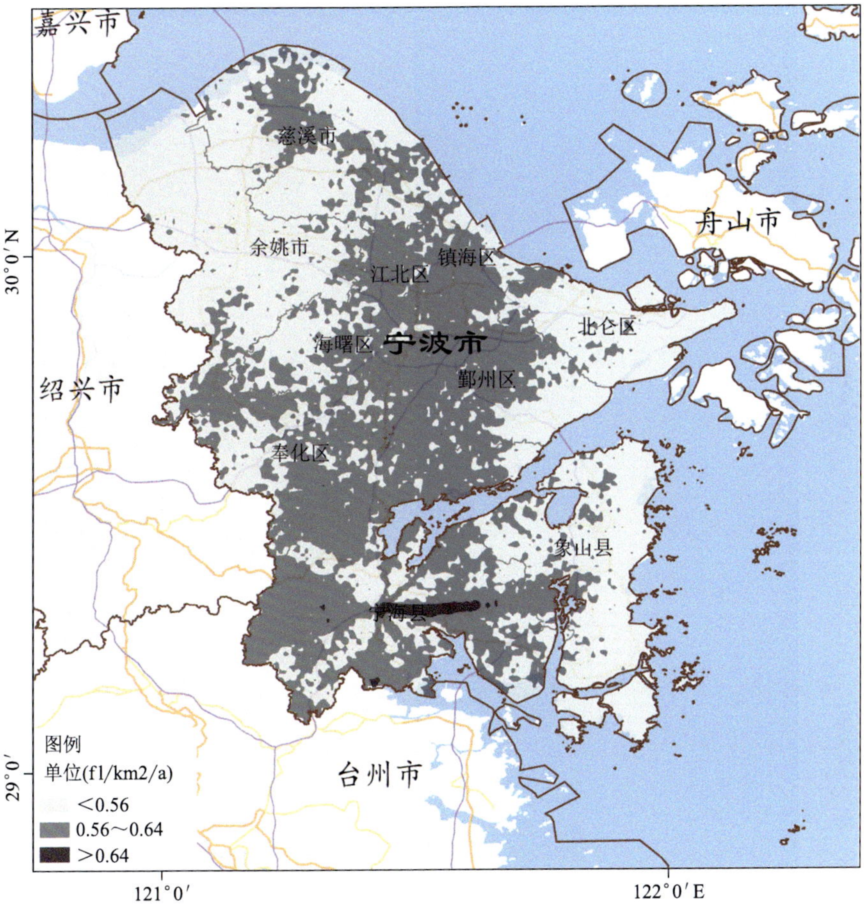

图 10.16 宁波市雷击点密度分布图

按前文所述方法统计得到地闪强度栅格数据，从空间分布上看(图 10.17)，宁波全市地闪强度都较高，相对而言，余姚市、北仑区、宁海县中部和象山县沿海地区高等级区域较少。

孕灾环境指数的影响因子包括海拔高度、地形起伏度和土壤电导率三个方面，从海拔高度的空间分布来看(附图 1.1 宁波市海拔高度分布图)，宁波市西部的四明山到天台山一带以及宁海县东北部的茶山海拔较高，达 500 m 以上，其余山区次之，平原地区海拔较低，小于 87 m。

不同地区的地形起伏度差异较大，对产生对流性天气条件的影响也不同。从地形起伏度

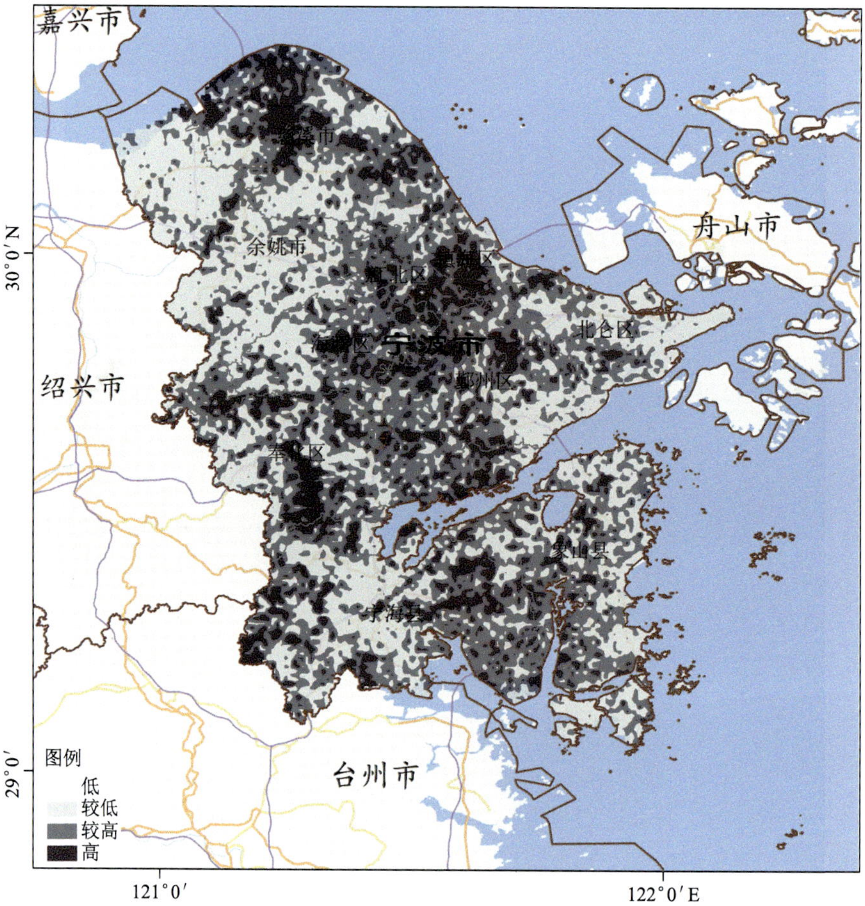

图 10.17 宁波市地闪强度分布图

空间分布来看(附图 A.2 宁波市地形起伏度分布图),宁波市山区起伏度较大,平原地区起伏度较小。

不同地区的土壤电导率差异较大,对孕灾环境指数的影响也不同。从土壤电导率的空间分布来看(图 10.18),慈溪市北部的盐碱地一带土壤电导率较高,其他土壤电导率较高的地区分散在中、东部各地,面积不大。

根据致灾因子和孕灾环境指数,按照前文所述方法确定权重系数,根据雷电灾害致灾危险性 RH 模型进行计算,并绘制雷电灾害危险性分布图,完成宁波市雷电灾害危险性评估,由高至低分为高等级、较高等级、较低等级和低等级共 4 级,高等级区域分散在全市各区(县、市),主要分布于东西向的中部一带(图 10.19),余姚市、北仑区和象山县高等级区域相对较少。

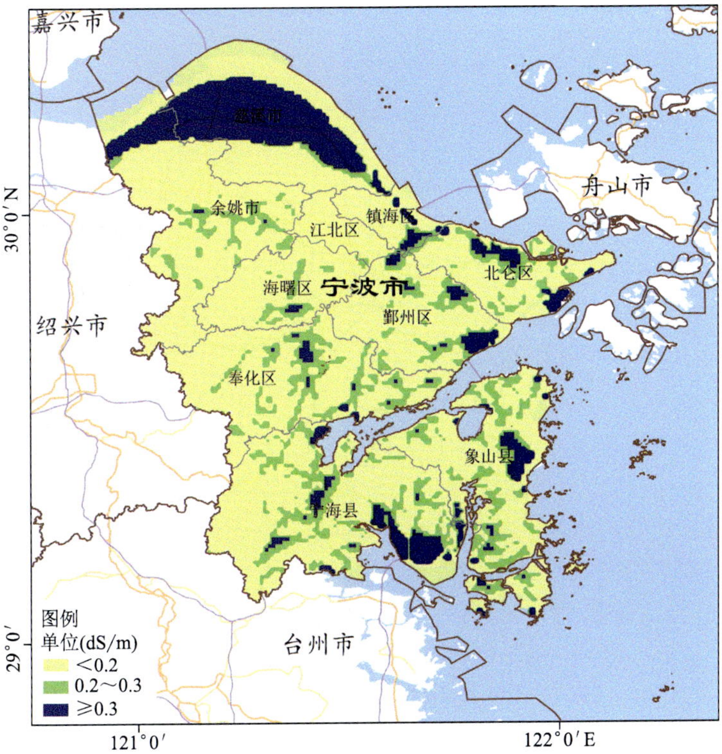

图 10.18　宁波市土壤电导率分布图

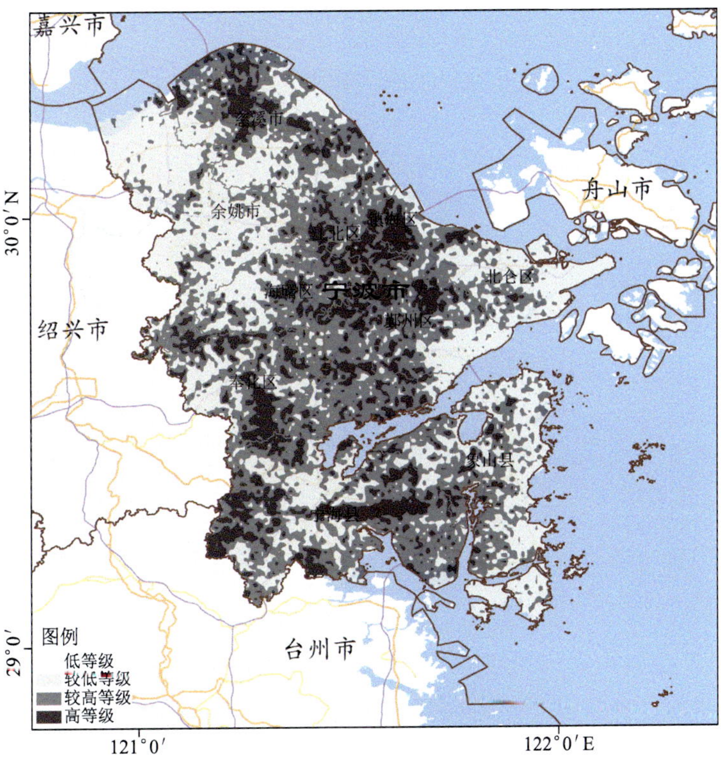

图 10.19　宁波市雷电灾害危险性分布图

10.3 雷电灾害风险评估与区划

10.3.1 方法概述

雷电灾害风险区划模型由雷电灾害风险指数计算和雷电灾害风险等级划分组成，其中雷电灾害风险指数计算包括致灾因子分析和承灾体脆弱性分析，承灾体脆弱性分析又包括承灾体暴露度分析和脆弱性分析。

雷电灾害风险指数按下式计算：

$$I_{LDR}=(R_H^{w_h})\times(R_E^{w_e}\times R_F^{w_f}) \tag{10.3}$$

式中，I_{LDR} 为雷电灾害风险指数；R_H 为致灾因子危险性；w_h 为致灾因子危险性权重；R_E 为承灾体暴露度；w_e 为承灾体暴露度权重；R_F 为承灾体脆弱性；w_f 为承灾体脆弱性权重。

雷电灾害风险评估分为雷电灾害 GDP 损失风险、雷电灾害人口损失风险和雷电灾害综合风险。雷电灾害 GDP 损失风险的承灾体暴露度 R_E 取 GDP 密度 G_d，并进行归一化处理。承灾体脆弱性取经济损失指数 M_l，并进行归一化处理。M_l 的计算方法如下：

$$M_l=0.5\times F+0.5\times M \tag{10.4}$$

式中，M_l 为经济损失指数；F 为年平均雷电灾害次数的归一化值；M 为年平均雷击造成直接经济损失的归一化值。

雷电灾害人口损失风险的承灾体暴露度 R_E 取人口密度 P_d，并进行归一化处理。承灾体脆弱性取生命损失指数 C_l，并进行归一化处理。C_l 的计算方法如下：

$$C_l=0.5\times F+0.5\times C \tag{10.5}$$

式中，C_l 为生命损失指数；F 为年平均雷电灾害次数的归一化值；C 为年平均雷击造成人员伤亡数的归一化值。

以油库、气库、弹药库、化学品仓库、烟花爆竹等易燃易爆场所数量除以土地面积，得到易燃易爆场所密度 I_d，并进行归一化处理。雷电综合风险的承灾体暴露度计算方法如下：

$$R_E=P_d\times w_p+G_d\times w_g+I_d\times w_i \tag{10.6}$$

式中，R_E 为承灾体暴露度；P_d、G_d、I_d 分别为人口密度、GDP 密度和易燃易爆场所密度，w_p、w_g、w_i 为各因子对应的权重。

承灾体脆弱性按照下式进行计算：

$$R_F=C_l\times w_c+M_l\times w_m+(1-P_c)\times w_p \tag{10.7}$$

式中，R_F 为承灾体脆弱性；C_l、M_l 和 P_c 分别为生命损失指数、经济损失指数和防护能力指数，w_c、w_m 和 w_p 为各因子对应的权重。

10.3.2 雷电灾害人口风险评估与区划

如前文分析所述，雷电灾害造成的损失主要包括经济损失和人员伤亡情况，因此，要分别进行雷电灾害 GDP 损失风险、雷电灾害人口损失风险和雷电灾害综合风险的评估与区划。宁波市经济承灾体暴露度评估详见附录 B，按前文所述方法进行计算，宁波市雷电灾害生命损失指数的空间分布如图 10.20 所示，生命损失指数较高的区域主要分布于各区（县、市）的中心城区及部分其他地区。一方面，生命损失指数与人口暴露度空间分布具有一定的相关性，即受到区域人口密度、人员活动的影响；另一方面，生命损失指数还反映了区域人员活动的特点，以及人员对雷电灾害的防护意识水平和防灾避险能力的差异性。

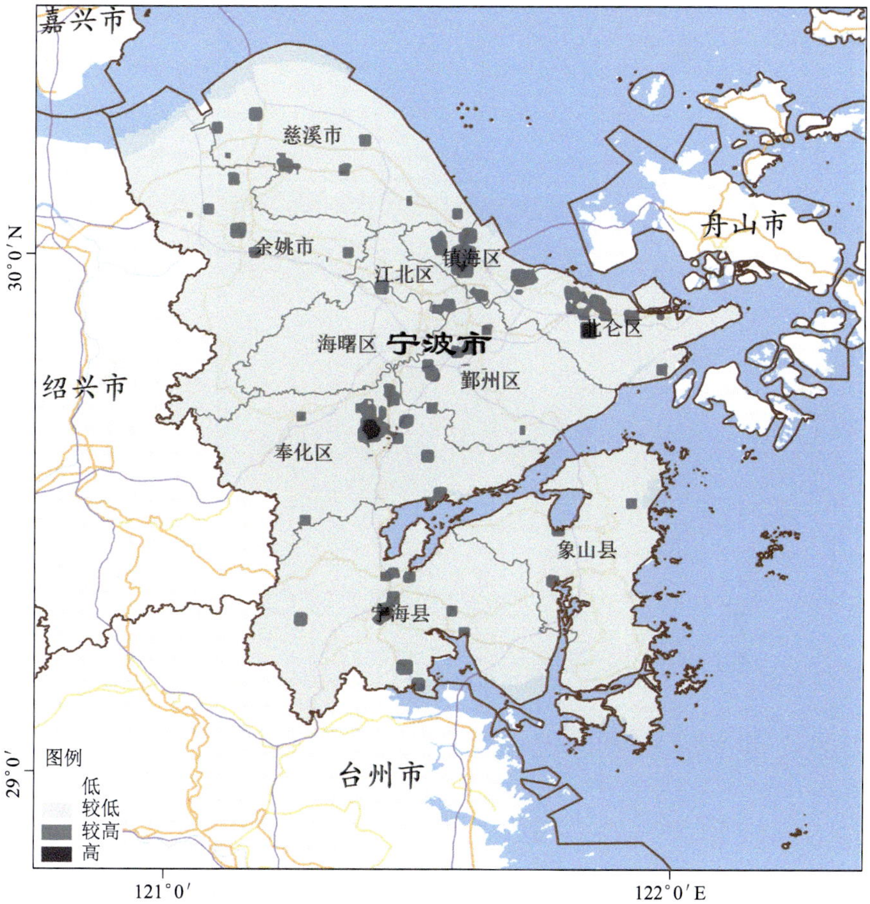

图 10.20　宁波市雷电灾害生命损失指数分布图

根据雷电灾害人口损失风险的致灾危险性指数、承灾体暴露度和承灾体脆弱性（郭虎 等，2008），按照前文所述方法确定权重系数，根据雷电灾害风险指数 LDRI 模型进行计算，并绘制雷电灾害人口损失风险区划，完成宁波市雷电灾害人口损失风险评估，由高至低分为高等级、较高等级、中等级、较低等级和低等级共 5 个等级，其中，高等级区域主要分布于各区（县、市）的中心城区及部分其他地区（图 10.21）。雷电灾害人口损失风险是致灾危险性指数、承灾体暴露度和承灾体脆弱性的综合影响结果，区划反映了雷电灾害造成人员伤亡的风险差异，各区域不同的雷电灾害人口损失风险等级可作为进一步完善雷电灾害防御工作的科学依据。

10.3.3　雷电灾害 GDP 风险评估与区划

雷电灾害经济损失指数，一方面受区域经济发展水平影响，而与 GDP 暴露度空间分布具有一定的相关性，另一方面也反映了区域建筑物的雷电灾害防护能力，以及遭受雷击后经济损失风险的差异性。通过经济承灾体暴露度评估（详见附录 2），经前述方法计算，宁波市雷电灾害经济损失指数较高的区域主要分布于各区（县、市）的中心城区（图 10.22）。

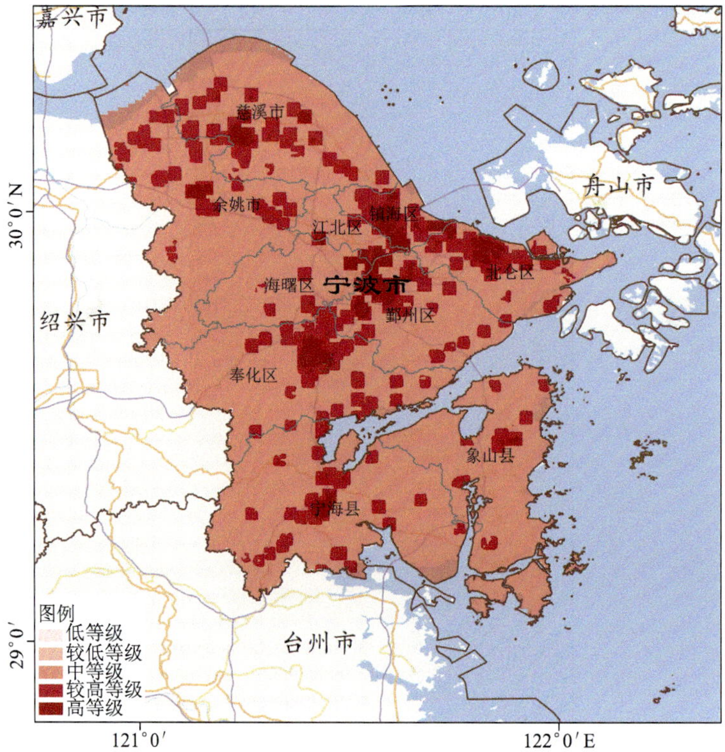

图 10.21 宁波市雷电灾害人口综合风险分布图

图 10.22 宁波市雷电灾害经济损失指数分布图

根据雷电灾害GDP损失风险的致灾危险性指数、承灾体暴露度和承灾体脆弱性,按照前文所述方法确定权重系数,根据雷电灾害风险指数LDRI模型进行计算,并绘制雷电灾害GDP损失风险区划,完成风险评估,见图10.23。宁波市雷电灾害GDP损失风险共分为5级,由高到低分别为高等级、较高等级、中等级、较低等级和低等级,高等级区域主要分布于各区(县、市)的中心城区等地。雷电灾害GDP损失风险是致灾危险性指数、承灾体暴露度和承灾体脆弱性的综合影响结果,区划反映了雷电灾害造成经济损失的风险差异,各区域不同的雷电灾害GDP损失风险等级可作为进一步完善雷电灾害防御工作的科学依据。

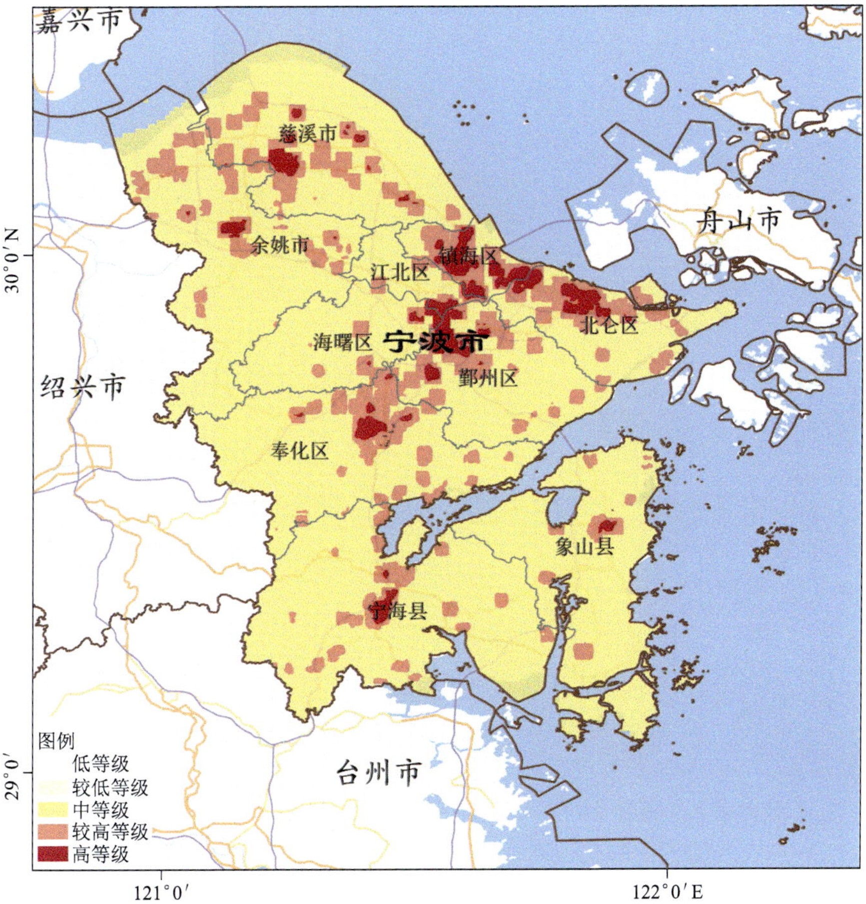

图10.23 宁波市雷电灾害GDP损失风险分布图

10.3.4 雷电灾害综合风险评估与区划

按前文所述方法,分别对雷电灾害综合风险的承灾体暴露度和承灾体脆弱性进行计算,其中承灾体暴露度不仅与GDP密度、人口密度的空间分布具有相关性,还受到易燃易爆场所密度的影响。宁波市易燃易爆场所较多的区域(图10.24)主要在镇海区、北仑区和鄞州区的交界处,以及慈溪市和余姚市的部分地区。宁波市雷电灾害综合风险承灾体暴露度(图10.25)较高的区域主要分布于老三区、镇海区、北仑区北部和其他区(县、市)的城区等地。

图 10.24 宁波市易燃易爆场所密度分布图

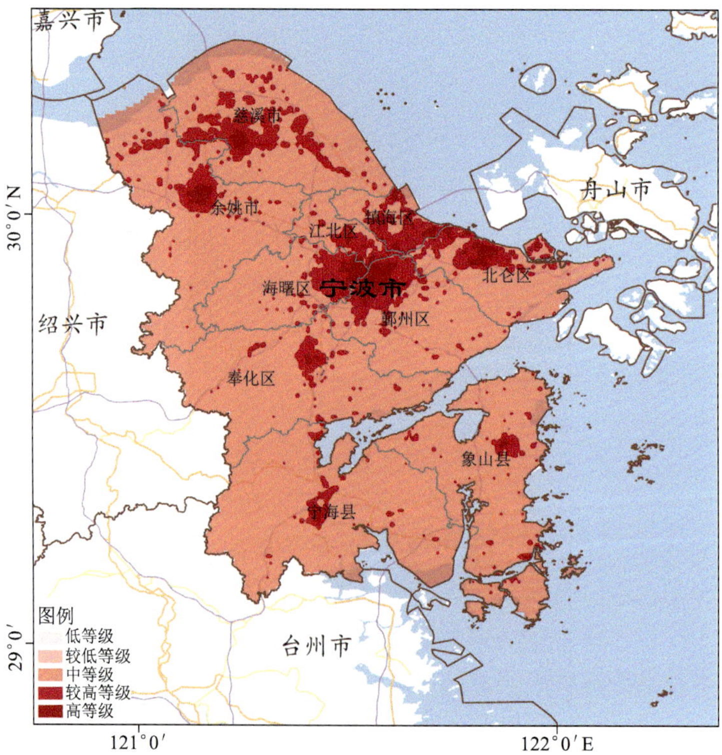

图 10.25 宁波市雷电灾害承灾体暴露度分布图

经计算，宁波市雷电灾害综合风险承灾体脆弱性(图 10.26)普遍较高，主要分布于城区以外的地区。承灾体脆弱性综合反映了区域雷电灾害的综合防护能力，包括雷电灾害造成经济损失和生命损失的防护能力。

图 10.26 宁波市雷电灾害承灾体脆弱性分布图

根据雷电灾害综合风险的致灾危险性指数、承灾体暴露度和承灾体脆弱性，按照前文所述方法确定权重系数，根据雷电灾害风险指数 LDRI 模型进行计算，并绘制雷电灾害综合风险区划，完成风险评估，宁波市雷电灾害综合风险共分为 5 级，由高到低分别为高等级、较高等级、中等级、较低等级和低等级，除西部山区等级为中等外(图 10.27)，其他地区为高等级或较高等级，高等级区域主要集中在城区，较高等级面积占比超过 50%，分布较广。雷电灾害综合风险是致灾危险性指数、承灾体暴露度和承灾体脆弱性的综合影响结果，区划反映了包括经济损失、人员伤亡等雷电灾害造成的综合损失风险，各区域不同的雷电灾害综合风险等级可作为进一步完善雷电灾害防御工作的科学依据。

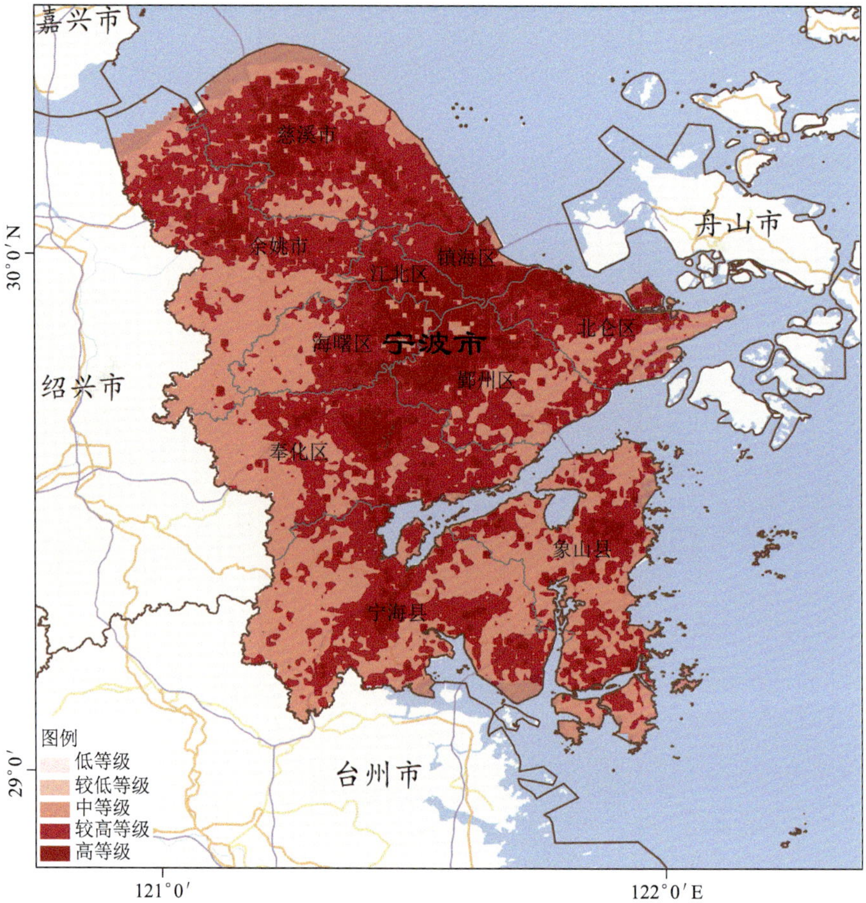

图 10.27 宁波市雷电灾害综合风险分布图

10.4 雷电历史灾害事件

1998 年:8 月 27 日,宁波市银行系统中通往北仑的计算机网络遭雷击,经济损失 4 万元;慈溪市浒山城区 25 家电视机遭雷击,经济损失 7 万元;慈溪市皇子、新亚电子、富利达合纤、华东纱布等有限公司以及师桥、胜山等村的变压器被击坏,电源配电、电气设备有不同程度损坏,经济损失 2.1 万元;慈溪市三环轴承有限公司、太平洋大厦、锦伦信用社、桥头各用电户的电视机、计算机及部分电器设备遭雷击,直接经济损失 2 万元;宁波市银行系统中通往奉化、宁海、象山的计算机网络遭雷击,经济损失 3 万元。

1999 年:7 月 18 日,宁海县桥头胡镇雷击死亡 1 人。

1999 年:8 月 15 日,慈溪市梅湖水库两台遥测器被雷击坏,经济损失 5 万余元;慈溪市逍林镇一鸭舍遭雷击,经济损失 1 万余元;慈溪市坎墩镇 1 户农房遭雷击引起火灾,经济损失 20 余万元;慈溪市人民医院程控交换机被雷击坏,经济损失 1 万余元;慈溪市浒山街道 12 条供电线路中断 14 次,停电 81 h 46 min,损坏电信程控交换机用户块 5 块、主机板 1 块;宁海县黄坛镇岱里村 1 民房遭雷击出 8 只孔,天花板被击落,电表射出 20 余米;余姚市玉立电器厂遭雷击起火，经济损失 15 万余元；余姚市玻璃珠厂遭雷击，击坏 1 台传真机，经济损失约 0.7 万元；余姚市梨洲街道，梁辉 1 台 30 kW 变压器遭雷击毁，经济损失 0.8 万余元。

1999 年：8 月 16 日，余姚市鹿亭乡路溪村 1 变压器遭雷击，经济损失 0.8 万余元；镇海区蛟川街道镇海炼油厂遭雷击，损失数百万元。

1999 年：8 月 20 日，慈溪市区遭雷击导致全市区停电；江北区孔浦街道大庆线 10 kW 高压线遭雷击导致全线停电；江北区文教街道大闸线 10 kW 高压线遭雷击导致全线停电；江北区甬江街道压赛堰遭雷击死 1 人；宁海县跃龙街道遭雷击全线停电。

2000 年：8 月 19 日，慈溪市周巷镇天元信用社潭南分社遭雷击，击坏房子屋角瓦片和 1 只防盗保安器；慈溪市天元信用社东二楼遭雷击，击坏 2 台计算机终端；奉化市西坞镇孔峙村 1 村民遭雷击死亡。

2001 年：6 月 27 日，位于奉化市岳林街道的奉化市自来水公司遭雷击，击坏自动化设备直接经济损失 1 万多元；位于锦屏街道的奉化市热电厂、老 K 制衣有限公司等 8 家企业遭雷击，合计经济损失 10 万多元；宁海县一市镇钱岱村遭雷击，1 人死亡，3 人受伤。

2002 年：6 月 10 日，宁海县桃源街道某快餐店的屋顶、桌子及地上各有一个 10 cm 左右的圆形雷击坑洞；据电视台报道，当晚宁海有线电视线路有 2000 多户出现问题，电力线也断了好几根；镇海区庄市街道高教园区工地旁的何某被落地雷击中应声倒地，全身被烧得漆黑。

2004 年：7 月 15 日，在慈溪市庵东镇虹桥村老九塘为联通公司铺设通信线路的浙江省电信线路建设公司的 10 余名工人到旷野中 2 间破旧房屋内避雨，靠窗口的 2 人被直击雷击中造成 1 死 1 伤。

2006 年：6 月 26 日 16 时，镇海区九龙湖镇西经堂村某紧固件螺丝厂 1 名职工在车间操作时遭雷击身亡。

2006 年：8 月 29 日，象山县泗洲头镇一老人遭雷击死亡。

2007 年：5 月 24 日，镇海区蛟川街道镇海国家石油储备基地公司遭雷击，引发 47＃罐西北侧围堰火灾，直接经济损失约 20 万元。

2007 年：6 月 24 日，北仑区梅港镇 1 妇女在地里施肥时遭雷击身亡；慈溪市崇寿镇六塘村、庵东镇海星村部分民宅遭雷击，击坏 30 台电视机、5 台电冰箱、4 台空调、1 台打印机等家用电器，直接经济损失约 10 万元；位于锦屏街道的奉化市电信局遭雷击，击坏 14 个 500 ml 小灵通基站，造成 162 个基站局部出现故障，直接经济损失达 30 万～40 万元；奉化市万盛摩托车配件厂 1 员工在出租屋内遭雷击，当场昏迷，造成重伤；象山县泗洲头镇 2 村民遭雷击身亡；象山县墙头镇一企业遭雷击，数台电脑、电视机被烧毁；位于兰江街道的余姚市精密铸造一厂铁件车间遭雷击，击坏 1 台地磅和 2 只监控设备，直接经济损失 3 万元；余姚市丈亭镇胡界村一座西瓜棚遭雷击，引发火灾，直接经济损失约 2 万元；余姚市梨洲街道，余姚市梁辉殡仪馆营业厅遭雷击，击坏 6 台计算机、2 个配电闸刀、1 扇电动门，直接经济损失约 2 万元；余姚市姜某某家的二层楼遭雷击，造成 1 人受伤，同时击坏 1 台电视机、1 台太阳能热水器、1 台吊扇、1 只电视机信号放大器、1 只电涌保护器以及多处电源线开关，直接经济损失 1.5 万元。

2007 年：6 月 29 日，镇海区蛟川街道，镇海炼化厂遭雷击，引发厂区内贮定部 5000 m^3 内浮顶贮罐起火，直接经济损失 15 万元。

2007 年：7 月 7 日，慈溪市周巷镇建五村一村民遭雷击身亡，同时，周边住宅的部分有线电视中断、家用电器损坏。

2007年:8月3日,宁海县黄坛镇横坑村遭雷击,1人死亡,1人重伤;余姚市泗门镇夹塘村邵初桥某住户二层楼房遭雷击,击坏1只电表和1只漏电保护器,直接经济损失约0.2万元。

2007年:8月27日,慈溪市浒山街道隆兴村1居民楼遭雷击,击坏西边屋角,埋于墙中的电源线路多处炸裂,一楼楼顶水泥砂浆粉刷层脱落,三楼的灯泡被炸开,家中空气开关、插座均被烧毁,开关多处从墙中炸开,1台电视机损坏,同时击坏附近多家住户的电视机、计算机、太阳能热水器等,直接经济损失3万元;奉化市锦屏街道长汀线35 kV高压电缆遭雷击中断,同时击断市区一条10 kV电缆线路,直接经济损失30万元;位于岳林街道的奉化市自来水公司遭雷击,击坏高压线高压令克、加氯间的电子秤二次表和计算机网卡、配水井PLC站的流量计瞬时流量、浊度仪、pH值、1块西门子CPU模块、2块通信模块、1台电视机、2套红外防盗监控设备等,直接经济损失10万元。

2007年:8月28日,宁海县一市镇遭雷击,死亡1人;位于阳明街道的余姚市房管局遭雷击,击坏1台空调、1台电视机、4台计算机和6台交换机,直接经济损失约3.65万元。

2007年:8月29日,宁海县茶院乡毛屿村1人遭雷击身亡。

2008年:4月8日,鄞州区姜山镇高塘桥村一男子遭雷击身亡。

2008年:6月23日,慈溪市浒山街道曙光小区一楼房的屋脊西角遭雷击,击坏阁楼电线、开关、2只灯泡、太阳能热水器电脑板、3台电视机,直接经济损失约3万元;慈溪市共有53条次供电线路因雷击跳闸或部分输变电设备损坏而停电;慈溪市龙山镇达蓬山气象雷达站遭雷击,所有监控设备均损坏,发电机TI3001自动切换屏损坏,与自动站网络传输线连接的计算机设备损坏,内网交换机损坏,移动基站内设置的电表损坏,电话系统遭受轻度损失,多普勒雷达发声位置偏移,直接经济损失约12万元;奉化市江口街道竺家村(现奉化区方桥街道)1人遭雷击身亡,同在田内劳作的另外3人均有强烈的电击感。

2008年:7月12日,慈溪市桥头镇毛三斗村黄某某家阁楼遭雷击起火,2间房屋、邻居家2部电话机、2台电视机、3台计算机受损,经济损失8万元;奉化市裘村金荣制衣厂遭雷击,击坏1台电脑缝纫机,直接经济损失1.41万元;位于江北区外滩街道的宁波市海事局办公大楼的西北屋角遭雷击,击坏10台计算机、1台电视和交换机等用电设备,直接经济损失7万元。

2008年:8月11日,奉化方桥下庙山张某某遭雷击身亡。

2008年:8月18日,象山县大徐镇林善岙一村民遭雷击身亡。

2008年:8月19日,奉化市人民医院遭雷击,击坏1台免疫仪器,直接经济损失2万元;奉化市爱伊美医院遭雷击,击坏2个控制开关、1台计算机,直接经济损失3万元;奉化市供电局遭雷击,击坏5个线路设备,直接经济损失13万元;雷击造成象山县4条35 kV线路、5条10 kV线路和5座35 kV变电所发生断线,大徐、贤庠、东陈、新桥等9个镇乡及县中心城区部分区域停电,全县小灵通基站被击坏165个,LAN交换机被击坏10只,ADSL用户故障600多户,固定电话故障400多户,另有多台电脑、电视机、热水器等被击毁。

2009年:8月15日,江北区慈城镇后洋村种地的3人去田边喷农药,下雨时在一间小屋里避雨,后冒雨冲出去找大点的地方避雨时被雷击,致1人死亡,2人受伤。

2010年:7月1日,奉化市江口街道胡家渡村(现奉化区方桥街道)在地里干活的胡某躲进田间自建小屋避雨时遭雷击受伤;奉化市莼湖镇桐照村章某在桐照码头修补渔网时被闪电击中受伤;奉化市锦屏街道中山西路应某某家遭受雷击,1台电视机和1台电饭煲受损,直接经济损失1.22万元;奉化市西溪村一村民遭雷击身亡;位于岳林街道的奉化市自来水公司遭雷击，多台设备受损，直接经济损失3.3万元；奉化市莼湖镇宁波协诚电动工具有限公司遭受雷击，摄像头受损，直接经济损失0.1万元；位于锦屏街道中山路的奉化市中医院遭雷击，1台监控器、1台自动化仪受损，直接经济损失4.5万元；奉化市莼湖镇宁波南海化学有限公司遭雷击，1台变压器受损，直接经济损失2万元；奉化市公安局交警大队遭雷击监控受损，直接经济损失10万元；奉化市岳林街道东郊开发区宁波樱盛织染有限公司遭雷击变频器受损，直接经济损失3万元；位于岳林路的奉化市妇保医院遭雷击消防柜受损，直接经济损失2万元；奉化市岳林街道东郊开发区宁波艾盛服饰有限公司遭雷击电动机受损，直接经济损失0.38万元；奉化市莼湖镇桐照村供电营业厅遭雷击真空开关受损，直接经济损失3万元。

2010年:7月4日，奉化市莼湖镇宁波协诚电动工具有限公司遭雷击，电脑受损，直接经济损失1.5万元；奉化市自来水总公司遭雷击，监控设备受损，直接经济损失0.4万元；奉化市中医院遭雷击，1台电视机受损，直接经济损失0.02万元；奉化市溪口镇宁波圣菲机械制造有限公司遭雷击，激光机主板受损，直接经济损失8万元；奉化市西坞街道办遭雷击，电视机受损，直接经济损失0.05万元；奉化市溪口宾馆有限公司遭雷击，消防系统受损，直接经济损失2万元；奉化市江口街道浙江亿洋食品有限公司遭雷击，设备主板受损，直接经济损失8万元。

2010年:7月12日，位于宁波市鄞州区姜山镇东光村的鄞州展达塑料厂、鄞州腾达塑料厂、鄞州益明五金厂遭雷击，5台注塑机及辅助设备、3台冷打机、9间房屋受损，一铁构架屋顶有一直径近2米大洞，有一排屋顶完全被烧光，碎瓦、燃尽物掉落一地，厂内机器设备或被高温灼变形或被烧尽物堵塞，许多产品被烧坏，塑料制品融化成团，门窗变形，玻璃碎裂，直接经济损失104.5万元。

2010年:9月22日，余姚市阳明街道丰乐村一农民遭雷击身亡。

2011年:8月11日，奉化市西坞街道赛华塑胶有限公司消防设备遭雷击损坏，直接经济损失1万元；镇海区贵驷街道三江购物俱乐部股份公司镇海贵驷分公司遭雷击，商场内多台空调、电子秤、服务器、监控设备、电脑损坏，直接经济损失约10万元；镇海区九龙湖长宏村村委会和部分村民家中停电、家电损坏，村委会服务大厅内所有电脑设备损坏，经济损失约5万元；镇海区澥浦镇宁波中科绿色电力有限公司的一套烟气检测系统遭雷击，直接经济损失约15万元；位于镇海区骆驼工业园区的完美(中国)有限公司浙江分公司遭雷击，厂区监控系统全部损坏，直接经济损失约10万元。

2011年:8月13日，北仑区大碶街道青山村电视机、DVD和电视扩大器遭雷击受损，直接经济损失0.2万元；北仑区粮食收储有限公司1地磅受损，直接经济损失3万元；奉化市大堰镇枫树岭村一村民遭雷击，导致左肩至左腿一侧麻木，左腿烧伤；奉化市滕头村某住户家里电视机遭雷击损坏，直接经济损失0.02万元；奉化市自来水总公司仪表遭雷击损坏，直接经济损失1万元；镇海区骆驼锻压机床厂电脑、火警报警器等设备受损，直接经济损失约2万元。

2011年:8月22日，北仑区春晓镇三山村双狮社区一居民房遭雷击，楼下的火表破损，楼上玻璃击碎，家里几个房间也被击出几个洞，电线全部暴露，所有家电报废，同时，该村20多户居民也遭受不同程度的财产损失，直接经济损失1.8万元；奉化市莼湖镇供电局开关遭雷击损坏，直接经济损失6万元；奉化市莼湖镇协诚电动工具有限公司监控遭雷击，直接经济损失1万元；奉化市尚田镇南方机械制造有限公司电脑遭雷击损坏，直接经济损失1万元；奉化市滕头村村委会电视机遭雷击损坏，直接经济损失0.1万元；奉化市西坞街道尚桥头村1男子遭雷击身亡；奉化市中医院电视机遭雷击损坏，直接经济损失0.1万元；奉化市自来水总公司仪表遭雷击损坏，直接经济损失 1 万元。

2012 年：7 月 12 日，奉化市莼湖镇栖凤村一女子骑自行车途中不幸遭雷击身亡。

2012 年：9 月 7 日，鄞州中心区 1 居民家中遭雷击，击坏电脑 1 台；慈溪市桥头镇毛三斗村一村民在棉花地里干活不幸被雷击中，头顶草帽被击出一洞，面部有黑状，当场身亡；慈溪市附海镇一企业厂房被雷击中燃起熊熊大火，停在厂门外的一辆小车也被波及烧得只剩一个骨架；镇海区招宝山街道区域发生雷电灾害，位于镇海区的北仑区大桥管理服务有限公司办公楼遭雷击，监控设备、计算机硬盘损坏，直接经济损失 4 万余元；镇海骆驼街道宁波北区污水处理泵站中控室遭雷击设备受损，直接经济损失 5 万余元。

2012 年：9 月 3 日、7 日、8 日、9 日几次雷电过程造成骆驼街道团桥村、贵驷社区、沙河村及澥浦岚山村、庙戴村等多家用户家电设备受损 40 余台，直接经济损失 3 万余元。

2013 年：7 月 31 日，奉化市中医院机器设备遭雷击损坏，直接经济损失 1 万元；奉化市羊煌针织有限公司围墙遭雷击，直接经济损失 2 万元；奉化市人民医院机器设备遭雷击，直接经济损失 3 万元；奉化市自来水公司监控设备遭雷击，直接经济损失 25 万元；奉化热地有限公司机器设备遭雷击，直接经济损失 1 万元；奉化市公安局交通警察大队电脑遭雷击，直接经济损失 3 万元。

2013 年：9 月 14 日，北仑区九峰山“九峰之巅”景区山顶凉亭顶端被雷击穿，坠石击中在凉亭内躲雨的游客，1 人死亡，16 人受伤。

2014 年：6 月 26 日，宁海县岔路镇山洋村自动气象站遭雷击，击坏 1 个自动站 ZQZ-A 系列主控器，直接经济损失 1 万元；宁海县梅林街道遭雷击，击坏 15 台台式电脑、2 个电梯集成电路、10 个监控摄像头，直接经济损失 12 万元。

2014 年：8 月 17 日，鄞州区姜山镇上游村、阳府兴村、蔡郎桥村遭雷击损坏 71 台家用电器，直接经济损失 10 万元；北仑区遭雷击，击坏 7 台电视机、5 台电脑，直接经济损失 0.5 万元，间接经济损失 0.2 万元；北仑区大碶雄风机械厂遭雷击，损坏 1 台激光切割机传感器，直接经济损失 3.6 万元，间接经济损失 10 万元；北仑区小港街道宁波经济技术开发区热电有限责任公司遭雷击，损坏 1 台烟气分析仪，直接经济损失 0.5 万元，间接经济损失 0.05 万元；北仑区宁波大榭招商国际码头有限公司遭雷击，损坏 1 台桥吊，直接经济损失 1.35 万元；北仑区小港街道宁波经济技术开发区联合物业有限公司遭雷击，损坏 1 部电梯，直接经济损失 2.37 万元；宁海县梅林街道梅林民居遭雷击，击坏 2 台电视机、1 台电脑，直接经济损失 1 万元；镇海区招宝山街道港务新村徐某某家遭雷击，击坏 2 台电视机、1 台机顶盒，直接经济损失 0.2 万元。

2014 年：8 月 27 日，鄞州区下应街道江六村、横溪镇孔家谭村等遭雷击，击坏 10 台家电、1 台变电所里开关柜，直接经济损失 15 万元；宁海县广播电视台遭雷击，击坏 8 台光收器、光放大器，直接经济损失 13 万元；宁海县梅林街道塔山工业园区东方日升新能源股份有限公司遭雷击，击坏 1 台旋转电机，直接经济损失 15 万元；宁海县跃龙街道得力工业园遭雷击，击坏 15 个红外线监控探头，直接经济损失 10 万元；宁海县桃源街道卢某家遭雷击，击坏 1 台电视机；余姚市河姆渡镇遭雷击，击毁 1 个屋角，击坏 2 台电视机、2 台空调、5 支日光灯、1 台计算机、1 台太阳能热水器、1 台设备，直接经济损失 3.9 万元；镇海区董家畈村董某某家遭雷击，击坏 1 台电视机，直接经济损失 0.1 万元。

2014 年：9 月 2 日，鄞州区姜山镇、横溪镇、章水镇、下应街道遭雷击，击坏 89 台电视机、23

台电脑、11 台路由器、21 台空调、1 台机房主机，直接经济损失 14.55 万元；北仑区大碶街道城湾模具机械厂遭雷击，击坏 4 台电脑，直接经济损失 1.2 万元，间接经济损失 0.5 万元；宁海县桃源街道尤家村丁某某家遭雷击，击坏 1 台电视机，直接经济损失 0.75 万元；宁海县梅林街道下柘洋村甬台温高速公路有限公司宁海收费管理所遭雷击，击坏 1 台 UPS，直接经济损失 0.5 万元。

2014 年：9 月 3 日，鄞州区遭雷击，击毁 1 个变压器，直接经济损失 20 万元；镇海区马某家遭雷击，击坏 1 台电视机、1 台计算机，直接经济损失 0.2 万元。

2014 年：9 月 13 日，镇海区严某、颜某、李某家遭雷击，分别被击坏 1 台、2 台、1 台电视机，直接经济损失 0.13 万元；镇海区澥浦镇图腾纺织（宁波）有限公司遭雷击，损坏 1 台 GPS 跟踪、蒸汽监控装置，直接经济损失 0.5 万元；镇海区骆驼街道尚志村孔某家遭雷击，击坏 9 台办公设备，直接经济损失 6 万元，间接经济损失 3 万元；宁海县梅林街道塔山工业园区东方日升新能源股份有限公司遭雷击，损坏 4 台机器设备，直接经济损失 50 万元；宁海县桃源街道民主村华某家遭雷击，击坏 2 台电视机，直接经济损失 0.2 万元。

2015 年：5 月 18 日，北仑区大碶雄风机械厂遭雷击，损坏 1 台激光切割机传感器，直接经济损失 40 万元；镇海区万市徐村刘某某家遭雷击，击坏 1 台电视机，直接经济损失 0.02 万元。

2015 年：6 月 14 日，宁海县广播电视台遭雷击，损坏 3 台三合一光收和光接、供电器，直接经济损失 18 万元，间接经济损失 8 万元。

2015 年：8 月 1 日，鄞州区钱湖国际会议中心开发有限公司宁波博悦酒店遭雷击，击坏 1 个电梯集成电路块、2 台录像硬盘，击坏 3 台空调、2 支摄像头、2 支监控探头，直接经济损失 50 万元；北仑区小港兴岙村遭雷击，击坏 1 台电视机，直接经济损失 0.1 万元，间接经济损失 0.08 万元；北仑区小港街道遭雷击，击毁 1 层民房墙体，直接经济损失 0.1 万元；北仑区甬江路宁波大千纺织有限公司遭雷击，击坏 10 台电气设备，直接经济损失 11.95 万元，间接经济损失 11.95 万元；镇海区招宝山饭店遭雷击，击坏 1 套监控系统，直接经济损失 0.5 万元。

2015 年：9 月 29 日，宁海县广播电视台遭雷击，损坏 1 台三合一光收和光接、1 台供电器，直接经济损失 3 万元，间接经济损失 8 万元；镇海区田顾村李某某家遭雷击，击坏 1 台电视机，直接经济损失 0.1 万元；镇海区九龙湖镇九龙山庄有限公司遭雷击，击坏 1 台空调地源热泵，直接经济损失 14 万元。

2015 年：11 月 7 日，宁波市北仑区柴桥街道临港一路 200 号宁波朝华万达物流有限公司遭雷击，击坏 9 套网络设备，直接经济损失 1.29 万元，间接经济损失 3 万元；北仑区新碶街道恒山西路 669 号宁波天星精密机械有限公司遭雷击，击坏 1 台设备，直接经济损失 3 万元，间接经济损失 4 万元；北仑区小港朱田纬一路 68 号宁波晶丽橡胶鞋业有限公司遭雷击，击毁 1 个搭建楼棚，直接经济损失 12 万元，间接经济损失 12 万元；北仑区小港街道新民村 75 号北仑江南建筑装饰有限公司遭雷击，击毁 1 根烟囱、1 个建筑物顶部，直接经济损失 1.2 万元，间接经济损失 1.5 万元；北仑区白峰镇白峰石油液化气储罐站遭雷击，击坏 1 台变压器，直接经济损失 2 万元，间接经济损失 4 万元；宁海县广播电视台遭雷击，损坏 2 台三合一光收和光接、供电器，直接经济损失 4 万元，间接经济损失 0.5 万元；宁海县跃龙街道联发弹簧厂遭雷击，损坏 1 台弹簧机，直接经济损失 1 万元，间接经济损失 1 万元；镇海区庄市街道中国联合网络通信有限公司宁波市分公司遭雷击，击坏 1 台 ECI 光端机、2 台基站 BTS 设备，直接经济损失 13 万元。

2016 年:4 月 26 日,宁海县桃源街道下金村胡某家遭雷击,损坏 1 台电器,直接经济损失 0.6 万元;宁海县广播电视台遭雷击,击坏 3 台光收机、放大器,直接经济损失 8 万元;镇海区北外环庄市加油站遭雷击,击坏 1 台路由器、1 台电脑、1 套监控系统、6 个加油机主板,直接经济损失 5 万元,间接经济损失 10 万元。

2016 年:7 月 14 日,宁海县塔山工业园区东方日升新能源股份有限公司遭雷击,损坏 3 台机器设备,直接经济损失 20 万元;宁海县广播电视台遭雷击,击坏 1 个光接收机,直接经济损失 8 万元。

2017 年:8 月 6 日,慈溪市横河镇龙南村孙某家遭雷击,造成建筑物受损严重,屋内家用电器损坏,直接经济损失约 64.2 万元;宁海县茶院乡茶院村 1 人遭雷击身亡。

2017 年:8 月 26 日,慈溪市浒山街道个体工商户余某某家遭雷击,击毁 1 层民房墙体、1 个搭建钢棚、1 道围墙、3 台空调,损坏 12 万双成品拖鞋、1 台打包机,直接经济损失 122.2 万元。

2018 年:7 月 23 日,慈溪市崇寿镇崇寿华联超市遭雷击,击毁 2 间房屋,损坏若干超市货物、20 组超市货架,直接经济损失 24.6 万元,间接经济损失 20 万元。

2019 年:8 月 28 日,慈溪市新浦镇余家路村一幢二层带阁楼建筑物遭雷击起火,造成三间屋面受损,二楼室内装修及物品损坏,直接损失约 20 万元。

第 11 章 主要结论

通过对宁波市 9 个气象灾种的风险特征分析，得出以下主要结论。

11.1 台风

11.1.1 统计特征

1953—2020 年，影响宁波市的台风共 276 个，年均 4.1 个，有 3 年是 0 个，最多年 11 个；影响时间 5—12 月，主要在 7—9 月；1949—2020 年中心经过宁波的台风 25 个，登陆的 8 个，其中登陆象山县 7 个，登陆宁海县 1 个；年均台风过程雨量 213.5 mm，占年雨量的 13.6%；年均台风暴雨日 1.9 d，占年暴雨日的 37.4%；年均台风大风日数 5.0 d(1959—2020 年)，占年大风日数的 22.4%。

11.1.2 空间分布

宁波市台风暴雨危险性总体上西南部山区高、北部平原和东部沿海地区低，各区(县、市)中宁海县最高，全县大部为高等级，其次是象山县西部和奉化区，为高等级或较高等级，余姚市北部和慈溪市最低，为低等级，其余地区为较低等级。

宁波市台风大风危险性东部沿海地区较高，其中北仑区东部、象山县鹤浦镇和新桥镇一带危险性最高，为高等级，北仑区西部、象山县其余地区和宁海县的三门湾沿岸地区为较高等级，其相邻地区为较低等级，其余大部分地区为低等级。

台风灾害 GDP 综合高风险区主要在宁波市本级及各区(县、市)行政中心人口密集和 GDP 高的区域，以及北仑区和镇海区的北部沿海工业企业密集地区。

11.2 暴雨

11.2.1 统计特征

宁波市雨季(3—10 月)降水量月际变化呈“中间高、两头低”的特点，3—5 月降水量相对较少，6 月最多，主要是梅汛期降水所引起，7 月相对少，主要是受副热带高压控制晴热天气较多，8、9 月均接近于 6 月，主要是台风及夏季午后强对流降水所致，10 月小阳春降水量迅速减少。1953—2020 年年均暴雨日数(含台风过程)3.8 d，分布在 0.75～7.0 d；大暴雨日数年均 0.6 d，分布在 0～2.3 d 之间；94.7%的暴雨发生在 5—10 月，其中 6—9 月占比 84.1%，暴雨日数最多的 9 月年均 0.92 d。

11.2.2 空间分布

宁波市暴雨致灾危险性分布总体呈南部高、北部低的趋势，高危险性区域主要位于宁海县中部，宁海县与象山县交界的区域，以及老三区、余姚市、慈溪市、海曙区、奉化区的中心城区一带。

宁波市暴雨灾害 GDP 综合风险空间分布呈周边地区低、城市中心高的趋势，其中老三区及各区（县、市）的中心城区为高或较高等级，其余地区普遍为中或较低等级。

11.3 干旱

11.3.1 统计特征

1953—2020 年发生在宁波市的干旱过程年均 1.4 次，最多的 1991 年、1994 年各 2.9 次，最少的 1956 年、1993 年无干旱；年均干旱日数 67.8 d，最多的 2003 年为 159.7 d，多数年份在 30～120 d；年均轻、中、重、特旱日数分别为 35.4、20.4、9.4、2.7 d；干旱过程均由长时间降水偏少导致，多数干旱过程的最长连续无降水日数小于 11 d，发生严重干旱多因更长期的少雨所致。

11.3.2 空间分布

宁波市干旱灾害危险性空间分布呈中部低、四周高的趋势，其中慈溪市中部到余姚市西南部的四明山区、宁海县西部山区、象山县东部和北仑区东部的沿海地区危险性大，以老三区为中心的中部地区危险性小，其余大部分地区危险性较低。

宁波市干旱灾害 GDP 综合风险空间分布呈西部山区和东部沿海地区高、中部地区低的趋势，其中以老三区为中心的中部地区综合风险最低，余姚市西南部的四明山区、宁海县西部山区、象山县的鹤浦和石浦镇等沿海地区、北仑区的峙头等沿海地区综合风险为高等级，其余地区综合风险为中等。

11.4 高温

11.4.1 统计特征

宁波市极端最高气温呈波动上升趋势，1953—2020 年平均高温日数 15.7 d，最多的 2013 年达 43 d；年极端最高气温平均 38.6 ℃，最高 43.5 ℃，分别出现在 2013 年 8 月 7 日和 9 日的奉化站；年最长连续高温日数平均 9.6 d，最多的 1988 年为 22 d，次多的 2007 年为 21 d。

11.4.2 空间分布

宁波市高温灾害危险性与年均≥35 ℃、≥38 ℃高温日数的分布呈正相关，其中慈溪市和余姚市的大部、老三区和镇海区北部为高等级，四明山区、天台山区、象山县及北仑区和鄞州区的沿海地带为低等级，其余地区介于两者之间。

宁波市高温灾害 GDP 综合风险空间分布呈周边地区低、中部城市高的趋势，受高温灾害 GDP 暴露度及高温灾害危险性的影响都比较大，其中老三区和各区（县、市）中心城区均为高等级，高等级的周边地区为较高等级。

11.5　低温

11.5.1　统计特征

冷空气：1953—2020 年宁波市冷空气发生频数年均 6.5 次，分布在 2～12 次；11 月、12 月和 1 月多发，12 月最多，年均 1.43 次；6—9 月发生次数较少，7 月最少接近 0 次。冷空气过程 48 h 降温幅度极值变化在 8.0～16.0 ℃，年均 11.9 ℃；冷空气过程日最低气温极值年际变化总体呈上升趋势。

霜冻：1953—2020 年发生频数在 6～23 次，年均 14.9 次，20 世纪 70 年代中期开始霜冻发生频数呈下降趋势，21 世纪初略有上升，近几年又有所下降；霜冻主要发生在 1—4 月和 10—12 月，其中 1—3 月和 11—12 月多发，1 月最多；霜冻过程平均日最低气温极小值呈波动上升趋势，变化范围在－4.8～－0.5 ℃，年均－2.2 ℃；霜冻过程持续时间 1963 年最长，为 32 d，2015 年最短，为 3 d。

倒春寒：1953—2020 年宁波市倒春寒年均出现 0.8 次，其中 20 世纪 60—80 年代相对偏多，90 年代以后发生频数下降趋势明显。

低温阴雨寡照：1953—2020 年发生频数分布在 3～12 次，年均 7.8 次，主要出现在 1—4 月和 11—12 月，其中 12 月和 1 月最多；低温阴雨寡照过程日平均气温极小值总体呈上升趋势，变化范围在 0.6～6.9 ℃，年均 2.8 ℃；低温阴雨寡照过程累积降水量极大值总体呈波动上升趋势。

11.5.2　空间分布

宁波市低温综合致灾危险性空间分布呈西部山区高、东部沿海低的趋势，其中余姚南部、海曙西部、奉化西部到宁海西部的高海拔地区危险性高，北仑区东部、象山县和宁海县东南部一带危险性低，其余地区介于两者之间。

宁波市低温灾害 GDP 综合风险空间分布周边地区低、城市中心高，整体趋势受低温灾害 GDP 暴露度影响最大，城市边缘受到低温灾害 GDP 脆弱性、低温综合致灾危险性影响；宁波市低温灾害受灾人口综合风险老三区、各区（县、市）行政中心所在地为高等级或较高等级，其余地区普遍为低等级。

11.6　冷空气大风

11.6.1　统计特征

1971—2020 年宁波市 7 个国家气象站年站均冷空气大风日 9.5 d，主要出现在 10 月至次年 3 月，1 月最多，10 月最少；冷空气大风年极大风速极值在 19.1～33.9 m/s，主导风向为北

(占比 30.0%)和北西北(占比 25.7%)。

11.6.2 空间分布

综合考虑冷空气大风频次和强度,宁波市冷空气大风灾害危险性与东部沿海冷空气大风频次和极大风速的分布类似,象山县鹤浦镇、石浦镇东部、象山中北部沿海和北仑沿海局部地区冷空气大风灾害危险性高,上述高值区附近地区、宁海县临近三门湾地区、余姚南部的四明山高海拔地区危险性较高或较低等,其余地区为低等级。

综合考虑冷空气大风灾害危险性、孕灾环境敏感性和 GDP 暴露度,宁波市冷空气大风灾害 GDP 综合风险高等级和较高等级出现在各区(县、市)行政中心所在地和北仑区、象山县沿海的少部分地区,其余大部分地区为较低等级。

11.7 雨雪冰冻

11.7.1 统计特征

雪灾:1953—2020 年宁波市年均发生雪灾 1.0 次,最多的 1976 年 4.5 次,有 16 年未出现雪灾,20 世纪 60 年代至 21 世纪 10 年代总体呈减少趋势;雪灾主要发生在 1—3 月和 12 月,1 月最多,3 月最少;雪灾过程降雪日数极大值分布在 1～8 d,年均 1.97 d;雪灾过程积雪深度极大值分布在 1～50 cm,20 世纪 90 年代以来呈波动下降趋势。

冰冻:1953—2020 年宁波市冰冻过程年均 0.72 次,1976 年最多达 4 次;冰冻主要发生在 1—2 月和 12 月,1 月最多,年均 0.32 次;冰冻过程持续日数极大值年均 4.5 d,1989 年最长 14 d;冰冻过程累积降水量最大出现在 1997 年的慈溪站,达 134.6 mm;冰冻过程平均气温极小值、冰冻过程最低日平均气温最小值均存在明显的上升趋势。

11.7.2 空间分布

宁波市雨雪冰冻综合致灾危险性空间分布与海拔高度相关,海拔越高雨雪冰冻综合致灾危险性越大,低海拔地区为较低等级。

宁波市雨雪冰冻灾害 GDP 综合风险空间分布周边地区低、城市中心高,整体趋势受雨雪冰冻灾害 GDP 暴露度空间分布影响最大,城市边缘受到雨雪冰冻灾害 GDP 脆弱性、雨雪冰冻综合致灾危险性影响,其中老三区和各区(县、市)中心区最高,其余地区综合风险普遍较低。

11.8 风雹

11.8.1 统计特征

冰雹:1953—2020 年宁波市站均冰雹次数最多的 1960 年为 1 次/(站 · a),有 32 年未出现冰雹;冰雹主要发生在春夏两季,其中 3 月最多,为 0.035 次/(站 · a)。

雷暴大风:1971—2020 年宁波市共计出现 310 次雷暴大风,年均 6.2 次,最高的 2006 年 17 次,2007 年及以后低至年均 3.6 次;雷暴大风极大风速年极值在 18.2～33.4 m/s,无明显年变化趋势；雷暴大风主要发生在 3—8 月，4 月最多，其次是 8 月；各月中雷暴大风强度 8 月最高，1 月最低；雷暴大风频次日变化中，午后至前半夜高发，15、20 时频次最高。4—12 时较少；雷暴大风强度日变化中，15 时最强，20 时次之。

11.8.2　空间分布

宁波市风雹灾害高危险性区域在余姚市西部、奉化区、宁海和象山县南部靠近三门湾地区、象山港两岸，低或较低等级区域在慈溪市南部、余姚市东部、江北区、镇海区、鄞州区和象山县。

宁波市风雹灾害 GDP 综合风险各区（县、市）中心城区为高等级，其余乡（镇、街道）为中或较低等级。

11.9　雷电

11.9.1　统计特征

1953—2020 年宁波市年均雷暴日 36.6 d，年际变化总体呈下降趋势，月际变化呈明显的单峰分布，主要分布在 3—9 月，其中 7—8 月占全年的 48.5%，最多的 7 月占全年的 25.3%。

2007—2020 年宁波市共监测到地闪 606116 次，其中负地闪 560031 次，占比 92.4%，正地闪 46085 次，占比 7.6%；平均地闪强度 31.5 kA；地闪频次月际变化呈单峰分布，6—9 月占全年的 90.3%，最多的 7 月占 32.4%；月均地闪强度主要波动范围为 10～36 kA，2 月最高 36.0 kA，1 月最低 10.0 kA；地闪主要发生于午后及傍晚，13—20 时占地闪总数的 74.7%，15 时最多，05 时最少；地闪强度日变化范围为 29～36 kA，09 时最高 36.1 kA，12 时最低 29.1 kA。

1998—2020 年宁波市雷灾主要发生在夏季和初秋，6—9 月总雷灾数 458 起，占全年的 87.6%，其中 8 月多达 186 起；从各级雷灾的月际变化看，夏季不仅是雷电高发季节，也更容易发生较严重的雷电灾害，较大及以上雷灾个数 6—8 月较多，其中 8 月发生较大雷灾 18 起、重大雷灾 1 起，为全年最多。

11.9.2　空间分布

雷电灾害危险性评估主要包括致灾因子指数和孕灾环境指数的分析计算，其中致灾因子指数的影响因子包括雷击点密度和地闪强度两个方面，空间分布上余姚市、慈溪市西部、北仑区、鄞州区南部和象山县较低，其他地区较高。

根据雷电灾害综合风险的致灾危险性指数、承灾体暴露度和承灾体脆弱性，经雷电灾害风险指数 LDRI 模型计算，宁波市雷电灾害综合风险共分为 5 级，除西部山区为中等外，其他地区为高等级或较高等级，高等级区域主要集中在城区，较高等级面积占比超过 50%，分布较广。

11.10　结论

从 9 个灾种的分析来看，宁波市气象灾害的发生发展情况年际间差异较大，成因及危险性空间分布各不相同，极端灾害事件都比较严重，需密切关注并采取适当的应对措施，以达到趋利避害的目的。

影响宁波市的台风年均 4.1 个，5—12 月都可能有台风影响，但主要在 7—9 月；1949 年以来中心经过台风 25 个，登陆 8 个（象山 7 个、宁海 1 个）；台风暴雨危险性西南部山区高、北部平原和东部沿海地区低；台风大风危险性东部沿海地区高；台风灾害 GDP 综合高风险主要在宁波市本级及各区（县、市）的行政中心人口密集和 GDP 高的区域，以及北仑区和镇海区的北部沿海地区。

暴雨致灾危险性分布总体呈南部高北部低的趋势，暴雨灾害 GDP 综合风险空间分布呈周边地区低城市中心高的趋势。

宁波市干旱灾害危险性和受灾 GDP 风险呈中部低四周高的空间分布特征，其中慈溪市中部到余姚市西南部的四明山区、宁海县西部山区，象山县东部和北仑区东部的沿海地区危险性大，以老三区为中心的中部地区危险性小。

高温对城区影响较大，对周边地区影响较小。

低温和雨雪冰冻综合致灾危险性空间分布与海拔高度相关，海拔越高危险性越大，而 GDP 风险空间分布则受人口和 GDP 影响呈周边地区低城市中心高的趋势。

冷空气大风灾害象山县鹤浦镇、石浦镇东部、象山中北部沿海和北仑沿海局部地区危险性高，宁海县临近三门湾地区、余姚南部的四明山高海拔地区较高。

风雹灾害 GDP 综合风险各区（县、市）的中心城区为高等级，其余乡（镇、街道）为中或较低等级。

年均雷暴日 36.6 d，主要在 3—9 月，7 月最多，雷电灾害综合风险等级除西部山区为中等外，其他地区为高或较高等级，高等级区域主要集中在城区，较高等级面积占比超过 50%，分布较广。

参考文献

《宁波气象志》编纂委员会，2001. 宁波气象志[M]. 北京：气象出版社.

《宁波气象志》编纂委员会，2018. 宁波气象志(2000—2015)[M]. 北京：气象出版社.

陈海燕，严浈娜，娄伟平，2011. 热带气旋致灾因子综合影响强度评估指标研究[J]. 热带气象学报，27(1)：139-144.

陈海燕，杨诗芳，许浩恩，等，2013. 基于GIS的精细化暴雨致灾预警指标研究[J]. 自然灾害学报，22(2)：136-143.

郭虎，熊亚军，2008. 北京市雷电灾害易损性分析、评估及易损度区划[J]. 应用气象学报，19(1)：35-40.

胡波，丁烨毅，何利德，等，2014. 基于模糊综合评价的宁波暴雨洪涝灾害风险区划[J]. 暴雨灾害，33(04)：380-385.

黄鹤楼，胡波，丁烨毅，等，2013. 宁波市气象灾害防御规划技术研究[M]. 宁波：宁波出版社.

金有杰，曾燕，邱新法，等，2014. 人口与GDP空间化技术支持下的暴雨洪涝灾害承灾体脆弱性分析[J]. 气象科学，34(5)：522-529.

刘航，蒋尚明，金菊良，等，2013. 基于GIS的区域干旱灾害风险区划研究[J]. 灾害学，28(03)：198-203.

卢晓宁，洪佳，王玲玲，等，2015. 复杂地形地貌背景区干旱风险评价[J]. 农业工程学报，31(01)：162-169.

赵文慧，姚展予，贾烁，等，2019. 1961-2015年中国地区冰雹持续时间的时空分布特征及影响因子研究[J]. 大气科学，43(3)：539-551.

中国国家标准化管理委员会，2017. 寒潮等级：GB/T 21987—2017[S]. 北京：中国标准出版社.

中国气象局，2013. 雷电灾情统计规范：QX/T 191—2013[S]. 北京：气象出版社：2-5.

中国气象局，2017a. 雷电灾害调查技术规范：QX/T 103—2017[S]. 北京：气象出版社：4-6.

中国气象局，2017b. 冷空气过程监测指标：QX/T 393—2017[S]. 北京：气象出版社.

周福，陈海燕，娄伟平，等，2012. 浙江省台风灾害评估与风险区划[M]. 杭州：浙江教育出版社.

周月华，彭涛，史瑞琴，2019. 我国暴雨洪涝灾害风险评估研究进展[J]. 暴雨灾害，38(5)：494-501.

附录A 基础地理信息数据

(1)行政边界数据:包括1∶1万比例尺的宁波市行政边界、宁波市下属乡镇(街道)行政边界等数据。资料来源于浙江省自然资源厅,数据更新时间为2021年4月,格式为Esri shapefile标准。

(2)电子地图数据:由国务院普查办提供在线底图服务。

(3)高程数据:来源于美国国家航空航天局(NASA)2020年公开发布的DEM数据,数据格式为GeoTiff,空间分辨率约为30 m,投影为经纬度投影。在制作海拔高度和坡度因子时,将其投影转换为WGS 1984 UTM ZONE 51N投影并进行重采样,6重采样到100 m。

(4)路网数据:源于中国科学院资源与环境数据中心,道路类别包括国道、城市道路、省道、县道和乡道,矢量数据进一步处理成最近道路距离栅格数据(DtC-road),空间分辨率为100 m。

(5)植被覆盖度数据:来源于国家气象卫星中心共享的MODIS年平均植被覆盖度栅格产品,数据格式为Envi Image标准二进制格式,现势性达到2019年,空间分辨率约为250 m,投影为经纬度投影。

(6)土地覆盖数据:详见2020年全球30 m地表覆盖精细分类产品V1.0,用于干旱灾种相关产品制作。

(7)土壤电导率数据:数据来源于联合国粮农组织(FAO)和维也纳过激应用系统研究所(IIASA)所构建的世界土壤数据库(Harmonized World Soil Database version 1.1)(HWSD)。中国境内数据源为第二次全国土地调查中国科学院南京土壤研究所提供的1∶100万土壤数据,数据格式为grid栅格格式,投影为WGS84,采用的土壤分类系统主要为FAO-90。

(8)土地利用类型数据:来源于中国科学院空天信息创新研究院的2020年全球30 m精细地表覆盖产品(GLC_FCS30_2020)。该数据是在2015年全球精细地表覆盖产品(GLC_FCS30_2015)基础上,结合2019—2020年时序Landsat地表反射率数据、Sentinel-1SAR数据、DEM地形高程数据、全球专题辅助数据集以及先验知识数据及生产得到。

(9)宁波市海拔高度分布见附图A.1。宁波市地势整体呈西南高东北低走势,高程差约1000 m,市区海拔4~5.8 m,郊区海拔3.6~4 m。地貌分为山脉、丘陵、盆地和平原等,其中山脉面积占24.9%,丘陵占25.2%,盆地占8.1%,平原占40.3%。境内主要有四明山和天台山两支山脉;四明山是天台山脉的支脉,位于宁波境内的西部;天台山,主干山脉在天台县,宁波境内为其余脉,有四大分支从宁海县西北、西南入境,经象山港延至镇海、鄞州东部诸山,称为西南山区。境内最高山峰位于余姚市四明山镇青虎湾岗,海拔979 m;其次是奉化区溪口镇黄泥浆岗,海拔978 m;第三高峰位于宁海县双峰镇望海岗,海拔931 m。

(10)宁波市地形起伏度见附图A.2。宁波市西南部有四明山和天台山在这里交会,象山港两岸有天童山、茶山等小型山脉,地形起伏度大;北部宁绍平原、沿海的平坦地区以及山区中间的少量平地,地形起伏度小。

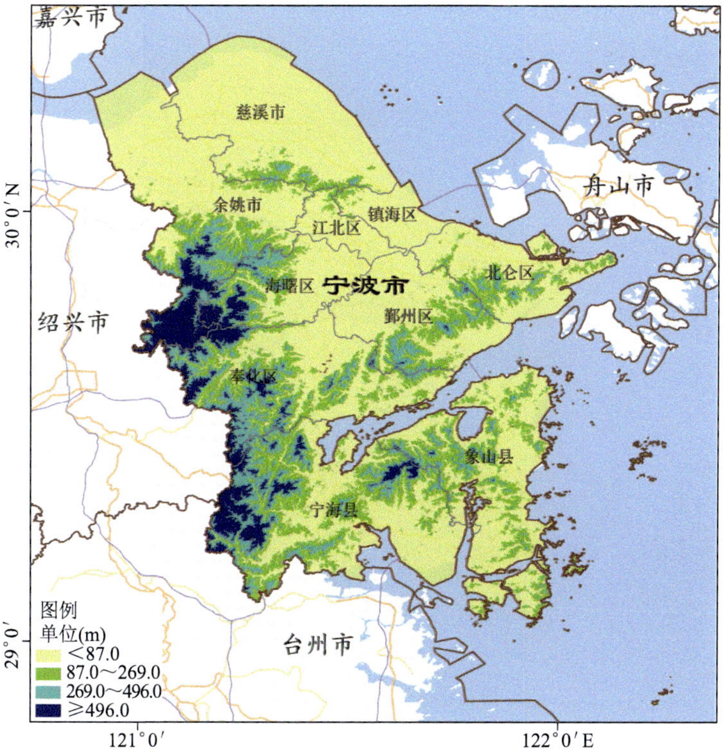

附图 A.1 宁波市海拔高度分布图

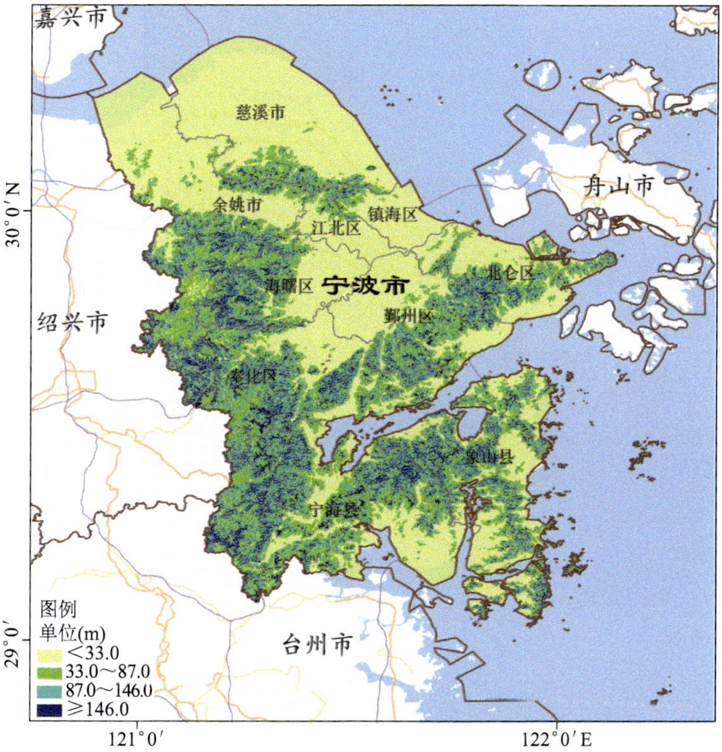

附图 A.2 宁波市地形起伏度分布图

(11)宁波市植被覆盖度分布见附图 A.3。总体来说,宁波市山区植被覆盖度高;平地,特别是老三区和沿海地带,植被覆盖度相对低。

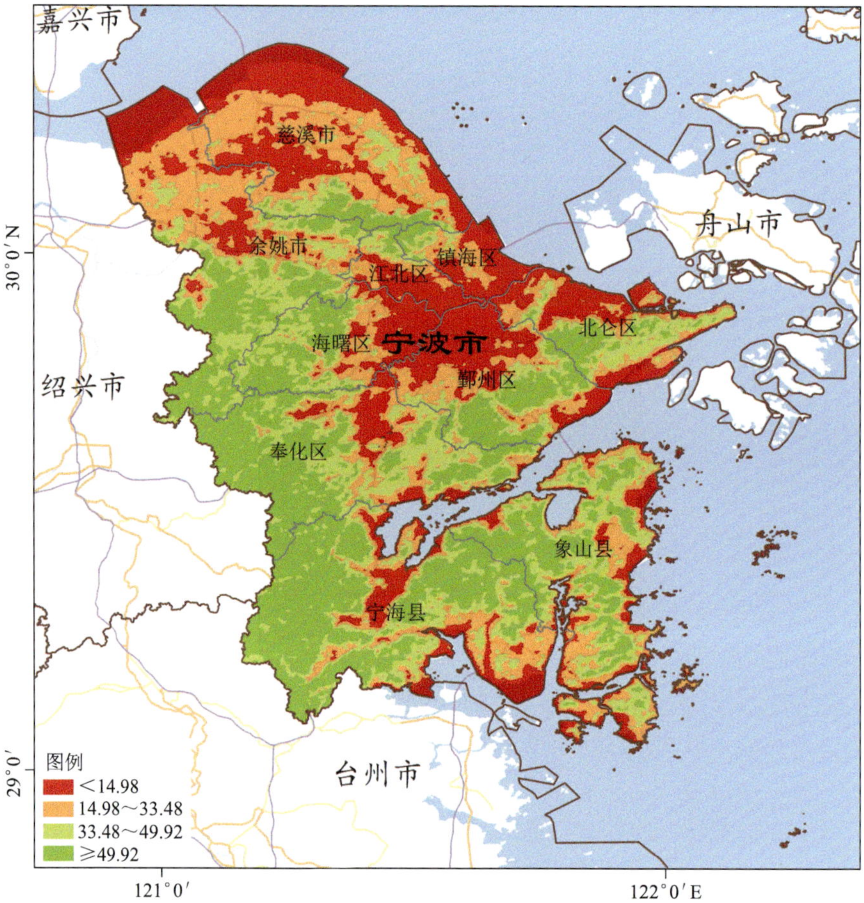

附图 A.3　宁波市植被覆盖度分布图

附录B　社会经济数据

B.1　人口暴露度

(1)资料来源

① 统计资料:人口普查数据来源于统计数据网第七次人口普查,县级(level-3)和乡镇/街道级(level-4)的人口数据,根据该数据区域名称与行政区划数据关联,得到人口行政区划矢量数据。

② 珞珈一号遥感夜间灯光数据:该卫星是全球首颗专业夜光遥感卫星,是武汉大学"珞珈一号"科学试验卫星工程的第一颗卫星,主要用于试验验证国内处于空白的"夜光遥感"技术,和国家急需的"低轨卫星导航增强"等技术。数据来源于高分湖北中心提供的2018年夜间灯光产品,空间分辨率约为130 m,将其投影转换为WGS 1984 UTM ZONE 51N投影,并重采样到100 m空间分辨率。

③ 植被指数数据:MODIS/Terra Vegetation Indices 16 day L3 Global 250 m SIN Grid V061 NDVI数据,来自于NASA官方遥感影像数据下载网站,空间分辨率为250 m,将其投影转换为WGS 1984 UTM ZONE 51N投影,计算最大植被指数,重采样到100 m。

④ DEM高程数据:来自于NASA官方遥感影像数据下载网站的NASADEM数据集,是基于SRTM原始遥测数据生成的接近全球的地球DEM,将其投影转换为WGS 1984 UTM ZONE 51N投影并进行重采样,计算海拔高度和坡度因子,重采样到100 m。

⑤ 路网数据:源于中国科学院资源与环境数据中心,道路类别包括国道、城市道路、省道、县道和乡道,矢量数据进一步处理成最近道路距离栅格数据(DtC-road),空间分辨率为100 m。

⑥ 兴趣点(POI)数据:以高德地图作为POI数据源,基于python爬取高德地图API,并清洗数据,获取了全国范围内具有经纬度空间信息、名称功能属性信息的POI数据。根据POI数据特征表达方法,采用核密度法表征点要素的空间影响域,计算各类POI密度栅格图,并以level-3(县级)的人口均值为响应变量,相应行政区划内的POI密度均值为自变量,根据随机森林回归模型的重要性系数(%IncMSE)赋予不同类型的POI以权重,融合形成POI密度图层。

(2)评估方法

① 随机森林建模

随机森林模型是由Breiman提出的一种集合决策树机器学习算法,它为算法中每棵树的每个节点保留最佳随机选择的变量组合,并平均单个树的结果来输出最终的预测。随机森林算法具有准确率高、与大数据集成效果好等优势,适合于高分辨率人口空间化制图的研究。此外,随机森林算法中存在一定比例的袋外数据,作为数据验证可获取到内部生成的袋外误差,而无需以其他数据作为验证,该方法在简单而可理解的结构基础上大幅提高了准确性,结果近似于需要大量计算的k折交叉验证。

人口空间化建模中,随机森林回归的变量有:NDVI(年最大植被指数)、Elevation(海拔高度)、Slope(坡度)、Dtc-road(道路距离)、POI_Nightlight density(POI 夜间灯光密度),在乡镇/街道(level-4)行政区划内,对上述指示因子取平均值,均值作为每一个样本的解释变量,以镇/街道(level-4)人口密度(七普数据的常住人口/行政单元面积)的自然对数为响应变量,构建的模型结果 $f=$(NDVI,Elevation,Slope,Dtc-road,POI_Nightlight density)。

② 分区密度制图

分区密度制图在人口数据空间化中是常用的方法,使人口空间化数据细化至传统人口普查区域内部,用于动态人口分布建模,其可行性与可靠性已被验证。该方法根据不同输入变量权重,将人口数据从一组空间单元(源区)转换至另一个空间分区(目标区)。研究将 RF 输出人口密度预测结果作为权重,实现区(县、市)尺度上统计人口的格网化分配:

$$D_{ij}=P_i\times W_j/(W_1+W_2+...+W_k) \tag{B.1}$$

式中,i 表示的行政区划序号;j 表示该行政区划内的像元序号;k 表示该行政区划内非空像元的总数;W_j 表示像元的权重值;P_i 表示第 i 个行政区划内的统计人口总数;D_{ij} 表示单个像元内的人口数量。

(3)人口暴露度评估区划

宁波市人口暴露度分布空间分布呈现周边地区低、城市中心高的趋势,即人口越集中,经济越发达,符合经济发展规律。其中海曙区、鄞州区、江北区交界的三江口附近区域、各区(县、市)的中心城区暴露度最高,其附近地区次之,其余地区暴露度相对较低(附图 B.1)。

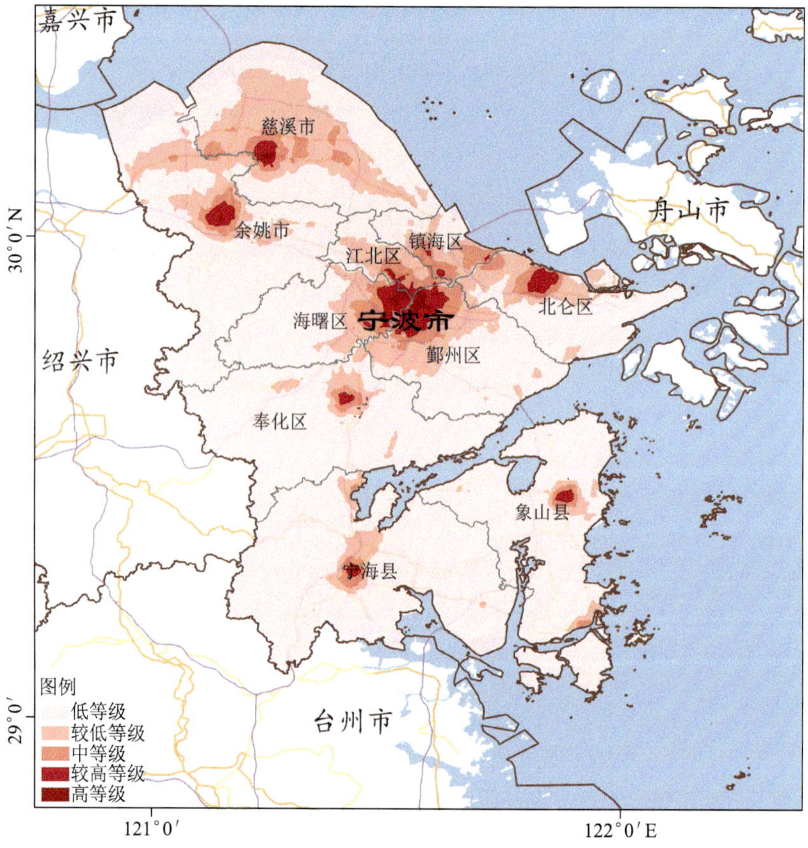

附图 B.1 宁波市人口暴露度分布图

B.2 经济暴露度

(1)资料来源

① 统计资料：GDP 统计数据来自于浙江省统计年鉴，根据经济活动类型将 GDP 分为第一产业 GDP(包括农业、林业、畜牧业和渔业)、第二产业 GDP 和第三产业 GDP，共 6 个部分。

② 珞珈一号遥感夜间灯光(NTL)数据：该卫星是全球首颗专业夜光遥感卫星，是武汉大学“珞珈一号“科学试验卫星工程的第一颗卫星，主要用于试验验证国内处于空白的夜光遥感”技术，和国家急需的“低轨卫星导航增强”等技术。数据来源于高分湖北中心提供的 2018 年夜间灯光产品，空间分辨率约为 130 m，将其投影转换为 WGS 1984 UTM ZONE 51N 投影，并重采样到 100 m 空间分辨率。

③ 植被指数数据(NDVI)：MODIS/Terra Vegetation Indices 16 day L3 Global 250 m SIN Grid V061 NDVI 数据，来自于 NASA(美国国家航空与航天局)官方遥感影像数据下载网站，空间分辨率为 250 m，将其投影转换为 WGS 1984 UTM ZONE 51N 投影，计算最大植被指数，重采样到 100 m。

④ 净初级生产力数据(NPP)：净初级生产力(Net Primary Production)数据为 version-55 Terra/MODIS NPP 产品(MOD17A3)，下载自美国国家航空与航天局，空间分辨率为 1 km，将其投影转换至 WGS 1984 UTM ZONE 51N 投影，并重采样至 100 m 分辨率。

⑤ DEM 高程数据：来自于 NASA 官方遥感影像数据下载网站的 NASADEM 数据集，是基于 SRTM 原始遥测数据生成的接近全球的地球 DEM(数字高程模型)，下载地址为：https://ladsweb. modaps. eosdis. nasa. gov/，将其投影转换为 WGS 1984 UTM ZONE 51N 投影并进行重采样，计算海拔高度和坡度因子，重采样到 100 m。

⑥ 地表温度数据(LST)：地表温度(Land Surface Temperature)数据来自 MODIS MOD11A2 产品，分为日间地表温度和夜间地表温度，时间分辨率为 8 d，空间分辨率为 1 km。取 2010 年夏季 6 月至 8 月的地表温度，分别计算日平均地表温度(LST-day)和夜间地表平均温度(LST-night)，将两者投影转换至 WGS 1984 UTM ZONE 51N 投影，并重采样至 100 m 分辨率。

⑦ 地表覆盖数据(Land Cover)：30 m 分辨率地表覆盖数据下载自中国科学院资源与环境科学数据中心。利用 ArcGIS 中的聚合工具计算每 100 m 栅格中与第一产业相关的各类型用地(包括耕地、草地、林地和水体)所占比率，生成相应 100 m 分辨率栅格图层。

⑧ 路网数据：源于中国科学院资源与环境数据中心，道路类别包括国道、城市道路、省道、县道和乡道，利用 ArcGIS 中的线密度分析工具，计算路网线密度(Road_density)，空间分辨率为 100 m。

⑨ 兴趣点(POI)数据：通过百度地图提供的 API，共抓取了 5,006,053 条 POI 数据，并根据其字段描述将其分为了第二产业相关 POIs(工业)和第三产业相关 POIs(服务业)。使用 ArcGIS 中的核密度(Kernel density estimation，KDE)和欧式距离(Euclidean distance)工具，将工业 POI 点数据转化为面数据，生成 POI 密度层(POIs-density-Sec)和 POI 距离层(Ed-POIs-Sec)。

(2)评估方法

① 随机森林回归和预测

随机森林模型(RF)是一种从决策树发展而来的经典机器学习方法。与传统的线性回归模型不同,RF 模型是一种针对过拟合的非参数方法,可以模拟预测和异质性预测变量之间的非线性关系。在本研究中,为了有效识别各自变量与不同 GDP 之间的复杂关系,共构建了 6 个随机森林模型。

选取与农业生产力相关的遥感数据,如地表覆盖、NDVI、NPP、LST、坡度、高程和离海岸线距离作为第一产业 RF 模型的自变量,以绘制第一产业中农业、渔业、林业和畜牧业的 GDP 密度图。

对于第二产业和第三产业,尽管已有研究证明夜间灯光和 GDP 之间有很好的相关性,但仅使用 NTL 很难实现对第二产业和第三产业的区分。故引入 POI 数据和 LST 数据,选取 NTL、LST-night、Rd-density、POIs-density-Sec 和 Ed-POIs-Sec 作为第二产业 RF 模型自变量,选取 NTL、LST-day、Rd-density、POIs-density-Ter 和 Ed-POIs-Ter 作为第三产业 RF 模型自变量,分别绘制第二产业(GDP2)和第三产业(GDP3)的 GDP 密度图。

在县级(level-3)行政区划内,分别对上述自变量取平均值,并与各产业县级 GDP 密度的对数进行关联,输入各随机森林模型进行拟合。在所有 RF 模型训练完毕后,将各输入变量对应的栅格输入模型,得到不同产业 GDP 在 100 m 分辨率的预测值,最后利用城市掩膜和水体掩膜对这些预测值进行掩膜处理,作为下一步计算的 GDP 权重层(weighting layer)。

② 分区密度制图

为获得更加准确的 GDP 空间分布情况,本研究参考人口空间化中常用的分区密度制图法,对 GDP 权重层(weightin layer)进行类似处理,公式如下:

$$D_{ij} = \mathrm{GDP}_i \times W_j \ /(W_1 + W_2 + ... + W_k) \qquad (B.2)$$

式中,W_j 是 GDP 权重层栅格上的 GDP 权重值;k 是该栅格所在行政区划的栅格总和;GDP_i 代表该行政区划的 GDP 统计值;D_{ij} 就是各栅格预测得到的 GDP 密度值。

(3)经济暴露度评估区划

宁波市 GDP 暴露度分布呈现周边地区低、城市中心高的趋势,即人口越集中,经济越发达,这符合经济发展规律。其中海曙区、鄞州区、江北区交界的三江口附近区域、各区(县、市)的中心城区 GDP 暴露度最高,其附近地区次之,其余地区暴露度相对较低(附图 B.2)。

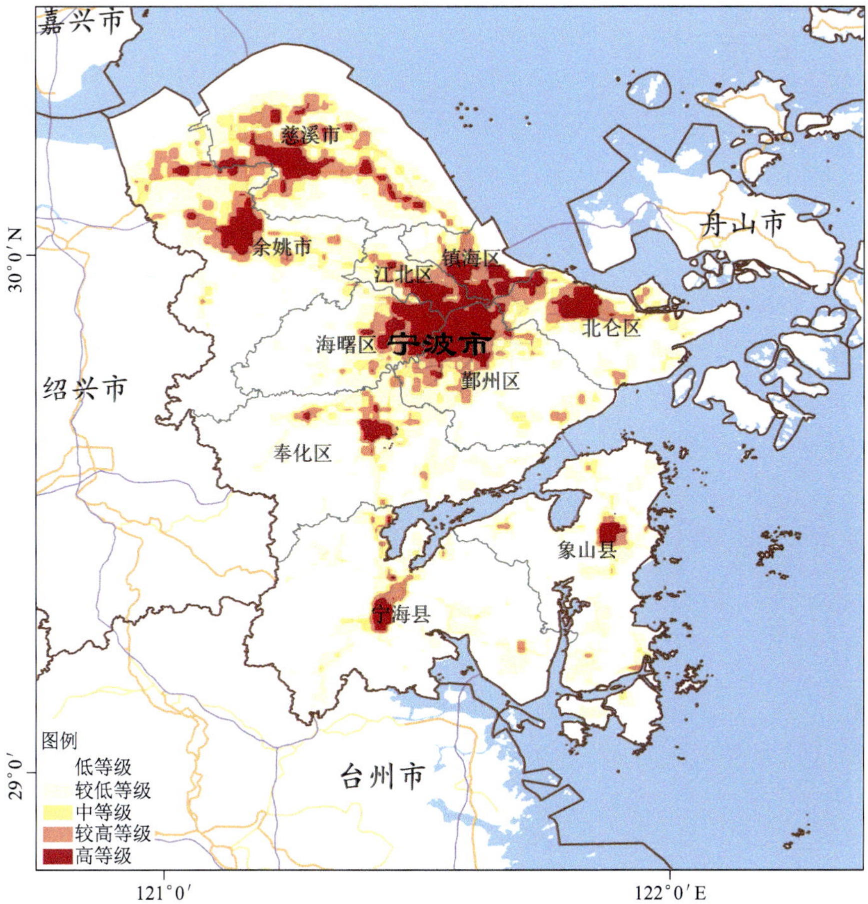

附图 B.2 宁波市 GDP 暴露度分布图